图数据管理与挖掘

洪 亮 著

U0249231

科 学 出 版 社

北 京

内 容 简 介

本书介绍了图数据管理与挖掘的关键技术,涵盖基于集合相似度的子图匹配查询处理方法与原型系统、情境感知的个性化推荐方法、利用多层聚簇的跨类协同过滤推荐算法、基于潜在主题的准确性 Web 社区协同推荐方法、基于用户-社区全域关系闭包的高效均衡性 Web 社区推荐方法、Web 社区推荐原型系统、大规模时空图中人类行为模式的实时挖掘方法、基于潜在引用图数据的专利价值评估方法、基于专利关联的新颖专利查找方法,以及异构专利网络中的竞争对手主题预测方法。

本书适合计算机、信息管理等相关专业的高年级本科生和研究生阅读,也可作为数据科学等相关领域的研究与开发人员的参考书。

图书在版编目 (CIP) 数据

图数据管理与挖掘/洪亮著. —北京:科学出版社,2016.11
ISBN 978-7-03-050617-7

Ⅰ. ①图… Ⅱ. ①洪… Ⅲ. ①图象数据处理—研究
Ⅳ. ①TN911.73

中国版本图书馆 CIP 数据核字(2016)第 271845 号

责任编辑:赵艳春 / 责任校对:郭瑞芝
责任印制:张 伟 / 封面设计:迷底书装

科 学 出 版 社 出版
北京东黄城根北街 16 号
邮政编码:100717
http://www.sciencep.com

北京九州迅驰传媒文化有限公司 印刷
科学出版社发行 各地新华书店经销

*

2016 年 11 月第 一 版 开本:720×1 000 1/16
2017 年 1 月第二次印刷 印张:15
字数:300 000

定价:86.00 元

(如有印装质量问题,我社负责调换)

前　　言

最近几年，图数据管理与挖掘技术的发展和应用引起了国内外研究者和工业界的极大兴趣。图作为一种常见的数据表示模型，用于建模复杂数据以及数据之间的关联，例如社会网络、语义网、路网、生物网络、专利网络等。图数据库是一种使用图结构建模被存储数据对象的数据库系统。图数据管理的核心问题是图数据库的查询处理，即基于图模型的结构查询，例如子图匹配查询、路径可达性查询、路径距离查询等。虽然从某种角度上来说，图数据库中的查询也可以用 SQL 语言来表达，利用现有 RDBMS 的查询功能来完成，但是这样的查询性能是非常低的。图数据管理研究的关键点是如何设计有效的索引结构和查询算法来快速地回答图数据库中的结构查询问题。图数据挖掘相比于关系数据库的挖掘更强调的是发现与分析数据之间的关联关系。随着大数据时代的到来，数据的关联关系在数据挖掘和分析的过程中越来越受到重视，是商务智能、决策支持、科学研究等领域的核心问题与难点。对于图数据管理与挖掘查询的研究最早可以追溯到 20 世纪 90 年代。最近，由于社会网络数据，专利网络数据，以及语义网数据等领域大数据的大量出现，引起了对于图数据管理与挖掘的新一轮研究热潮。在最近几年的三大国际数据库顶级会议（SIGMOD，VLDB 和 ICDE）上均有图数据管理与挖掘的相关论文，并且数量与比例逐年上升。

社会网络、时空图以及专利网络具有天然的图数据特征，数据之间的复杂关联以及大数据的产生给管理和挖掘这些数据带来了巨大的挑战。本书以图数据理论与模型为基础，面向社会网络、时空图、专利网络等应用领域，提出了一系列的图数据管理与挖掘关键技术。

本书的撰写得到武汉大学多位教师、同学的大力协助和支持，尤其是余骞博士和冯岭博士对本书部分内容的撰写做出了贡献，对他们的辛勤付出表示由衷的感谢！感谢相关学术研究的合作者，你们在我学习和研究道路上给予了大量的帮助和指导。感谢家人的陪伴、支持和鼓励。

本研究受到国家重点研发计划"科学大数据管理系统（面向特定领域的大数据管理系统）"子课题"图数据管理关键技术及系统"（编号：2016YFB1000603），国家自然科学基金青年基金项目"移动社会网络中基于信任关系的情境感知推荐研究"（编号：61303025），国家自然科学基金重大研究计划"大数据驱动的管理与决策研究"重点支持项目"基于知识关联的金融大数据价值分析、发现及协同创造机制"（编号：91646206），以及国家自然科学基金重点国际合作研究项目"大数据环境下的知识组织与服务创新研究"（编号：71420107026）的资助，作者在此表示衷心的感谢。

由于作者水平有限，书中难免存在不妥及疏漏之处，敬请读者批评指正。

目　　录

第1章　大图数据库中基于集合相似度的子图匹配查询处理方法

1.1　引　　言

在很多现实应用中，例如社会网络、语义网、生物网络等[1-6]，图数据库作为重要工具已经被广泛用作建模和查询复杂图数据。学者们广泛研究了关于图的各种查询，其中子图匹配[7-10]是一种基本的图查询类型。给出一个查询图 Q 和一个大图 G，一种典型的子图匹配查询是检索 G 中那些在图结构和顶点标签两方面都准确匹配 Q 的子图[7]。然而，在一些图形的应用中，每个顶点往往包含了一系列代表该顶点不同特征属性的元素，而且顶点标签的准确匹配常常是难以实现的。

基于上述内容，本章重点关注一种子图匹配查询的变种，即运用集相似度的子图匹配（SMS²）查询，其中每个顶点都与一个权重动态变化的元素集合联系起来，而不是一个简单的标签。元素权重根据不同应用环境的要求或包含的不同数据、用户不同的查询要求决定。特别地，给出一个包含 n 个顶点 $u_i(i=1,\cdots,n)$ 的查询图 Q，SMS² 查询检索大图 G 中所有 n 个顶点 $v_j(j=1,\cdots,n)$ 的子图 X，要求 X 满足：① $S(u_i)$ 和 $S(v_j)$ 间的集相似度大于用户相似度阈值，其中 $S(u_i)$ 和 $S(v_j)$ 分别是与 u_i 和 v_j 相联系的集合；② u_i 和 v_j 对应时 X 与 Q 同构。接下来用两个示例来证明 SMS² 查询是有用的。

例 1-1：从 DBLP 中找到需要的论文。

DBLP 提供了一个引文图 G 如图 1-1(b)，其中顶点代表论文，边代表论文之间的引证关系。每篇文章包含一个关键词集，其中每个关键词被赋予了一个权重用于测度它在文中的重要性。事实上，一个研究者会基于引证关系和文章内容相似度来从 DBLP 中寻找论文[11]。例如，一名研究人员希望找到同时被社会网络方面和蛋白质相互作用方面的论文引用的子图匹配方面的论文。此外，这名研究人员需要被社会网络方面文章引用的蛋白质相互作用网络研究方面的论文。这样的查询可以建模构成 SMS² 查询问题，其中包含从 G 中找到匹配查询图 Q（图 1-1(a)）的子图。Q 中的每篇论文即顶点和其在 G 中的匹配论文应该有相似的关键词集，而且每个引证关系即边应当准确符合研究人员的要求。

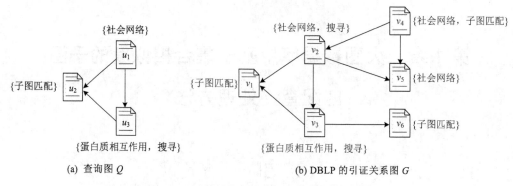

图 1-1　从 DBLP 中找到匹配查询引证图的引证论文的示例

例 1-2： 查询 DBpedia。

DBpedia 从维基百科中提取实体并储存在一个 RDF 图中[12]。正如图 1-2(b)所展现的，在一个 DBpedia 的 RDF 图 G 中，每个实体即顶点都有一个属性 "dbpedia-owl:abstract"，它提供了一种人工可读的实体的描述，而每条边则是一个表明了实体间关系的事实。特别地，用户提出 SPARQL 查询通过指定准确的查询标准来找出匹配查询图的子图。然而事实上一个用户可能不知道准确的属性值或 RDF 架构（例如属性名称）。例如，一名用户希望找出两个都获得过诺贝尔奖且在 DBpedia 中都与词条 "丹麦" 相联系的物理学家，同时该用户不知道 DBpedia 的数据架构。这种情况下，该用户可以提出一个 SMS^2 查询 Q，如图 1-2(a)所展现的那样，其中每个顶点都由一小段文字进行描述。这个 SMS^2 查询的结果是 Niels Bohr 和 Aage Bohr，因为该子图匹配与 Q 同构且匹配顶点对代表的文章内容相似度很高。有趣的是，我们发现 Niels Bohr 是 Aage Bohr 的父亲。

上述两个例子展现了 SMS^2 查询在现实应用中的有效性。当下并没有对同构和运用动态元素权重的集相似度的语义下的子图匹配问题进行研究的工作。传统的加权集相似度[13]关注固定元素权重，这其实是动态权重的集相似度的一种特殊情形。由于顶点的不同匹配语义，之前的精确或近似子图匹配技术[7-9,14-16]并不能直接应用于 SMS^2 查询的问题。

运用动态加权集的相似度和结构约束来有效解决 SMS^2 查询是一个具有挑战性的问题。有两个直接的方法对现有的算法进行修改后解决了 SMS^2 查询问题。第一种方法是运用已有的子图同构算法进行子图同构，如文献[15]和文献[17]所进行的那样，然后通过考察每一对匹配顶点间的加权集相似度对候选子图进行提炼。第二种方法将步骤顺序进行了颠倒，先通过计算加权集相似度在数据图中找出与查询图中的顶点有相似集的候选顶点，这一步在计算复杂度上代价高昂，接下来再得到匹配的子图。然而这两种方法通常会造成高查询损耗，尤其是面对大图数据库。这是因为第一种方法忽略了加权集相似度的限制条件，而第二种方法在过滤候选结果时忽略了结构信息。

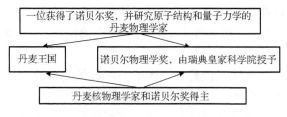

(a) 不考虑 DBpedia 数据架构的查询图 Q

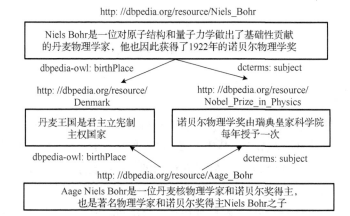

(b) DBpedia 的 RDF 图 G

图 1-2　在 DBpedia 的 RDF 图中得到查询匹配子图的示例

　　由于已有的方法都不高效，本章提出一种有效的 SMS^2 查询实施方法。本章的方法采取一种过滤加提炼的框架，对图拓扑和动态加权集相似度的特点加以利用。在过滤过程中，为数据图 G 建立一个关于其顶点元素集的频繁模式的基于格的索引。然后将数据顶点进行编码表示，并组织进一个签名桶。在基于格的索引和签名桶的基础上，设计一种有效的剪枝技术来减小 SMS^2 搜索空间。在提炼过程中，提出一种基于支配集（Dominating Set，DS）的子图匹配算法来找出运用集相似度的匹配子图。一种支配集选择方法被提出用于选择一个经济的查询图的支配集。综上，本章主要有以下几点贡献。

　　（1）设计了一种新颖的有效解决 SMS^2 查询的技术。一个倒排的基于格的索引和一种结构化的基于签名的局部灵敏散列（Locality Sensitive Hashing，LSH）都在线下过程中首先被施行。在线上过程中，一系列剪枝技术将被应用和整合，从而更好地减小 SMS^2 查询的搜索空间。

　　（2）提出了一种运用了创新的关于数据顶点的元素集的倒排模式格的集相似度

剪枝技术，用来度量动态加权的集相似度。该方法引入一种动态加权的相似度的上界来运用反单调原则，以得到更好的剪枝效果。

（3）提出了一种结构化的剪枝技术，探索出一种新颖的基于结构化标记的数据组织结构，其中标记被设计用于捕捉集合与相邻集的信息。一种聚集支配（aggregate dominance）原则被设计出来用于引导剪枝过程。

（4）不同于直接的查询和校验查询图中的所有候选顶点，设计了一种有效的算法来完成基于查询图的支配集展开子图匹配过程。当补充完剩余顶点后，距离保留原则被设计出来以裁剪掉那些不能与支配顶点保持距离的候选顶点。

（5）最后通过实验证实了本章方法可以有效解决大图数据库中的 SMS^2 查询问题。

1.2　预 备 知 识

1.2.1　问题定义

本小节将正式定义基于集合相似度的子图匹配查询问题。特别地，考虑一个大图 G，将其表示为 $\langle V(G), E(G) \rangle$，其中 $V(G)$ 代表顶点集，$E(G)$ 代表边集。每个顶点 $v \in V(G)$ 都与一个元素集合 $S(v)$ 相对应。查询图 Q 被表示为 $\langle V(Q), E(Q) \rangle$。支配元素集记作 u，其中每个元素 a 都有一个权重 $W(a)$ 来表示其重要性。注意到由于实际应用中的不同需求和数据，这个权重是可以在不同的查询中动态变化的。

定义 1-1：基于集合相似度的子图匹配。对一个含有 n 个顶点 $\{u_1, \cdots, u_n\}$ 的查询图 Q，一个数据图 G，以及一个用户特定的相似度阈值 τ，Q 的一个子图匹配将是 G 的一个包含 $V(G)$ 的 n 个顶点 $\{v_1, \cdots, v_n\}$ 的子图 X，如果满足以下条件：

（1）存在函数 f，使得所有 $V(Q)$ 中的顶点 u_i 和 $v_j \in V(G)(1 \leq i \leq n, 1 \leq j \leq n)$，满足 $f(u_i) = v_j$；

（2）$\mathrm{sim}\big(S(u_i), S(v_j)\big) \geq \tau$，其中 $S(u_i)$ 和 $S(v_j)$ 都是分别与 u_i 和 v_j 联系的集合，且 $\mathrm{sim}\big(S(u_i), S(v_j)\big)$ 得到一个 $S(u_i)$ 和 $S(v_j)$ 的集合相似度值；

（3）对所有边 $(u_i, u_k) \in E(Q)$，存在 $\big(f(u_i), f(u_k)\big) \in E(G)(1 \leq k \leq n)$。

由于基于集合相似度的子图匹配是独立于直接或间接的边的，因此可以用于直接或间接的图中。接下来定义 SMS^2 查询。

定义 1-2：SMS^2 查询。给出一个查询图 Q 和一个数据图 G，运用集合相似度的子图匹配查询检索在集合相似度语义下 G 中 Q 的所有子图匹配。

注意到相似度函数 sim 的选择将高度依赖于应用范围。本章选择加权的雅加达相似，这是一种广泛用于计算相似度的方法。

定义 1-3：加权的雅加达相似。给出关于顶点的元素集，则加权的雅加达相似表示为

$$\text{sim}\big(S(u),S(v)\big)=\frac{\sum_{a\in S(u)\cap S(v)}W(a)}{\sum_{a\in S(u)\cup S(v)}W(a)} \tag{1-1}$$

其中，$W(a)$ 表示元素 a 的权重。

在定义 1-3 中，当所有元素 a 的权重都为 1 时，加权的雅加达相似则变成经典雅加达相似[18]。正如文献[18]中所描述的，其他一些相似度计算方法如余弦相似、哈明距离、重叠相似度等都可以转换成雅加达相似。因此给出任意一种其他的相似度度量方法和阈值，都可以转化为雅加达相似并与阈值进行比较。然后运用一个常量下界来实施 SMS^2 查询。最后利用原始相似度度量来校验每一个候选点。

在实际应用中，每个元素 a 的权重可以被查询提出方或加权工具例如 TF/IDF[13]等确定。例如在例 1-1 中，每个关键词的权重代表着关键词与论文间的联系，这将由研究人员来确定；在例 1-2 中，DBpedia 中的每个词条可以被赋予 TF/IDF 权重，这将根据涉及的数据来动态变化。

1.2.2　架构

本小节将给出一个过滤与提炼的方法架构，其中包括线下过程与线上过程，如图 1-3 所示。

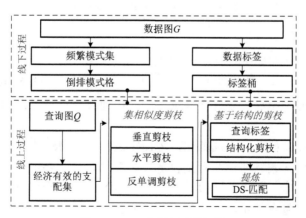

图 1-3　SMS^2 查询过程架构

在线下过程中，构建一个创新的倒排模式格用于更好地执行基于集相似度的有效剪枝。由于元素的动态权重使得已有的索引对解决 SMS^2 查询问题无效，需要为 SMS^2 查询设计一种新的索引。受格结构的反单调特征启发，从数据图 G 的顶点元素集中挖掘频繁模式。如果频繁模式 P 包含于顶点元素集中，则为该频繁模式 P 储

存数据顶点到倒排列表中，格和倒排序列一起成为倒排模式格，它能很好地减少动态加权的集相似度搜寻导致的损耗。为了支持结构化的剪枝过程，通过考虑集合和拓扑信息将每个查询和数据的顶点编码表示为查询签名和数据签名，并混合所有的签名进入签名桶。

在线上过程中，找出一种关于查询图 Q 的经济的支配集，且只搜索支配集中的候选顶点。注意到不同的支配集将导致不同的查询结果，因此提出一种支配集选择算法来选择一种经济的支配集 DS(Q)。

基于支配集的子图匹配过程将基于以下两点展开：①在 SMS^2 查询中找出候选点将比在子图搜索中耗费更多，因为集相似度计算比顶点标签匹配更不经济。因此，过滤处理的损耗能够通过搜索支配顶点而不是所有查询顶点来减小。②一些查询顶点可能有很多候选顶点，这将在子图匹配过程中产生很多不必要的中间结果，因此子图匹配损耗也可以通过降低中间结果的规模得到减少。

对 DS(Q) 中的每个顶点 u，提出一种剪枝策略，包括集相似度剪枝和基于结构的剪枝。集相似度剪枝包括反单调剪枝、垂直剪枝、横向剪枝，这些剪枝过程都是建立在倒排模式格上的。基于签名桶，提出一种运用顶点签名的基于结构的剪枝策略。

剪枝过程之后，基于 DS(Q) 中的候选支配顶点，提出一种有效的 DS-匹配的子图匹配算法来得到 Q 的子图匹配。DS-匹配运用了控制顶点和非控制顶点间的拓扑关系来减小子图匹配过程中的中间结果，并因此减小匹配损耗。

1.3　集合相似度剪枝

对查询图 Q 的支配集中的顶点 u，需要找出其在图 G 中的候选顶点。根据定义 1-1 中对 SMS^2 查询的定义，如果图 G 中的顶点 v 与 u 对应，则有 $\text{sim}(S(u), S(v)) > \tau$。本小节将详述如何找出满足条件的候选顶点 v，而如何选择经济的支配集将在后文中进行介绍。

已有的索引都依赖于元素规范化，因而不适用于 SMS^2 查询，尽管如此，注意到两个集合间的包含关系即使在元素权重发生变化时也不会改变。对分别对应顶点 v 和 v' 的两个元素集合 $S(v)$ 和 $S(v')$，如果 $S(v) \subseteq S(v')$，则称前者为后者子集的关系为包含关系。基于包含关系，引出如下的上界。

定义 1-4：AS 上界。给出一个查询顶点 u 的对应集合 $S(u)$ 和数据顶点 v 的对应集合 $S(v)$，一种反单调相似度（AS）上界为

$$\text{UB}(S(u), S(v)) = \frac{\sum_{a \in S(u)} W(a)}{\sum_{a \in S(u) \cup S(v)} W(a)} \geqslant \text{sim}(S(u), S(v)) \tag{1-2}$$

其中 $W(a)$ 表示元素 a 被赋予的权重，由公式（1-1）给出。

由于当查询给出后 $\sum_{a \in S(u)} W(a)$ 就不会改变，AS 上界是关于 $S(v)$ 反单调的，即对任意的 $S(v) \subseteq S(v')$，如果 $\mathrm{UB}(S(u), S(v)) < \tau$，则 $\mathrm{UB}(S(u), S(v')) < \tau$。

显然 AS 上界的反单调性质使我们能够基于包含关系来进行顶点的剪枝。然而数据顶点的元素集间的包含关系数量很少，相反，由于大部分元素集包含频繁模式，元素集和频繁模式间的包含关系数量很多。因此，本章从所有数据顶点的元素集中挖掘频繁模式，并设计了创新的索引结构倒排模式格，用于组织频繁模式。基于格的索引可用于实施有效的反单调剪枝，并因此实施集相似度搜索。这里借用频繁模式的定义[19]。

定义 1-5：频繁模式。用 u 表示 $V(G)$ 中的突出元素，模式 P 是 u 中一系列元素的集合，即为 u 的子集。如果元素集 $S(v)$ 包含所有 P 中的元素，则可以说 $S(v)$ 支持 P 且是 P 的一个支持元素集。P 的支持表示为 $\mathrm{supp}(P)$，指支持 P 的元素集的数量。如果 $\mathrm{supp}(P)$ 比用户确定的阈值更大，则 P 被称为频繁模式。

模式 P 的支持 $\mathrm{supp}(P)$ 的计算方式在文献[19]中有介绍。

1.3.1　倒排模式格的构建

为了建立一个倒排模式格，首先需要从数据图 G 的所有顶点元素集中挖掘频繁模式，然后将所有频繁模式组织为一个格。在格中，每个连接点 P 是一个频繁模式，它是其自身所有下位点的子集。将有 k 个元素的频繁模式表示为 k-频繁模式。为了确定索引的复杂度，1-频繁模式被归入格的第一层。对格中每个 k-频繁模式 P，将每个顶点 v 的对应元素集 $S(v)$ 插入 P 的倒排序列 $L(P)$ 中，当且仅当 $S(v)$ 支持 P。注意到一个元素集 $S(v)$ 可能支持不同的频繁模式，将其分别插入这些频繁模式的倒排序列中。

例 1-3：图 1-4 是一个倒排模式格的示例，它由图 1-1(b)中的数据顶点建立。元素 a_1、a_2、a_3、a_4 分别对应关键词子图匹配、蛋白质相互作用、社会网络、搜寻。然后 $v_1 = \{a_1\}$，$v_2 = \{a_3, a_4\}$，$v_3 = \{a_2, a_4\}$，$v_4 = \{a_1, a_3\}$，$v_5 = \{a_3\}$，$v_6 = \{a_1\}$。

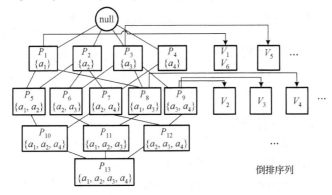

图 1-4　包含频繁模式格和倒排序列的倒排模式格

1.3.2　剪枝技术

1. 反单调剪枝

考虑到 AS 上界的反单调性质和倒排模式格的一些性质，有如下的定理。

定理 1-1：给出查询顶点 u，对倒排模式格中的每一个频繁模式 P，如果 $UB(S(u),P)<\tau$，则倒排序列 $L(P)$ 和 $L(P')$ 中的所有顶点都可以被剪掉，其中 P' 是 P 的下位点。

证明：对 P 的倒排序列中的每个元素集 $S(v)$，由于 $P\subseteq S(v)$，根据 AS 上界的反单调性质有 $UB(S(u),S(v))<\tau$。同样的，对任意 P 的下位点 P'，因为 $P'\subset P$，因此 $UB(S(u),P')<\tau$，因此定理 1-1 成立。

基于以上的定理，可以对倒排模式格中的频繁模式进行有效的剪枝。

例 1-4：考虑图 1-1(a)中的查询顶点 u_3，及其元素集 $S(u_3)=\{a_2,a_4\}$。假设 $W(a_1)=0.5$，$W(a_2)=0.4$，$W(a_3)=0.5$，$W(a_4)=0.2$，相似度阈值 $\tau=0.6$。正如图 1-5(a)所展现的，由于 $UB(S(u_3),P_6)=0.55<0.6$，P_6 及其所有下位点都应当被剪掉。同样的，P_1、P_3 及其下位点也可以被剪掉。这些模式的倒排序列中的所有顶点也都可以被剪掉。

2. 垂直剪枝

垂直剪枝是基于前缀过滤原则[20]的：如果两个规范化集合是相似的，那么两个集合的前缀应当互相覆盖，否则两个集合将没有足够的公共元素。

将查询集 $S(u)$ 中的所有元素在线上过程中按照权重的降序排列进行规范化。排在前面的 p 个元素则为 $S(u)$ 的 p-前缀。找到最大前缀长度 p，从而如果有 $S(u)$ 和 $S(v)$ 都不覆盖 p-前缀，则 $S(v)$ 可以被剪掉，因为它们没有足够的重叠区域来满足相似度阈值[20]。

为了找出 $S(u)$ 的 p-前缀，每次从 $S(u)$ 中移动元素时，检查剩余元素的集合 $S'(u)$ 是否满足相似度阈值条件。将 $S(u)$ 的 L_1-范数表示为 $\|S(u)\|_1=\sum_{a\in S(u)}W(a)$。如果 $\|S'(u)\|_1<\tau\times\|S(u)\|_1$，则移动停止。$P$ 的值等于 $|S'(u)|-1$，其中 $|S'(u)|$ 是 $S'(u)$ 的元素数量。对任意不包含 p-前缀元素的集合 $S(v)$，有 $sim(S(u),S(v))\leqslant\dfrac{\|S'(u)\|_1}{\|S(u)\|_1}<\tau$，则 $S(u)$ 和 $S(v)$ 将不会满足集相似度阈值条件。

定理 1-2：给出查询集 $S(u)$ 和频繁模式 P，如果 P 不是 1-频繁模式或其下位点，则倒排序列 $L(P)$ 中的所有顶点可以被剪掉。

证明：对 $L(P)$ 中的顶点 v，$P\subseteq S(v)$。根据前缀过滤原则和定理 1-1，所有顶点都可以被剪掉。

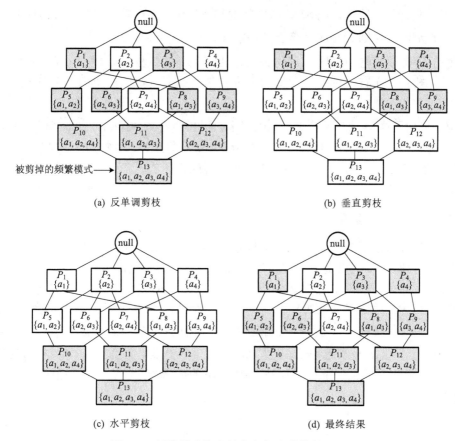

图 1-5　倒排模式格上的集相似度剪枝的示例

确定 p-前缀之后，只需要垂直地扫描 p-前缀里所有对应 1-频繁模式的下位点完成剪枝。

例 1-5：对查询顶点 $S(u_3)=\{a_2,a_4\}$，可以确定其集合的 p-前缀为 $\{a_2\}$。正如图 1-5(b)所展现的，只需要扫描 P_2 及其所有下位点。其他频繁模式的倒排序列里所有的顶点都可以被剪掉。

3. 横向剪枝

一个查询元素集 $S(u)$ 不会与一个规模特别大或特别小的集合的频繁模式相似。频繁模式 P 的规模 $|P|$，即为 P 中元素的数量。在倒排模式格中，每个频繁模式 P，是 P 的倒排序列中数据顶点的一个子集。假定可以找到长度上界 $\mathrm{LU}(u)$，如果 P 的规模大于 $\mathrm{LU}(u)$，则 P 及其倒排序列可以被剪掉。

由于动态元素权重的缘故，需要得到 $S(u)$ 的长度间隔。通过按照元素权重正序向 $S(u)$ 中加入 $(u-S(u))$ 的元素的方法来确定 $\mathrm{LU}(u)$。每次元素被添加时，一个新的集合

$S'(u)$ 就被构造了。计算 $S(u)$ 和 $S'(u)$ 之间的相似度值，如果有 $\mathrm{sim}(S(u),S'(u)) \geqslant \tau$，则继续添加元素，否则 $\mathrm{LU}(u)$ 将等于 $|S'(u)|-1$。

处于倒排模式格中的同一层的频繁模式有相同的规模，且在 k 层的规模为 k。因此，得到 $\mathrm{LU}(u)$ 后，可以确定横向上界。所有在 $\mathrm{LU}(u)$ 层以下的频繁模式都会被剪掉。

例 1-6：考虑查询顶点 $S(u_3) = \{a_2, a_4\}$，和 $u = \{a_1, a_2, a_3, a_4\}$，为了找出 $S(u_3)$ 的长度上界 $\mathrm{LU}(u)$，向 $S(u_3)$ 中添加 a_1 或 a_3 以构造 $S'(u_3)$。显然有 $\mathrm{sim}(S(u_3), S'(u_3)) < 0.6$，因此 $\mathrm{LU}(u_3)$ 为 2。正如图 1-5(c) 所展现的，所有在第二层以下的频繁模式都被剪掉了。

4. 剪枝技术的整合

本小节将运用所有的集相似度剪枝技术得到查询顶点的所有候选点。

对查询顶点 u，首先运用垂直剪枝和横向剪枝来过滤出位置错误的模式，并确定倒排模式格中应当被扫描的点，然后用 breadth-first 方法对其进行遍历。对每个被扫描的点 P，考察是否有 $\mathrm{UB}(S(u), P) < \tau$，若是，则 P 及其下位点将会被剪掉。正如图 1-5(d) 所展现的，灰色的点在运用以上所有剪枝技术后将被剪掉。$P_1, \cdots, P_k$ 是留下来的点，则 u 的候选集合是 $\bigcup_{i=1}^{k} L(P_i)$ 的一个子集。注意到 $P_i (1 \leqslant i \leqslant k)$ 的所有子点 PN 已经根据 AS 上界的限制被剪掉了。u 的候选集合 $C(u)$ 可以通过公式（1-3）得到。

$$C(u) = \bigcup_{i=1}^{k} L(P_i) - \bigcup_{P \in PN} L(P) \qquad (1\text{-}3)$$

为了优化查询效果，频繁模式格驻留在主存储器，而使频繁模式的倒排序列驻留在存储盘上。

1.3.3　倒排模式格的优化

本小节将提出两种方法来对倒排模式格的响应时间和空间损耗进行优化。

1. 顶点插入原则

对元素集 $S(v)$，假定 $S(v)$ 支持频繁模式 $P_1, \cdots, P_n$，将 v 插入倒排序列 $L(P_1), \cdots, L(P_n)$ 中。然而基于本章提出的反单调剪枝，将 v 插入所有的倒排序列是不必要的。

假定频繁模式 P 和 P' 都被 $S(v)$ 支持且 $P' \subset P$。然后，对任一查询集 $S(u)$，有 $\mathrm{UB}(S(u), P') > \mathrm{UB}(S(u), P)$。因此，如果 P 的倒排序列中的 $S(v)$ 不因为 $\mathrm{UB}(S(u), P)$ 被剪掉，则它也不会因为 $\mathrm{UB}(S(u), P')$ 被剪掉，因为 $\mathrm{UB}(S(u), P')$ 也会大于 τ。此时，可以将 v 插入 P 的倒排序列，而不是 P' 的倒排序列中。

总之，令 $\{P_1, \cdots, P_n\}$ 为由 $S(v)$ 支持的频繁模式集合，并假定存在由 $\{P_1, \cdots, P_n\}$ 构

造的 k 条路径。路径是倒排模式格中由从高层向低层的开环连接的点构成的。仅将 v 插入每条路径最底层处由 $S(v)$ 支持的频繁模式中，这样就可以有效减少倒排序列的空间损耗。

2. 频繁模式的选择

由于频繁模式数量很多，如果在倒排模式格中一次检索所有的频繁模式，则格无法适用存储量。如前所述，频繁模式中元素越多，得到的 AS 上界限制越严格。因此，需要选择包含很多元素的频繁模式，这样可以剪掉更多的频繁模式，查询时间也就可以缩短。此外，还应该设置每个频繁模式的代表。基于以上内容，从顶点集中挖掘出密集频繁模式[19]。

定义 1-6：密集频繁模式。一个频繁模式 P 是密集的，如果不存在模式 P' 使得 $P \subset P'$ 且 $\text{supp}(P) = \text{supp}(P')$。

注意到格的规模是被支持阈值 minsup 支配的。给出一个存储规模 M，需要确定 minsup 的值以明确格可以适用的存储空间。假定模式的平均存储容量为 Z，将有最多 $\dfrac{M}{2}$ 的模式被允许存储在主要空间中。在大部分实际应用中，$\dfrac{M}{2}$ 是不小于 1-频繁模式的集合规模的。将所有密集 k-频繁模式 P 按 $\text{supp}(P)$ 倒序排列，并选择前 $\dfrac{M}{2} - |F_1|$ 个模式。基于所有的 1-频繁模式和选出的密集 k-频繁模式构建格 ($k \geq 2$)。

1.4　基于结构的剪枝操作

一个匹配的子图应当不仅仅使其顶点与对应查询顶点相似，还要保证与 Q 同构。因此，在集相似度剪枝完成后，本小节根据结构限制，为所有查询顶点和数据顶点设计了轻量签名标记，用于过滤候选点。

1.4.1　结构化签名

本节定义了两种典型的结构化签名，称为查询 $\text{Sig}(u)$ 和数据 $\text{Sig}(v)$，分别对应查询顶点 u 和数据顶点 v。为了编码结构化信息，$\text{Sig}(u)/\text{Sig}(v)$ 应当包含 u/v 及其周围顶点的元素信息。由于查询图通常很小，通过编码每个邻近顶点来生成精确查询签名。相对地，数据图比查询图大得多，所以聚集邻近顶点可以节省很多空间。限制数据签名的数量，从而可以降低剪枝损耗。

特别地，首先将元素集 $S(u)$ 和 $S(v)$ 中的元素按照预先定义的顺序进行排列。基于排列好的元素集，用位向量 $\text{BV}(u)$ 对元素集 $S(u)$ 进行编码。向量中的每个分量 $\text{BV}(u)[i]$ 对应一个元素 a_j，其中 $1 \leq i \leq |u|$，且 $|u|$ 表示元素总量。如果一个元素 a_j 属

于集合 $S(u)$ ，则在位向量 $BV(u)$ 中有 $BV(u)[j]=1$ ；否则有 $BV(u)[j]=0$ 。同样地，也可以用以上的方法进行 $S(v)$ 编码。对 $Sig(u)$ 的后半部分和 $Sig(v)$ 而言，分别为其提出了两种不同的编码技术。这其中的差异在于在 $Sig(u)$ 中为每个邻近顶点进行了编码，但在 $Sig(v)$ 中则聚集所有的邻近顶点。接下来给出查询签名和数据签名的定义。

定义 1-7：查询签名。给出查询图 Q 中的一个拥有可变邻近顶点 $u_i(i=1,\cdots,m)$ 的顶点 u ，其查询签名 $Sig(u)$ 由一个位向量集给出，即 $Sig(u)=\{BV(u),BV(u_1),\cdots,BV(u_m)\}$ ，其中 $BV(u)$ 和 $BV(u_i)$ 分别为集合 $S(u)$ 和 $S(u_i)$ 的元素编码表示的位向量。

定义 1-8：数据签名。给出查询图 Q 中的一个拥有可变邻近顶点 $v_i(i=1,\cdots,m)$ 的顶点 v ，数据签名 $Sig(v)$ 表示为 $Sig(v)=[BV(v),\bigvee_{i=1}^{n}BV(v_i)]$ ，其中 $\vee$ 表示位或运算，$BV(v)$ 是对应于 v 的位向量，且 $\bigvee_{i=1}^{n}BV(v_i)$ 被称为标准位向量，表示 v 的 1-hop 邻近的所有位向量上的位或运算。

1.4.2 基于签名的LSH

为了实现基于结构化信息上的有效剪枝，本节使用一组局部敏感散列（LSH）[21] 哈希函数来得出每个数据签名 $Sig(v)$ 的哈希值进入签名桶，接下来对此过程进行定义。

定义 1-9：签名桶。一个签名桶是很多个存储一组带有相同哈希值的数据签名的哈希表的集合。

由于在相似签名间发生碰撞的概率比不相似的要高得多，每个签名桶中的数据签名的最大哈明距离需要被最小化。LSH 的选择可参考文献[21]。此外，存储桶签名 $Sig(B)$ ，该签名由 B 里的 ORing 中所有数据签名组成，即有 $Sig(B)=[\vee BV(v_t),\vee BV_{\bigcup}(v_t)]$ ，其中 $t=1,\cdots,n$ ，n 是 B 中所有签名的数量。

1.4.3 结构化剪枝

基于 SMS^2 查询定义，一个数据顶点 v 可以被剪掉，只要 $BV(u)$ 和 $BV(v)$ 的相似度小于阈值 τ ，或者不存在 $BV(v_j)$ ，并且满足与 $BV(u_i)$ 的相似度限制，其中 $v_j(j=1,\cdots,n)$ 和 $u_i(i=1,\cdots,m)$ 分别对应 v 和 u 的 1-hop 邻近。接下来定义 $BV(u)$ 和 $BV(v)$ 间的相似度，该定义与加权雅达相似度类似。

定义 1-10：给出位向量 $BV(u)$ 和 $BV(v)$ ，则两者间的相似度为

$$\text{sim}(BV(u),BV(v))=\frac{\sum_{a\in BV(u)\wedge BV(v)}W(a)}{\sum_{a\in BV(u)\vee BV(v)}W(a)} \tag{1-4}$$

其中，$\wedge$ 表示位与运算，$\vee$ 表示位或运算，$a\in BV(u)\wedge BV(v)$ 意味着对应 a 的位为 1，$W(a)$ 则为 a 的权重。

对每个 $\mathrm{BV}(u_i)$，需要确定是否存在 $\mathrm{BV}(v_j)$ 使得 $\mathrm{sim}\big(\mathrm{BV}(u_i),\mathrm{BV}(v_j)\big)\geqslant\tau$。估测 $\mathrm{BV}(u_i)$ 和 $\mathrm{BV}_{\cup}(v)$ 间的标准相似度上界通过以下方法。

定义 1-11：位向量 $\mathrm{BV}(u_i)$ 和 $\mathrm{BV}_{\cup}(v)$ 间的标准相似度上界表示为

$$\mathrm{UB}'\big(\mathrm{BV}(u_i),\mathrm{BV}_{\cup}(v)\big)=\frac{\displaystyle\sum_{a\in\mathrm{BV}(u_i)\wedge\mathrm{BV}_{\cup}(v)}W(a)}{\displaystyle\sum_{a\in\mathrm{BV}(u_i)}W(a)}\qquad(1\text{-}5)$$

基于定义 1-10 和定义 1-11，有以下定理。

定理 1-3：聚集支配原则。给出一个查询签名 $\mathrm{Sig}(u)$ 和数据签名 $\mathrm{Sig}(v)$，如果有 $\mathrm{UB}'\big(\mathrm{BV}(u_i),\mathrm{BV}_{\cup}(v)\big)<\tau$，则对 v 的每个 1-hop 邻近 v_j 而言，都有 $\mathrm{sim}\big(\mathrm{BV}(u_i),\mathrm{BV}(v_j)\big)<\tau$。

证明：

$$\mathrm{sim}\big(\mathrm{BV}(u_i),\mathrm{BV}(v_j)\big)=\frac{\displaystyle\sum_{a\in\mathrm{BV}(u_i)\wedge\mathrm{BV}(v_j)}W(a)}{\displaystyle\sum_{a\in\mathrm{BV}(u_i)\wedge\mathrm{BV}(v_j)}W(a)}\leqslant\frac{\displaystyle\sum_{a\in\mathrm{BV}(u_i)\wedge\mathrm{BV}(v_j)}W(a)}{\displaystyle\sum_{a\in\mathrm{BV}(u_i)}W(a)}$$

$$\leqslant\frac{\displaystyle\sum_{a\in\mathrm{BV}(u_i)\wedge\mathrm{BV}_{\cup}(v)}W(a)}{\displaystyle\sum_{a\in\mathrm{BV}(u_i)}W(a)}=\mathrm{UB}'\big(\mathrm{BV}(u_i),\mathrm{BV}_{\cup}(v)\big)<\tau$$

例 1-7：考虑图 1-1(a)中的查询顶点 u_1 的一个 1-hop 邻近 u_3，有 $\mathrm{BV}(u_3)=0101$，以及数据顶点 v_5 的 1-hop v_2 和 v_4，有 $\mathrm{BV}(v_2)=0011$，$\mathrm{BV}(v_4)=1010$。由于 $\mathrm{BV}_{\cup}(v)=\mathrm{BV}(v_2)\vee\mathrm{BV}(v_4)=1011$，$\mathrm{UB}'\big(\mathrm{BV}(u_3),\mathrm{BV}_{\cup}(v)\big)<0.6=\tau$。基于定理 1-3，有 $\mathrm{sim}\big(\mathrm{BV}(u_3),\mathrm{BV}(v_j)\big)<\tau$，其中 $j=2,4$。因此，尽管有 $S(u_1)=S(v_5)$，v_5 也不是 u_1 的一个候选顶点。

基于聚集支配原则，可以有下面的定理 1-3 的引理。

引理 1-1：给出一个查询签名 $\mathrm{Sig}(u)$ 和一个桶签名 $\mathrm{Sig}(B)$，假定签名桶 B 包含 n 个数据签名 $\mathrm{Sig}(v_t)(t=1,\cdots,n)$，如果 $\mathrm{UB}'\big(\mathrm{BV}(u),\vee\mathrm{BV}(v_t)\big)<\tau$，或存在 u 的至少一个邻近顶点 u_i 使得 $\mathrm{UB}'\big(\mathrm{BV}(u),\vee\mathrm{BV}_{\cup}(v_t)\big)<\tau$，则 B 中所有的数据签名都可以被剪掉。

引理 1-2：给出一个查询签名 $\mathrm{Sig}(u)$ 和一个数据签名 $\mathrm{Sig}(v)$，如果有 $\mathrm{sim}\big(\mathrm{BV}(u),\mathrm{BV}(v)\big)<\tau$，或存在 u 的至少一个邻近顶点 $u_i(i=1,\cdots,m)$ 使得 $\mathrm{UB}'\big(\mathrm{BV}(u_i),\mathrm{BV}\cup(v)\big)<\tau$，则 $\mathrm{Sig}(v)$ 可以被剪掉。

总之，结构化剪枝流程如下：首先剪掉那些不包含查询顶点的候选点的签名桶，然后基于引理 1-1 将签名桶整体剪掉。对于保留下来的签名桶 B 中的候选点 v，检查 $\mathrm{Sig}(u)$ 和 $\mathrm{Sig}(v)$ 间的相似度限制，基于引理 1-2 剪掉 $\mathrm{Sig}(v)$。聚集支配原则确保了结构化剪枝不会剪掉合法候选点，因此可以得到准确的结果。

1.5 基于支配集的子图匹配

本节将提出一种有效的基于支配集的子图匹配算法即 DS-匹配，运用一种支配集选择方法加以辅助。

1.5.1 DS-匹配算法

DS-匹配算法首先找出支配查询图（DQG）Q^D 的匹配对象，该图由支配集 $DS(Q)$ 中的顶点构成，然后校验是否 Q^D 中的每个匹配都可以拓展为 $DS(Q)$ 的匹配。DS-匹配由以下两点推动：①与典型的带标签顶点图上的子图匹配相比，在 SMS^2 查询中找出候选点的开支相对较高，因为在其中的集相似度的计算开支比标签匹配中的开支更大。可以通过只找出支配顶点的候选顶点来节省过滤开支。②可以通过只找出支配查询顶点的匹配来提高子图匹配速度。剩下的非支配顶点的候选点可以利用支配顶点和非支配顶点间的结构化约束来填补。这种方法也会使得子图匹配过程中的中间结果大大减少。

接下来将正式定义支配集。

定义 1-12：支配集。使 $Q = (V, E)$ 为一个不连通的间接单图，其中 V 是顶点集，E 是边集。集合 $DS(Q) \subseteq V$ 被称为 Q 的支配集，则 Q 的每个顶点要么存在 $DS(Q)$ 中，要么与 $DS(Q)$ 中的顶点邻近。

根据定义 1-12，有如下定理。

定理 1-4：假定 u 是 Q 的支配集 $DS(Q)$ 的一个支配顶点，如果 $|DS(Q)| \geq 2$，则存在至少一个顶点 $u' \in DS(Q)$ 使得 $Hop(u, u') \leq 3$，其中 $Hop()$ 表示两顶点间跳数的最小值。支配顶点 u' 被称为支配顶点 u 的邻近。

证明：假定不存在任何顶点 $u' \in DS(Q)$ 使得 $Hop(u, u') \leq 3$，则在 u 和任意其他顶点 $u' \in DS(Q)$ 间的路径上存在至少三个非支配顶点。此时，至少一个非支配顶点是不与 u 或 u' 相邻的，从而与定义 1-12 矛盾，定理 1-4 得证。

定义 1-13：给出一个图 Q 的一个顶点 u，u 的 1-hop 邻近集 $N_1(u)$ 和 2-hop 邻近集 $N_2(u)$ 的定义是，$N_1(u) = \{u' \mid 存在连接u和u'的长度为1的路径\}$；$N_2(u) = \{u' \mid 存在连接u和u'的长度为2的路径\}$。

图 1-6 为存在两个邻近支配顶点和间的四种可能的最短路径拓扑。基于定理 1-4，定义支配查询图如下。

定义 1-14：支配查询图。给出一个支配集 $DS(Q)$，支配查询图 Q^D 被定义为 $\langle V(Q^D), E(Q^D) \rangle$，且有 $E(Q^D)$ 中的边 (u_i, u_j) 成立，当且仅当以下条件中至少一项成立。

（1）u_i 是查询图 Q（见图 1-6(a)）中与 u_j 邻近的点；

（2）$\left|N_1(u_i)\bigcap N_1(u_j)\right| > 0$（见图 1-6(b)）；

（3）$\left|N_1(u_i)\bigcap N_2(u_j)\right| > 0$（见图 1-6(c)）；

（4）$\left|N_2(u_i)\bigcap N_1(u_j)\right| > 0$（见图 1-6(d)）。

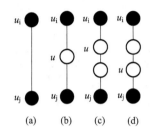

图 1-6　邻近支配顶点的可能拓扑结构

这四个条件分别对应图 1-6 中四种可能拓扑。在条件 1 中，边的权重为 1；在条件 2 中，边的权重为 2；在条件 3 和 4 中，边的权重为 3。

为了将查询图 Q 转化为支配查询图，首先要得到 Q 的支配集 DS(Q)，然后为 DS(Q) 中的每对顶点 u_i 和 u_j 确定是否存在连接两顶点的边 (u_i, u_j) 和边 (u_i, u_j) 的权重。

例 1-8：图 1-7 展示了一个查询图 Q 的支配查询图 Q^D 的示例。Q 的支配集包括 u_1，u_3。注意到边 (u_1, u_3) 拥有两个权重 1 和 2，原因是在 Q 中 u_1 是 u_3 的邻近且有 $\left|N_1(u_1)\bigcap N_1(u_3)\right| > 0$。

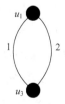

图 1-7　一个支配查询图的示例

为了找出支配查询图中的匹配，提出距离保留原则。

定理 1-5：距离保留（distance preservation）原则。给出数据图 G 中支配查询图 Q^D 的一个匹配子图 X^D，Q^D 和 X^D 分别有 n 个顶点 $u_1, \cdots, u_n$ 和 $v_1, \cdots, v_n$。其中，考虑 Q^D 中的边 (u_i, u_j)，有以下距离保留原则。

（1）如果边权重为 1，则 v_i 是 v_j 的邻近；

（2）如果边权重为 2，则有 $\left|N_1(v_i)\bigcap N_1(v_j)\right| > 0$；

（3）如果边权重为 3，则有 $\left|N_1(v_i)\bigcap N_2(v_j)\right| > 0$ 或 $\left|N_2(v_i)\bigcap N_1(v_j)\right| > 0$。

证明：因为 X^D 应该保有与 Q^D 同构的信息，那么基于定义 1-13，以上原则成立。

接下来提出一种基于距离保留原则的支配查询图匹配算法用于找出支配查询图的所有匹配。一个子图匹配记为一种从 $V(Q^D)$ 到 $V(X)$ 的映射关系 M，其中 X 是 Q^D 的一个匹配子图。找出这种映射关系的过程可以用 SSR[14] 加以描述。每个状态 s 都与一个映射 $M(s)$ 相联系。

算法 1-1：DQG-匹配

输入：支配查询集 Q^D，中间状态 s；初始状态 s_0 有 $M(s_0) = \varnothing$

输出：Q^D 和 G 的子图间的映射 $M(Q^D)$

如果 $M(s)$ 覆盖 Q^D 所有的顶点：

    则有 $M(Q^D) = M(s)$；

    输出 $M(Q^D)$；

否则：

    计算顶点对 (u,v) 的集合 PA(s)，其中 $u \in V(Q^D)$、$v \in V(G)$；

    对 PA(s) 中的所有顶点对 (u,v) 开始循环

    如果 (u,v) 满足距离保留原则：

        则将 (u,v) 添加入 $M(s)$ 并计算当下状态 s'；

        调用 DQG-匹配 (s')；

    结束循环。

在算法 1-1 中，当前状态 s 初始化为空集。构建一个包含所有可能候选对 (u,v) 的候选对集合 PA(s)，并将其添加到当前状态 s 中，如第五行所示。当候选对 (u,v) 被添加到当前映射 $M(s)$ 中时，校验 $M(s)$ 是否满足距离保留原则，若是，则继续这个过程直到找出一个 Q^D 的子图匹配，否则搜索停止。例如，给出支配查询图 Q^D，$\{v_2\}$ 和 $\{v_3\}$ 是对应 u_1 和 u_3 的顶点，因此映射 M 为 $\{(u_1,v_2),(u_3,v_3)\}$。

接下来将提出 DS-匹配算法即算法 1-2。首先调用算法 1-1 来找出映射关系 $M(Q^D)$。当前状态 s 的映射关系 $M(s)$ 被初始化为 $M(Q^D)$。然后，将每个支配查询图 Q^D 的匹配扩展为查询图 Q 的子图匹配。如果 $M(s)$ 覆盖了 Q 的所有顶点，则输出映射 $M(Q)$。否则，对每个非支配顶点 $u' \in V(Q) - V(Q^D)$，考虑 u' 的 1-hop 和 2-hop 的邻近支配顶点。注意到对每个支配顶点 $u_i \in N_1(u')$ 和 $u_j \in N_2(u')$，候选顶点集 $C(u_i)$ 和 $C(u_j)$ 已经在算法 1-1 中被找出。基于距离保留原则，u' 的每个候选顶点 v' 必须是 $C(u_i)$ 和 $C(u_j)$ 中顶点的 1-hop 和 2-hop 邻近。然后检查是否有候选对 (u',v') 满足定义 1-1 中的运用集相似度的子图匹配的条件，若是，则该候选对可被添加到当前状态中。循环这个过程直到所有的非支配顶点都被考察结束。

算法 1-2：DS-匹配

输入：查询图 Q，支配查询图 Q^D，中间状态 s；初始化状态 s_0 满足 $M(s_0) = \varnothing$

输出：查询图 Q 和 G 的子图间的映射 $M(Q)$

(1)　如果 $M(s_0) = \varnothing$：

(2)　　　则调用算法 1-1 找出 $M(Q^D)$；

(3)　　　用 $M(Q^D)$ 初始化 $M(s)$；

(4)　　　如果 $M(s)$ 覆盖 Q 的所有顶点：

(5)　　　　　则有 $M(Q) = M(s)$；

(6)　　　　　输出 $M(Q)$；

(7)　　　否则：

(8)　　　　　对每个 $u' \in V(Q) - V(Q^D)$ 进行循环：

(9)　　　　　　　对每个支配顶点 $u_i \in N_1(u')$ 和支配顶点 $u_j \in N_2(u')$ 进行循环：

(10)　　　　　　　　　对 $u' \in \bigcup_{v \in C(u_i)} N_1(v) \bigcap \bigcup_{v \in C(u_j)} N_2(v)$ 进行循环：

(11)　　　　　　　　　　　如果 (u', v') 满足运用集相似度的子图匹配的条件：

(12)　　　　　　　　　　　　　则添加 (u', v') 入 $M(s)$ 并计算当前状态 s'；

(13)　　　　　　　　　　　　　调用 DS-匹配 (s')；

(14)　　　　　　　　　　　结束循环；

(15)　　　　　　　结束循环；

(16)　　　　　结束循环。

例 1-9： 如示例 1-8 中所述，图 1-1(a)中的查询图 Q 的非支配顶点为 u_2，因此其邻近支配顶点为 u_1 和 u_3。由于 u_1 和 u_3 的匹配顶点为 v_2 和 v_3，因而 u_2 的候选顶点为 $N_1(v_2) \bigcap N_1(v_3) = v_1$。

1.5.2　支配集的选择

一个查询图可能有多个支配集，从而产生 SMS^2 查询的不同表现，由此，本小节将提出一个支配集选择算法来选出查询图 Q 的一个更为经济的支配集，从而降低解决 SMS^2 查询的开支。

显然一个经济的支配集应当包含最少的支配顶点数，从而保证最小化过滤开支。此外，还应当确保每个支配顶点的候选点数是最小的，以减少子图同构过程中的中间结果。

找出一个经济的支配集的问题实际上是一个最小支配集问题（MDS）。MDS 问题等价于最小边覆盖问题[22]，该问题是 NP 复杂的。因此，运用一个效果最优的 Branch and reduce 算法[22]，该算法从未被选择的查询顶点中迭代地选择一个拥有最少候选点数的顶点 u。找出支配集的开支很低，因为查询图通常很小。

由于在 SMS^2 查询完成之前不知道一个查询顶点 u 的候选点数，可以利用一种哈希采样方法[23]来进行快速估算。哈希采样方法可以构建样本并集 $\widetilde{P_U} = \widetilde{P_1} \cup \cdots \cup \widetilde{P_n}$，其中 $\widetilde{P_1}, \cdots, \widetilde{P_n}$ 都是倒排序列 $L(P_1), \cdots, L(P_n)$ 的预先计算的样本。u 的候选点数的估算可以通过下述方法进行：

$$A(u) = \left| A(u)_{\widetilde{P_U}} \right| \frac{\left| L(P)_U \right|_d}{\left| \widetilde{P_U} \right|_d} \tag{1-6}$$

其中 $\left| A(u)_{\widetilde{P_U}} \right|$ 是 $S(u)$ 在标准随机样本上的相似度搜索结果的数量，$\left| L(P)_U \right|_d$ 是包含在多重集合的并集 $L(P)_U$ 中的顶点 ID 的数量，$\left| \widetilde{P_U} \right|_d$ 是样本并集中的顶点 ID 的数量。

例 1-10：在图 1-1 中，可以发现 u_3 有最少的候选点数，因此依据 Branch and reduce 算法，$\{u_1, u_3\}$ 被选中作为经济的支配集。

1.6　实验分析

1.6.1　数据集与设置

所有实验方法都用 C++实现，实验机器配置为 2.5GHz Core 处理器、4GB 内存，实验机器使用 Windows 7 旗舰版系统。实验使用了两个数据集，分别为 Freebase 和 DBpedia，并使用依照 scale-free 图模型合成的图。接下来对两个数据集进行描述。

（1）Freebase（http://www.freebase.com）是一个大型的数据结构化了的协同知识库。实验运用了 Freebase 中的实体关系图，其中每个顶点表示一个实体，例如一位演员、一部电影，每条边表示两个实体间的关系。每个顶点与一个元素集相对应，该元素集描述了实体的特征。实体特征权重明确了其重要性，通常经过了标准化使其值落在[0,1]中。此图包含了 1, 047, 829 个点和 18, 245, 370 条边。突出元素数量为 243，每个顶点的平均元素数量为 6。

（2）DBpedia（http://dbpedia.org）从维基百科中提取结构化信息。在本章使用的 DBpedia 数据集 DBP 中，每个顶点代表从维基百科中提取出的实体，包含了一个关键词集。每个词的权重由 TF/IDF 确定。运用经典特征提取方法[24]选择了 2000 个词以及其在 DBpedia 中作为元素的最高 TF/IDF 值。此图包含 1, 010, 205 个点和 1, 588, 181 条边，每个顶点的平均元素数量为 20.6。

（3）运用文献[25]中的图生成方法合成 scale-free 数据图（SF），其中每个点都服从幂律分布。实验使用了三个 SF 数据集，分别是 SF1M、SF5M、SF10M，它们分别包含 1,000,000、5,000,000、10,000,000 个顶点及 1,260,704、6,369,405、24,750,113 条

边。突出元素数量为 100，每个顶点的平均元素数量为 5.5。每个元素随机获得取值在[0,1]中的权重值，元素间的权重分配遵循默认规范，SF1M 是默认的 SF 数据集。

根据文献[26]中的实验开展方法，实验中运用的包含 10,000,000 个顶点和 24,000,000 条边的图是在子图搜索方面单个机器上的最大数据集。尽管子图搜索方面的 STW 研究是在十亿个点的图上进行的，但它的展开依靠的是 8 台配置 32GB 内存和两个四核 CPU 的实验机[10]。

从图 G 中一个随机顶点开始提取 100 个查询图 Q，然后通过相互联系的随机边对图进行遍历，其中查询图 Q 中的最大顶点数 n_{max} 设为{3,**5**,8,10,12}。相似度阈值 τ 设为{0.5,0.6,0.7,0.8,**0.9**}，支持阈值 minsup 设为 30000。粗体数字为默认值。在随后的实验中，每次变动一个参数，其他参数依然设为默认值。SMS^2 查询的表现将从每个查询图的查询响应时间和每个查询顶点的平均候选数量两方面进行评定。FB、DBP、SF1M、SF5M、SF10M 的规模分别 118、51、38、206、415MB。

1.6.2　对比方法

本章将 SMS^2 方法与 baseline 方法（BL）进行比较。BL 方法为所有数据顶点元素集构建了倒排索引，基于此搜索每个查询点的候选项。完成搜索后，BL 方法运用 QuickSI 算法[27]找出查询图的匹配子图。

本章也将比较 SMS^2 方法与已有的子图匹配方法如 Turbo$_{ISO}$[15]、GADDI[28]、SPath[8]、GraphQL[29]、STW[25]、D-Join[9]、R-Join[2]等。由于 STW 是分布式图匹配算法，为了比较的公正，在单个机器上运用文献[10]的方法引入 STW。这些方法首先找出与查询图 Q 同构的候选子图，然后检查每对匹配顶点的集相似度找出匹配子图。

为了分析集相似度剪枝、结构化剪枝、DS-匹配算法的效果，将本章方法与 SMS^2-S、SMS^2-Q、SMS^2-R 进行比较。SMS^2-S 方法只运用了集相似度剪枝来找出每个支配查询顶点的候选点，然后运用 DS-匹配算法来找出匹配子图。SMS^2-Q 方法运用包括集相似度剪枝和基于结构的剪枝技术找出所有查询顶点的候选点而不是支配查询的顶点，然后运用 QuickSI 算法[26]找出基于候选点的匹配子图。SMS^2-R 和 SMS^2 方法的唯一区别在于前者随机选择查询图的一个支配集，而后者运用支配集选择算法来选出经济的支配集。

1.6.3　线下性能

1）索引构建时间

图 1-8(a)展现了在实际数据集和合成数据集上构建索引分别所需的时间。对倒排模式格而言，构建时间控制在 109.6～1212.3s。对签名桶而言，构建时间控制在 115～2154.2s。

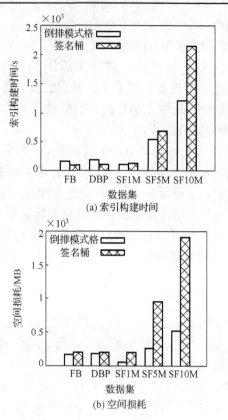

图 1-8　数据集上的线下效果比较（minsup 为 30000）

2）空间损耗

倒排模式格的空间损耗包括主存储中的格空间和存储盘中的倒排序列空间。签名桶的空间损耗是所有数据顶点的签名桶的规模。倒排模式格和签名桶的空间复杂度分别为 $O(2^{|u|})$ 和 $O(|V(G)|)$，其中 $|u|$ 指元素总体 u 中的突出元素数量。正如图 1-8(b) 所展现的，倒排模式格的空间损耗在 45.9~523MB 间变化，签名桶的空间损耗在 192~1926.4MB 间变化。可以发现这样的空间损耗对每个数据集规模是成比例的。

1.6.4　线上性能

1. 关于数据集的性能比较

本小节中首先基于一个无标签的和一个单标签的数据图分别比较 SMS^2 方法和其他对比方法，然后比较 SMS^2 方法和 BL 方法。由于集相似度对无标签或单标签的图无效，在 SMS^2 方法不进行集相似度剪枝过程。此外，运用哈希机制而不是并集相似度上界来直接定位候选标签桶。

为了在无标签图上进行比较，忽略所有顶点对应集合并运用比较方法找出匹配子图。然而所有对比方法除了 $Turbo_{ISO}$ 都没能在可接受的时间内完成查询过程，原因在于无标签顶点生成了很多中间结果。尽管 $Turbo_{ISO}$ 方法是唯一获得满意结果的方法，但复杂的校验过程导致了过长的查询响应时间。正如表 1-1 所展现的，SMS^2 方法的性能优于 $Turbo_{ISO}$ 方法高达 175.6 倍。

表 1-1　无标签图上的查询响应时间

Dataset	SMS^2/s	$Turbo_{ISO}$/s
FB	35.7	Fail
DBP	33.2	5829.5
SF1M	43.8	6237.1
SF5M	170.2	Fail
SF10M	370.5	Fail

对单标签图而言，这里给每个顶点指定一个标签并在顶点上运用多种可识别标签。标签的可识别数量设为顶点总数的 10%，相似度阈值则设为 1。结果表明 SMS^2 查询可以完成精准的子图搜索。将 SMS^2 查询的响应时间与已有的子图同构算法 $Turbo_{ISO}$ 进行比较，$Turbo_{ISO}$ 同样无法在 SF5M 和 SF10M 数据集上完成查询过程。因此，我们选择运用 SF1.5M 和 SF2M 两个数据集。正如表 1-2 所展现的，SMS^2 方法可以得到比 $Turbo_{ISO}$ 更短的查询响应时间，这证明了基于结构的剪枝和 DS-匹配算法可以有效用于精准的子图搜索。注意到单标签图的倒排模式格实际上是一个包含所有识别标签组成序列的倒排索引，其中每个标签又由其所属的系列顶点组成的序列表示。

表 1-2　精准子图搜索的查询响应时间

Dataset	SMS^2/s	$Turbo_{ISO}$/s
FB	1.55	6.43
DBP	0.67	0.75
SF1M	1.14	1.41
SF1.5M	1.54	3.01
SF2M	2.03	6.68

图 1-9(a)显示，SMS^2 在实际数据集和合成数据集上都可以达到比 SMS^2-S、SMS^2-Q、SMS^2-R 以及 BL 方法都要短的查询响应时间，SMS^2 的查询响应时间在 35.17s 至 370.49s 间变动。SMS^2 方法比 SMS^2-S 表现更好主要是因为前者运用了集相似度剪枝和基于结构的剪枝，而后者只运用了集相似度剪枝。SMS^2 优于 SMS^2-Q 方法至少 58% 的响应时间，这是因为前者只找出支配查询顶点中的候选点从而节省了剪枝过程的开支。此外，DS-匹配算法比 QuickSI 表现更好是因为它通过减少中间结果数量从而节省了子图匹配开支。由于 SMS^2 运用了支配集选择算法来选择更经

济的支配查询图，它也因而有了比 SMS²-R 更好的表现，因为后者采取的是随机选择支配集。SMS² 由于集相似度剪枝和基于结构的剪枝技术的运用，使得候选点和剪枝开支相较于基于倒排索引的相似度搜索而言更少，且 DS-匹配算法有比 QuickSI 算法更好的表现。集相似度剪枝和基于结构的剪枝技术的时间复杂度分别是 $O(|I|)$ 和 $O\left(\left\|\bigcup_{u\in DS(Q)} C(u)\right\|\right)$。同样从图 1-9(a)中可以看出 SMS² 的查询响应时间随着数据图规模增加而成线性上升，自 1,000,000 上升至 10,000,000，体现了本章方法的可扩展性。

图 1-9(b)显示 SMS²-Q、SMS²-R 和 SMS² 方法产生了相似的候选点数，这是因为这些方法都运用了相同的剪枝技术。SMS²-S 和 BL 方法也产生了相似的候选点数，这是因为它们都考虑了查询顶点和数据顶点间的集相似度。SMS² 产生的候选点数比 BL 方法少了至少 8.5%。这些结果表明基于结构的剪枝技术可以剪掉至少 8.5%的候选点，集相似度剪枝技术可以剪掉至少 40%的候选点。值得注意的是候选点数呈现与数据图规模相似的增长趋势，例如对应数据集 SF1M、SF5M、SF10M 有 43.4、170、370.5 个单位的候选点数。

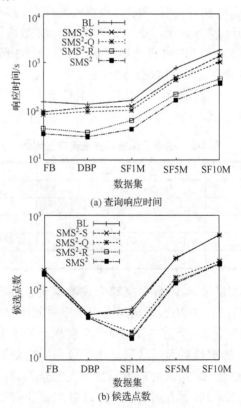

(a) 查询响应时间

(b) 候选点数

图 1-9　数据集上的方法表现比较（$n_{\max}=5, \tau=0.9$）

2. 关于查询图规模的性能比较

本小节将在查询图规模从 3 变化到 12 的过程中比较 SMS^2 与 BL 方法。为了能代表不同的数据集,BL 和 SMS^2 被分为 BL-SF、SMS^2-SF、BL-FB、SMS^2-FB、BL-DBP 和 SMS^2-DBP。

图 1-10(a)和图 1-10(b)显示当查询图规模从 3 变为 12 时,SMS^2 的查询响应时间比 BL 方法上升缓慢得多,这是因为在剪枝和子图匹配过程中 BL 方法比 SMS^2 有更大的开支。这也证明了 SMS^2 比 BL 方法在面对不同查询图规模时更具可扩展性。从图 1-10(b)中可以看出 SMS^2 和 BL 的候选点数随着查询图规模的增加而减少,且 SMS^2 比 BL 导致了更少的候选点数,这是因为一个小查询图比大查询图可能有更多的匹配子图,且 SMS^2 的剪枝策略也比 BL 更有效。注意到尽管 SMS^2-FB 产生了相较于 BL-SF、BL-DBP 更多的候选点,但它仍然可以有更短的响应时间,因为集相似度剪枝和基于结构的剪枝都大大减少了查询过程损耗。

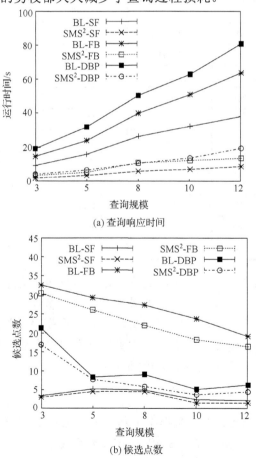

(a) 查询响应时间

(b) 候选点数

图 1-10　基于查询图规模的表现比较（$\tau = 0.9$）

3. 关于元素集特征的性能比较

集相似度剪枝技术的效果尤为依赖于查询顶点元素集，本小节将分析查询响应时间和顶点的平均候选点数是如何受到以下几种集合影响的，这些集合包括：高词频元素（所有元素的词频都高于 0.98，则记为高词频）、低词频元素（所有元素的词频都低于 0.01，则记为低词频）、大量元素集（元素数量大于 80）、少量元素集（元素数量少于 5），生成仅包含拥有任一种以上集合的顶点的查询图。

从表 1-3 可以看出查询表现随着元素词频变高而下降，这是因为一个拥有高词频集合的查询顶点比拥有低词频集合的查询顶点有更多的候选点。而且高词频元素的倒排序列规模比低词频元素更大，这将导致更高的查询响应时间。

表 1-3　元素集特征的影响（ $n_{\max} = 5, \tau = 0.9$ ）

比较方法	指标	高词频元素	低词频元素	大量元素集	少量元素集
BL-FB	响应时间/s	205.7	120.99	132.60	175.09
	候选点数	60.56	23.54	16.30	42.51
SMS²-FB	响应时间/s	24.62	4.52	7.98	19.78
	候选点数	51.82	1.78	0.65	25.09
BL-DBP	响应时间/s	196.84	145.53	70.27	188.56
	候选点数	52.51	37.27	12.20	78.56
SMS²-DBP	响应时间/s	28.88	7.51	20.13	42.06
	候选点数	8.27	5.35	0.88	60.67
BL-SF	响应时间/s	230.65	180.41	107.52	259.23
	候选点数	56.52	51.21	8.70	64.20
SMS²-SF	响应时间/s	35.01	34.11	9.22	44.34
	候选点数	4.53	4.42	0.76	56.70

表 1-3 证明了包含大量元素集的查询通常比包含少量元素集的查询有更好的表现，原因在于大量元素可以产生更少的候选点。对大量元素集而言，垂直剪枝的效果随前缀长度的增加而下降，同时横向剪枝的效果会变好，是因为更多的小规模频繁模式会被剪掉。对少量元素集而言，垂直剪枝和横向剪枝的效果都会变好，是因为短小的前缀被保留了而大规模频繁模式都被剪掉了。

4. 关于相似度阈值的性能比较

通过使相似度阈值 τ 在不同数据集上从 0.5 变化到 1，比较 BL 和 SMS²。正如图 1-11(a)和图 1-11(b)所展现的，SMS² 比 BL 有更短的查询响应时间和更少的候选点数，尤其是在阈值很小的时候。例如当 $\tau = 0.5$ ，SMS²-FB 和 BL-FB 的平均候选点数间的差别小于 37，同时相比 BL-FB，SMS^2-FB 在响应时间上减少了至少 1130s。这是因为较大的相似度阈值往往导致更少的候选顶点，因此减少了查询响应时间。注意到当阈值 τ 设为 1 时，这个问题转化为精准子图搜索问题。在此情形下，集相似度剪枝仍然是有效的。

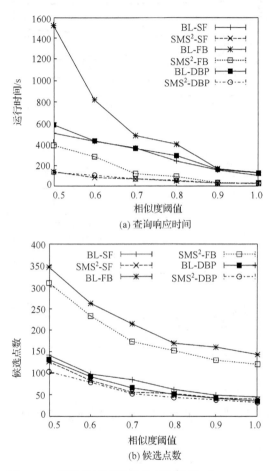

(a) 查询响应时间

(b) 候选点数

图 1-11　基于相似度阈值的表现比较（$n_{max} = 5$）

5. 关于权重分布的性能比较

最后，比较在均匀分布、高斯分布、Zipf 分布下的 SMS^2 和 BL 方法。观察图 1-12 可知当权重分布方式变动时，几种方法的表现不会发生改变。这正是期望的结果，因为相似度计算和上界不能被权重分布影响太多。图 1-12 的结果证实本章方法优于 BL 方法。

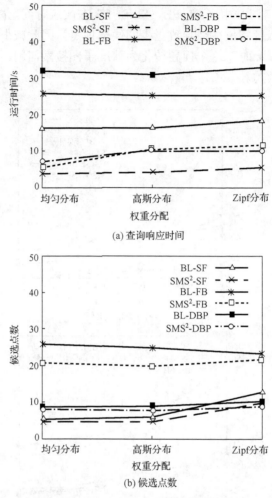

图 1-12　基于权重分布的表现比较（$n_{max} = 5, \tau = 0.9$）

1.7　结　　论

本章研究了运用集相似度的子图匹配问题，该问题应用十分广泛。为了解决这个问题，考虑顶点集相似度和图拓扑，提出了有效的剪枝技术。设计了一种新颖的倒排模式格和结构化的签名桶来辅助进行线上剪枝。最后提出了一种有效的基于支配集的子图匹配算法来找出匹配子图。实验证明了本章方法的有效性和高效性。

第2章 基于集合相似度的子图匹配查询原型系统

2.1 引   言

近年来出现的许多网络，如社会网络[30]、语义网络[31]、通信网络以及生物网络[4,7,32]，其中大部分都可以自然地建模成图数据库（Graph Databases）。图数据库越来越广泛地成为一种建模和查询图结构数据的重要工具。在各种图操作中，子图匹配（Subgraph Match），亦称子图查询（Subgraph Query）[7,8,10,31,33]是最基本的操作：给定一个由实际应用网络建模成的大图数据库 G 和用户指定的查询图 Q，找出 G 中所有精确匹配 Q 的子图，这些子图不仅结构与 Q 相同，且对应的节点的标签也完全相同[7]。然而，在实际的图数据库中，每个节点可能包含很多表示该节点特征的标签，每个标签的权重也不尽相同，精确匹配所有标签有时候并不可取。

基于上述观察，本章提出子图匹配的一个变种，称作基于重叠系数的子图匹配（Subgraph Match with Overlap Coefficient，SMOC）。在 SMOC 中，每个节点拥有一个标签集合，而不是一个标签，且每个标签均有一个动态权重，标签的权重由用户根据不同的应用需求临时指定。具体而言，给定一个拥有 n 个节点 $u_i(i=1,\cdots,n)$ 的查询图 Q，SMOC 能够找出大图数据库 G 中所有拥有 n 个节点 $v_j(j=1,\cdots,n)$ 的子图，满足：①S(u_i)和 S(v_j)的加权重叠系数大于用户指定的阈值，其中 u_i 与 v_j 对应，S(u_i)和 S(v_j)分别表示 u_i 和 v_j 的标签集合；②匹配子图 X 与 Q 结构上同构。

例 2-1：众包（Crowdsourcing）。众包是互联网带来的新的生产组织形式，企业利用互联网分配工作、发现创意或解决技术问题。图 2-1(a)是某众包社区中用户的合作关系图，其中每个节点代表一个用户，每个用户拥有一些技能标签，节点之间的连线表示用户的合作关系。设想某企业拟选择五个用户为其开发项目，要求一个精通算法的用户进行架构设计，两个精通 PHP 和 MySQL 的用户完成后台开发。此外，还需要两个精通 JS、CSS 和 Html 的用户完成前端开发，另外一名设计人员精通 PS、AI，最好是设计专业的设计人员。当然若这五位用户两两合作过最好，这样就能减少沟通开销。但这要求难免太苛刻，只需架构设计和后端开发人员两两合作过，前端人员与后台开发人员合作过，而设计人员至少与一名前台开发人员合作过。该企业的要求可以建模成图 2-1(b)。于是这个问题便转换成了在图 2-1(a)中完成图 2-1(b)的 SMOC 查询问题。

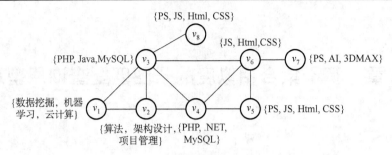

(a) 众包的合作图

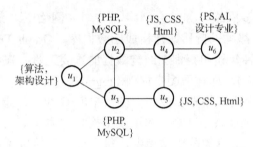

(b) 项目需求

图 2-1　众包的例子

　　实际上，论文检索[34]、社区发现[35]、地址选择和企业招聘等问题都可以转化为 SMOC 查询问题。可见 SMOC 在很多应用中都非常有用。然而，目前关于结构同构和标签重叠系数子图匹配问题的研究并不多。由于对子图匹配的含义定义不同，此前精确子图匹配或模糊子图匹配的相关技术[8,14,31-33,36]并不能直接应用于 SMOC。

　　有两种直接修改现有算法的方法来解决 SMOC 问题。第一种方法首先利用现有子图同构算法[14,17]找出查询图的所有同构子图，然后验证对应节点的加权重叠系数，过滤掉那些不满足条件的同构子图。第二种方法顺序相反，首先找出每个查询图节点的候选节点，这些候选节点满足重叠系数限制，然后从这些候选节点中找出查询图的同构子图。然而，这两种方法通常会产生很高的查询代价，对大图数据库而言更是如此。因为在第一步的过程中，第一种方法忽略了重叠系数的限制，而第二种办法没有考虑到图结构信息。

　　由于现有方法在效率上存在问题，本章提出一种更为高效的 SMOC 方法，首先给图数据库节点签名，并将节点签名组织成动态签名树（Dynamic Signature Tree, DS-Tree），在查询过程中同时考虑了查询图的拓扑结构和图节点加权重叠系数的限制，大大减少了搜索空间。此外，本章还提出了支配子图（Dominating Subgraph）查询算法，进一步加快 SMOC。

　　本章主要贡献总结如下。

（1）提出了一种新的子图查询问题 SMOC。与传统子图查询不同的是，SMOC 要求图结构同构，且对应节点的加权重叠系数大于用户给定阈值。这种问题在现实生活中非常普遍。

（2）设计了一种利用 DS-Tree 进行 SMOC 查询的策略。DS-Tree 是一种动态平衡签名树。首先分别针对数据图和查询图设计了两种签名机制，并将数据图节点签名组织成 DS-Tree。注意这两种签名均包含了节点标签信息和图结构信息。然后利用 DS-Tree 找出每个查询图节点的候选节点集合，最后根据候选节点集合确定同构子图。

（3）提出了支配子图查询算法。首先找到查询图的最小支配子图，然后利用签名树找到支配子图每个节点（称为查询图的支配节点）的候选节点集合。根据距离保留定理，利用支配节点的候选节点找到非支配节点的候选节点集合，最后确定查询图的同构子图。

（4）人工数据和真实数据的实验结果表明，本章提出的 SMOC 查询方法具有较好的效率和扩展性。

2.2　预 备 知 识

2.2.1　问题定义

一个网络可以建模成数据图 $G=<V(G), E(G)>$，其中 $V(G)$ 表示顶点集合，$E(G)\subseteq V(G)\times V(G)$ 是边集合，每个顶点 $v\in V(G)$ 拥有一些标签，记为 $S(v)$，所有节点的标签全集记为 $\Sigma(G)$。类似地，查询图也可以表示成 $Q=<V(Q), E(Q)>$。本章讨论边无权重连通无向图上的 SMOC 查询，不失一般性，本章的算法能够很容易扩展到其他类型图的查询中。

定义 2-1：基于重叠系数的子图匹配。给定数据图 G，$V(G)=\{v_1, \cdots, v_m\}$，查询图 Q，$V(Q)=\{u_1, \cdots, u_n\}$，以及用户指定的阈值 τ，当且仅当满足下面三个条件时，Q 与 G 的子图 X，$V(X)=\{v_1, \cdots, v_n\}$ 基于重叠系数的子图匹配。

（1）存在双射函数 f，对每个 $u_i\in V(Q)$ 和 $v_j\in V(X)$，均有 $f(u_i)=v_j$，其中 $1\leqslant i, j\leqslant n$。

（2）$\mathrm{sim}(S(u_i), S(v_j))\geqslant\tau$，其中 $S(u_i)$ 和 $S(v_j)$ 分别表示 u_i 和 v_j 的标签集，$\mathrm{sim}(S(u_i), S(v_j))$ 表示 $S(u_i)$ 和 $S(v_j)$ 的加权重叠系数。

（3）对于任意边 $(u_i, u_k)\in E(Q)$，均有 $(f(u_i), f(u_k))\in E(X)$，其中 $1\leqslant k\leqslant n$。

由于 SMOC 与边是否有向无关，因此此方法同时适应于有向图和无向图。

定义 2-2：重叠系数相似度。给定集合 X、Y，衡量它们相似度的重叠系数定义如公式（2-1）。

$$\text{overlap}(X,Y) = \frac{|X \cap Y|}{\min(|X|,|Y|)} \tag{2-1}$$

注意，对于数据图节点 v 和查询图节点 u，$|S(v)|$ 一般远远大于 $|S(u)|$，因此，本章采用重叠系数的变形。

定义 2-3：加权重叠系数相似度。给定查询节点 u 和数据节点 v 的标签集合 $S(u)$、$S(v)$，加权重叠系数相似度的定义如公式（2-2）。

$$\text{sim}(S(u), S(v)) = \frac{\sum_{a \in S(u) \cap S(v)} W(a)}{\sum_{a \in S(u)} W(a)} \tag{2-2}$$

其中，$W(a)$ 是标签 a 的权重，并且 $W(a) \geq 0$。

定义 2-3 中，若所有的标签 a，均有 $W(a)=1$，且 $|S(u)| \leq |S(v)|$，那么加权重叠系数相似度就是传统的重叠系数相似度[27]。本章利用加权重叠系数作为相似度的计量方法有以下两个原因：①重叠系数能够较好地模拟很多现实问题，例如招聘时，企业更倾向于应聘者包含更多的技能；②给每个标签赋予不同的权重真实反映了用户对每个标签关注程度不一样。正如文献[18]所述，相似度的计算方法，如 Jaccard 相似度、余弦相似度、哈明距离以及重叠相似度，都是相互关联的，它们能够通过一些变换相互转换。因此，此算法也适用于其他相似度度量方法。实际应用中，由用户指定查询图和每个标签的权重，或指定加权相似度的算法。例 2-1 中，关于设计人员是否为设计专业的要求其实并不重要，只需要精通 PS 和 AI 设计。因此可以为"设计专业"标签指定一个较低权重。

2.2.2　方法概览

子图查询问题非常困难，因为子图同构验证问题是一个 NP 完全问题[15]，而实际应用中的网络非常巨大。为保证在短时间内完成子图查询，需要设计良好的索引技术和查询优化技术来解决子图查询问题。

图 2-2 所示的是 SMOC 查询算法的基本框架。SMOC 查询算法包含离线处理和在线处理两部分。离线处理是为数据图建立索引的过程，首先给数据图节点签名，该签名同时包含节点标签信息和数据图的结构信息，然后将数据签名组织成动态签名树。与 SMS² 方法[37]不同的是，离线处理过程放弃扩展性能不佳的桶签名和倒排模式格索引，转而使用扩展性能和过滤性能更好的 DS-Tree 索引。

在线处理部分中，首先获得查询图节点签名，同样，此签名也包含了数据图节点标签和结构信息。为进一步加快查询效率，提出支配子图查询算法，选择查询图的最小支配子图，再利用 DS-Tree 找出每个支配节点的候选节点集。然后利用距离保留定理找出非支配节点的候选集，最后找出所有与查询图近似匹配的图。

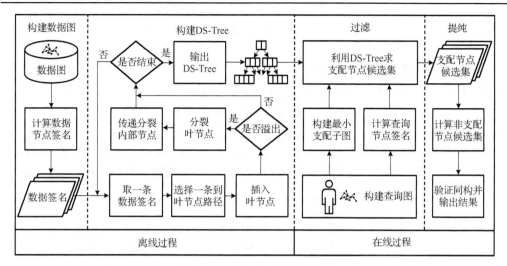

图 2-2　SMOC 的基本框架图

2.3　签名及 DS-Tree

2.3.1　查询签名和数据签名

文献[46]为查询节点 u 和数据节点 v 定义了两种不同的签名，分别称为查询签名 Sig(u)（Query Signature）和数据签名 Sig(v)（Data Signature）。利用这两种签名，能快速过滤掉一些不满足条件的数据节点。

定义 2-4：查询签名。给定查询图中的节点 u，设 u 有 m 个相邻节点 $u_i(i=1, \cdots, m)$，则查询节点 u 的签名 Sig(u)={<BV(u), BV(u_1)>, $\cdots$, <BV(u), BV(u_m)>}，其中 BV(u) 和 BV(u_i)分别是 $S(u)$ 和 $S(u_i)$ 的位向量。

例 2-1 中，若指定所有标签的顺序为<.NET, 3D MAX, AI, CSS, Html, Java, JS, MySQL, PHP, PS, 云计算, 数据挖掘, 机器学习, 架构设计, 算法, 设计专业, 项目管理>，Sig(u_5)={<00011010 00000000 0,00011010 00000000 0>, <00011010 00000000 0, 00000001 10000000 0>}。

定义 2-5：数据签名。给定数据图中的节点 v，设 v 有 n 个相邻节点 $v_i(i=1, \cdots, n)$，则数据节点 v 的签名 Sig(v)=<BV(v), $\bigvee_{i=1}^{n}$BV(v_i) >，其中 BV(v) 是 $S(v)$ 的位向量，$\vee$ 是按位或操作，$\bigvee_{i=1}^{n}$BV(v_i) 称为合并位向量（Union Bit Vector），记为 BV$_{\cup}$(v)，其值等于 v 所有相邻节点的 $S(v_i)$ 的位向量按位或。

由于数据节点非常多，数据签名中采用相邻节点的合并位向量既能保留部分图结构信息，又不会让图索引太大。例 2-1 中，$Sig(v_5)$={<00011010 01000000 0, 10011011 10000000 0>}。

定义 2-6：签名面积。 给定一个签名 sig，定义其面积为 sig 中 1 的个数，记为 Area(sig)。有时候为简单起见，节点 v 的签名面积记为 Area(v)。

定义 2-7：签名增量面积。 签名 sig_j 相对于签名 sig_i 的增量面积由公式（2-3）给出，先将 sig_i 按位取反，然后与 sig_j 对应位作与运算，得到的结果为签名的面积。其含义为 sig_j 对应的集合加入到 sig_i 对应的集合中产生的新集合的签名相对于 sig_i 的增长面积。注意签名增量不满足交换律，即一般地，$\Delta Area(sig_i, sig_j) \neq \Delta Area(sig_j, sig_i)$。

$$\Delta Area(sig_i, sig_j) = Area\left((\sim sig_i)\ \&\ sig_j\right) \tag{2-3}$$

许多应用数据签名都非常稀疏，即标签的种类很多，单个数据节点包含的标签却很少，即其签名的面积非常小。因此，按位存储签名会浪费很多空间。为解决这个问题，可以采用一种压缩技术：只记录位向量中为 1 的位置。例如，数据图节点 v_5 的压缩签名为 $Sig(v_5)_{压缩}$={3, 4, 6, 9, 17, 20, 21, 23, 24, 25}。

2.3.2　DS-Tree

为更好地利用签名信息，将数据签名组织成动态签名树（Dynamic Signature Tree，DS-Tree）。这一小节着重于如何构建数据图的 DS-Tree。下一小节将会看到 DS-Tree 能够很好地帮助完成 SMOC。

DS-Tree 是 S-Tree[16,38,39] 的变形，是一种动态平衡树。不同的是，S-Tree 每一层节点的容量相同，DS-Tree 每层节点的容量随着层数递减。S-Tree 中，每个节点包含若干个形如<sig, ptr>的条目。在叶子节点中，sig 是一个数据节点的签名，ptr 是该数据节点的 id。对于非叶子节点，ptr 指向该条目对应的子树根节点，sig 是对应子树根节点所有条目 sig 的按位或，称为该子树根节点的节点签名。node 内可允许的最大条目数称为该节点的容量，记为 Cap(node)。在 S-Tree 中，每层的节点的容量都相同，这样会导致一个问题，越底层的节点更容易装满，而高层节点的条目一般会比较少，最终导致 S-Tree 的过滤性能低下。这是因为上一层节点的一个条目对应了下一层单个节点的所有条目。因此，DS-Tree 采用动态容量策略。容量的选定与 DS-Tree 节点的层数、数据节点数目和数据节点标签的总数有关。直观上看，DS-Tree 节点所在的层数越高，其容量应该越小；数据节点数目越多，数据节点分配到同一个 DS-Tree 节点的数目就越多，DS-Tree 节点容量应该越大；数据节点标签总数$|\Sigma(G)|$越少，数据节点分配到同一个 DS-Tree 节点的数目就越多，节点容量应该越大。因此，Cap(node)的计算可采用公式（2-4）。

$$Cap(node) = \max\left\{3, \left\lceil s \times \frac{|V(G)| / |\Sigma(G)|}{e^{r \times l}} \right\rceil\right\} \tag{2-4}$$

其中，$|V(G)|$、$|\Sigma(G)|$分别表示数据图 G 节点和标签的个数，l 表示 DS-Tree 节点所在的层数，e 为自然对数的底数。取叶子节点所在层为第 0 层。r、s 是正实数，r 表示容量随层数的增加而递减的速度，s 决定每一层容量的绝对大小。取 3 作为下限是为了防止无限分裂。给定一数据集，其节点数目和标签总数固定，因此节点 node 的容量仅取决于 s、r 和 l。故公式（2-4）可以简写成公式（2-5）。

$$\text{Cap(node)} = \max\left\{3, s \times e^{-r \times l}\right\} \tag{2-5}$$

算法 2-1 是 DS-Tree 的构建算法，主要包括两个步骤：InsertDSTree 和 Split。InsertDSTree 方法为条目 e 自顶向下选择合适的路径插入到 DS-Tree 的一个叶节点中，Split 方法自底向上分裂那些超过最大容量的 DS-Tree 节点。将在 2.3.3 节看到，DS-Tree 过滤效果的好坏与相似数据节点的聚集程度相关。因此，InsertDSTree 与 Split 有一个共同目标：对于同层的 DS-Node，节点内的数据节点尽可能相似，节点间的数据节点尽可能不同。这取决于算法 2-1 中的第 11 步和第 20 步。

第 11 步的 ChooseSubtree 方法选择使节点 node 内面积增量最小的条目对应的子树。条目增长的面积可以通过公式（2-3）算出，将 node 中的每个条目的签名取反后与 e 的签名按位与。也就是说，对于 node 内的每一个条目 e_i，选出使得$\Delta\text{Area}(e_i, e)$最小的条目。若存在多个这样的条目，为使 DS-Tree 更平衡，选择对应子树根节点条目最少的条目。

第 20 步将 DS-Tree 节点 node 分裂成两个节点。有多种分裂方法可供选择[40,41]，根据文献[41]的实验结果，采用基于层次合并聚类（Agglomerative Hierarchical Clustering，AHC）算法，将 node 内的条目聚成两类，分别放入两个新节点中，并删除原来的节点 node。具体实现为：最开始将 node 内的每个条目分别视为一个簇，簇的签名为其内所有条目的签名按位或运算。然后将两个 Jaccard 相似度[18]最大的簇合并成一个簇，如此反复，直到剩下两个簇为止。为使分裂后的 DS-Tree 平衡，当其中一个簇的条目数大于原 DS-Node 容量的一半时，直接将其他簇合并成一个簇。接着将剩下的两个簇中的条目放入到两个 DS-Tree 新节点中，同时更改相应的父子关系，最后删除 node。分裂使父节点的条目数增加了，因此验证父节点是否溢出。若溢出，分裂父节点。如此递归下去，注意聚类过程中使用的是 Jaccard 相似度而不是加权 Jaccard 相似度或加权重叠系数相似度。不使用加权信息是因为针对不同的查询，各标签拥有不同的权重。不使用本章定义的重叠系数相似度是因为 DS-Node 内的条目均为数据节点产生的，具有同样的地位。

算法 2-1：DS-Tree Construction

输入：数据图 G
输出：DS-Tree 的根节点 root
方法：

```
/*DS-Tree 构建的主方法*/
(1)  function DSTreeBuild(DataGraph G) {
(2)      DSNoderoot;                    //DS-Tree 的根节点
(3)      foreach data vertices v in G {
(4)          Entry e = <Sig(v), v.ID>; //获得对应的条目
(5)          InsertDSTree (root, e);    //将条目插入 DS-Tree 中
(6)      }
(7)      return root;
(8)  }
/*将 e 插入到 DS-Tree 中*/
(9)  function InsertDSTree (DSNode node, Entry e) {
(10) while (node is not a leaf) {
(11)     node=ChooseSubtree (node, e);    //选择某个子树
(12) }
(13) Insert e into node;
(14) if (node overflows) {              //若超过了最大容量，则分裂
(15)     Split(node);
(16) }
(17) }
/*DS-Tree 节点分裂*/
(18) function Split (DSNode node) {
(19) while (node overflows) {
(20)     split node into two nodes;    //将 node 分裂
(21)     node=node.parent;             //向上传递分裂
(22) }
(23) }
```

图 2-1(a)的数据图中，$|V(G)| = 8$，$|\Sigma(G)| = 17$。假设公式（2-4）中 $s=10$，$r=0.45$，那么最底层的 DS-Tree 节点的容量为 4，第一层的 DS-Tree 节点的容量为 3。最开始 DS-Tree 只有一个空节点，如图 2-3(a)所示。逐一插入数据图节点到 DS-Tree 中，并更新相应的 DS-Tree 节点签名。前 4 个数据节点插入后的状态如图 2-3(b)所示。

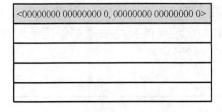

(a) DS-Tree初始状态

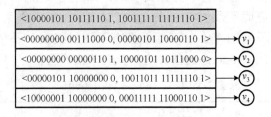

(b) 插入4个数据节点时的状态

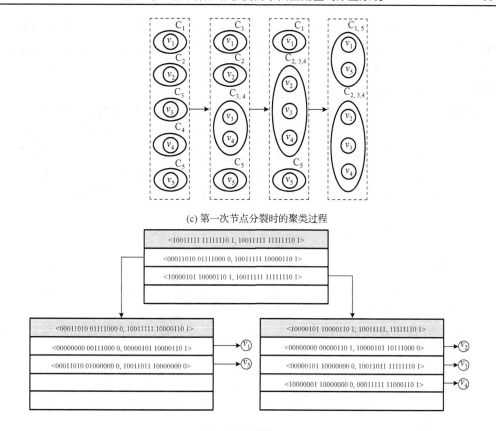

(c) 第一次节点分裂时的聚类过程

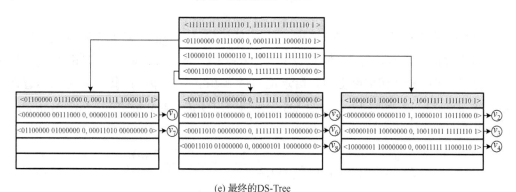

(d) 第一次分裂后的DS-Tree

(e) 最终的DS-Tree

图 2-3　DS-Tree 的构建过程
（深色背景的是 DS-Node 的签名，白色背景的是条目签名）

继续插入数据节点 v_5，此时该 DS-Tree 节点的条目数为 5，超过了最大容量，将其分裂成两个节点。分裂过程如图 2-3(c)所示，开始每个条目单独形成一个簇，找到最相似的两个簇 C_3、C_4 合并成一个新簇 $C_{3,4}$。继续找最相似的两个簇 $C_{3,4}$、C_2

合并成 $C_{2,3,4}$，此时 $C_{2,3,4}$ 中的条目数大于原 DS-Tree 节点容量的一半，直接将其他的簇合并成一个簇。将最后两个簇的条目放入两个新的 DS-Tree 节点中，并为两个新的 DS-Tree 创建一个父节点，父节点的两个条目分别指向两个新的 DS-Tree 节点。最后删除原来的 DS-Tree 节点。此时 DS-Tree 如图 2-3(d)所示。

当插入 v_6 时，自顶向下找到一条插入路径。首先找到使图 2-3(d)根节点中条目签名增量面积最小的条目，指向左子树的条目增量面积为 3，指向右子树的条目增量面积为 5，选择左子树节点插入 v_6，同时更改根节点和左子树节点的节点签名。同样办法插入 v_7、v_8。最后 DS-Tree 如图 2-3(e)所示。注意除根节点外，每个 DS-Tree 节点的签名对应其父节点的一个条目，因此，在实现中只保存根节点的签名。

2.3.3　利用 DS-Tree 查询

根据相似子图匹配的定义（定义 2-1），给定一个数据节点 v 和一个查询节点 u，若 u 与 v 的加权相似度小于 τ，那么 v 节点可以被过滤掉。与加权重叠系数相似度（定义 2-3）对应，定义位向量之间的加权相似度。

定义 2-8：位向量加权相似度。给定查询图节点 u 和数据图节点 v，位向量 $\mathrm{BV}(u)$ 和 $\mathrm{BV}(v)$ 的加权相似度为

$$\mathrm{sim}\big(\mathrm{BV}(u),\mathrm{BV}(v)\big) = \frac{\sum_{a \in \mathrm{BV}(u) \wedge \mathrm{BV}(v)} W(a)}{\sum_{a \in \mathrm{BV}(u)} W(a)} \tag{2-6}$$

其中，$\wedge$ 是按位与操作符。$a \in \mathrm{BV}(u) \wedge \mathrm{BV}(v)$ 表示位向量中对应的位为 1，$W(a)$ 是标签 a 对应的权重。

SMOC 查询转化为对于查询图每个节点的位向量 $\mathrm{BV}(u_i)$，需要在数据图中找到一个节点的位向量 $\mathrm{BV}(v_j)$，使得 $\mathrm{sim}\big(\mathrm{BV}(u_i),\mathrm{BV}(v_j)\big) \geq \tau$。这里定义合并相似度上限。

定义 2-9：合并相似度上限。给定位向量 $\mathrm{BV}(u_i)$ 和 $\mathrm{BV}_{\cup}(v)$，其中 u_i 是目标查询图节点 u 的某个邻居节点，则它们的合并相似度上限（Union Similarity Bound，USB）为

$$\mathrm{USB}\big(\mathrm{BV}(u_i),\mathrm{BV}_{\cup}(v)\big) = \frac{\sum_{a \in \mathrm{BV}(u_i) \wedge \mathrm{BV}_{\cup}(v)} W(a)}{\sum_{a \in \mathrm{BV}(u_i)} W(a)} \tag{2-7}$$

基于定义 2-8 和定义 2-9，有如下聚集定理。

定理 2-1：聚集定理。给定查询签名 $\mathrm{Sig}(u)$ 和数据签名 $\mathrm{Sig}(v)$，如果 $\mathrm{USB}\big(\mathrm{BV}(u_i),\mathrm{BV}_{\cup}(v)\big) < \tau$，那么对于 v 的所有直接邻居，均有 $\mathrm{sim}\big(\mathrm{BV}(u_i),\mathrm{BV}(v_j)\big) < \tau$。

证明：

$$\text{sim}\big(\text{BV}(u_i),\text{BV}(v_j)\big)=\frac{\sum_{a\in\text{BV}(u_i)\wedge\text{BV}(v_j)}W(a)}{\sum_{a\in\text{BV}(u_i)}W(a)}\leqslant\frac{\sum_{a\in\text{BV}(u_i)\wedge\text{BV}_{\cup}(v)}W(a)}{\sum_{a\in\text{BV}(u_i)}W(a)}$$

$$=\text{USB}\big(\text{BV}(u_i),\text{BV}_{\cup}(v)\big)<\tau$$

基于聚集定理，有如下推论。

推论 2-1：给定查询签名 Sig(u) 和数据签名 Sig(v)，如果 sim(BV(u), BV(v))<τ，或者存在一个 u 的邻居节点 u_i，使得 $\text{USB}\big(\text{BV}(u_i),\text{BV}_{\cup}(v)\big)<\tau$，那么 v 不会与 u 匹配。

推论 2-2：给定查询签名 Sig(u) 和 DS-Tree 节点 node 的签名 Sig(node)，如果 sim(BV(u), BV(node))<τ，或者存在一个 u 的邻居节点 u_i，使得 $\text{USB}\big(\text{BV}(u_i),\text{BV}_{\cup}(\text{node})\big)$ <τ，那么 v 不会与以 node 为根节点的子树内所有的数据节点匹配。

因此，利用 DS-Tree 过滤方法如下：给定查询图 Q 和相似度阈值 τ，对于每一个 $u_i\in V(Q)$，从 DS-Tree 的根节点开始深度遍历（DFS）。若 DS-Tree 的节点 node 不满足推论 2-2，则以 node 为根节点的子树无需继续遍历。逐一验证所有满足推论 2-2 的 DS-Tree 叶子节点对应的数据节点，那些满足相似度上限的数据节点构成的集合即为 u_i 的候选节点集，记为 $C(u_i)$。最后通过算法 2-2 验证每个 u_i 对应的候选节点能否构成 Q 的同构图。

算法 2-2 首先将查询节点按照候选集合的大小排序，这样能够减少递归调用次数，然后调用 DFSCheckMatch 函数。DFSCheckMatch 函数用一哈希表记录所有已经匹配的结果，开始时循环遍历当前查询节点的所有候选节点。若当前候选节点未匹配其他查询节点，并且对应的边也匹配（第 10 行），那么将此候选节点放入结果集中（第 11 行）。若所有的查询节点都找到了匹配节点，则输出结果，否则继续递归调用 DFSCheckMatch 函数。最后删除当前候选节点（第 17 行），以便验证当前查询节点的其他候选节点，找出所有匹配的子图。

算法 2-2：Check Isomorphic

输入：数据图 G、查询图 Q、Q 的每个节点 u_i 的候选集 $C(u_i)$
输出：Q 的所有同构子图
方法：

```
(1)    function CheckIsomorphic (DataGraph G, QueryGraph Q, Candidates-
Map C) {
(2)        Map matchedNode=∅;             //已经用作匹配的数据节点集
(3)        Sort C by candidates' number;    //将 C 按候选节点数排序
(4)        DFSCheckMatch(G, Q, C.begin(),matchedNode);
(5)    }
(6) function DFSCheckMatch(DataGraph G, QueryGraph Q,
        CandidatesMapIterator it, Map matchedNode) {
```

```
(7)        QueryNodenode=it->key;
(8)        CandidatesSet candidates=it->value;
(9)        foreach candidate in candidates {
(10)       if (candidate not exist in matchedNode   //该候选点未被使用
           and all edges of node match) {    //所有已匹配节点的边匹配
(11)           Add <node, candidate> to matchedNode;
(12)           if (matched Node.size==Q.size) {
(13)               output matched Node as a matched graph;
(14)           } else {
(15)               DFSCheckMatch(G, Q, it.next(), matchedNode);
(16)           }
(17)               Remove <node, candidate> from matchedNode;
(18)       }
(19)   }
(20)}
```

例如，利用图 2-3 的 DS-Tree 来查询图 2-1(b)中 u_4 节点的候选节点。用户指定标签权重为：W("设计专业")=0.2，其他均为 0.9，τ=0.8。$\text{Sig}(u_4)$={<$\text{BV}(u_4)$, $\text{BV}(u_6)$>, <$\text{BV}(u_4)$, $\text{BV}(u_5)$>, <$\text{BV}(u_4)$, $\text{BV}(u_2)$>}，分成 3 部分，每一部分都与 DS-Tree 节点的条目验证是否满足推论 2-2。刚开始，与 DS-Tree 根节点签名比较，满足条件，进一步验证根节点中每个条目。由于第 1、第 2 个条目不满足推论 2-2，只需继续扫描第 3 个条目对应的子树。因为该节点为叶子节点，因此直接验证相似度。只有指向 v_6 节点的条目满足条件，因此 $C(u_4)$={v_6}。注意这里自动将节点标签相似、但结构不满足条件的 v_3、v_5 过滤了。

2.4　支　配　子　图

我们发现，对于查询节点 u_i，其候选节点集为 $C(u_i)$，设 u_j 为 u_i 的邻居节点，那么 u_j 的候选节点集 $C(u_j)$ 一定包含在 $C(u_i)$ 的邻居节点集中。基于上述观察，提出支配子图（Dominating Subgraph）算法，当 DS-Tree 较大时，能减少遍历 DS-Tree 的次数，进一步提高查询效率。

支配子图的定义基于支配集[37,42,43]，因此，先给出支配集的定义。

定义 2-10：支配集（Dominating Set）。 给定图 Q，称集合 $\text{DS}(Q)$ 是 $V(Q)$ 的支配集，当且仅当 $\text{DS}(Q) \subseteq V(Q)$，且 Q 的每个节点 u，或 $u \in \text{DS}(Q)$，或 u 与 $\text{DS}(Q)$ 的某些节点相邻。

基于定义 2-10，有如下定理。

定理 2-2：支配集定理。 给定节点 $u \in \text{DS}(Q)$，若 $|\text{DS}(Q)| \geqslant 2$，那么至少存在一

个节点 $u' \in \mathrm{DS}(Q)$，使得 $\mathrm{Hop}(u, u') \leqslant 3$。其中 $\mathrm{Hop}()$ 表示 Q 中两个节点之间最少边的数目。支配节点 u' 称为 u 的相邻支配节点（Neighboring Dominating Vertex）。

证明：假定不存在 $u' \in \mathrm{DS}(Q)$ 使得 $\mathrm{Hop}(u, u') \leqslant 3$，那么 u 与任何其他支配节点 u' 之间至少存在 3 个节点。此时至少有一个非支配节点与 u 或者 u' 均不相邻，与定义 2-10 矛盾。

定义 2-11：一阶邻居和二阶邻居。 给定图 Q，$u \in V(Q)$，u 的一阶邻居集 $N_1(u)$ 和二阶邻居集 $N_2(u)$ 定义如下：$N_1(u) = \{u' \mid u' \in V(Q)$，且 u' 和 u 之间至少存在一条长度为 1 的路径$\}$，$N_2(u) = \{u' \mid u' \in V(Q)$，且 u' 和 u 之间至少存在一条长度为 2 的路径$\}$。

图 2-4 所示的是两个相邻支配节点 u_i 和 u_j 之间可能的拓扑结构。基于支配集和支配集定理，定义支配子图。

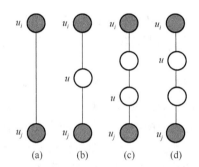

图 2-4　支配点间可能的拓扑结构

定义 2-12：支配子图（Dominating Subgraph，DS-graph）。 给定图 Q 的支配集 $\mathrm{DS}(Q)$，图 Q 的支配子图 $Q^D = <V(Q^D), E(Q^D), \Theta>$，其中 $V(Q^D) = \mathrm{DS}(Q)$，Θ 是一映射函数 $V(Q^D) \times V(Q^D) \rightarrow E(Q^D)$，边 $(u_i, u_j) \in E(Q^D)$ 当且仅当至少满足下面其中一个条件：

（1）u_i 与 u_j 在 Q 中相邻（对应图 2-4(a)）；

（2）$\left| N_1(u_i) \bigcap N_1(u_j) \right| > 0$（对应图 2-4(b)）；

（3）$\left| N_2(u_i) \bigcap N_1(u_j) \right| > 0$（对应图 2-4(c)）；

（4）$\left| N_1(u_i) \bigcap N_2(u_j) \right| > 0$（对应图 2-4(d)）。

对于情形（1），边 (u_i, u_j) 的距离为 1（即 u_i 到 u_j 至少有一条长度为 1 的路径）；对于情形（2），边 (u_i, u_j) 的距离为 2；情形（3）和情形（4）边 (u_i, u_j) 的距离均为 3。

将查询图 Q 转化成支配子图，首先找到 Q 的支配节点，然后对于 $\mathrm{DS}(Q)$ 的每一对节点 u_i 和 u_j，确定它们之间是否有边及距离。对于同一个查询图 Q，可能存在多个支配子图，图 2-5(a)、图 2-5(b) 和图 2-5(c) 的灰色节点为例 2-1 查询图支配节点的三种情况。为减少遍历 DS-Tree 的次数，加快查询效率，选择最小支配子图。

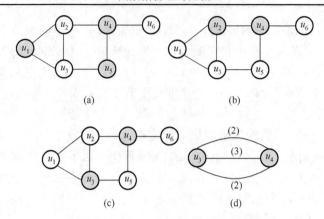

(a)　　　　　　　　　　(b)

(c)　　　　　　　　　　(d)

图 2-5　例 2-1 查询图的支配节点

定义 2-13：最小支配子图（Minimum Dominating Subgraph，Min DS-graph）。 图 Q 的所有支配子图中，节点数目 $|V(Q^D)|$ 最少的支配子图称为 Q 的最小支配子图，记为 $Q_{\min}^D$。

对于同一个查询图 Q，可能存在多个最小支配子图。例如，图 2-5(b)和图 2-5(c)对应的支配子图都是例 2-1 查询图的最小支配子图。文献[44]证明，对于含有 n 个节点的任意图 Q，其最小支配子图数目的下限和上限分别是 1.5704^n 和 1.7159^n。而找最小支配子图是一个 NP 问题，当前已知最快的精确查找最小支配子图的算法时间复杂度为 $O(1.4957^n)$[45]。综合考虑，本章提出一种贪心算法找出近似最小支配子图。

算法开始时，初始化集合 DS=∅，不断加入节点到 DS 中，直到 DS 集合是支配集。为便于描述，将 Q 中的节点分成两类，一类是 DS 中的节点及其相邻节点，称为标记节点，记为集合 M；另一类称为未标记节点，与未标记节点 u 相邻的所有未标记节点的数目记为 $D(u)$。直观上看，为使最终$|DS|$最小，每次加入到 DS 中的未标记节点 u 的 $D(u)$应该最大。基于上述观察，贪心查找近似最小支配子图如算法 2-3 所示。

算法 2-3：Find Min DS-graph

输入：查询图 Q
输出：近似最小支配子图 $Q_{\min}^D$ *
方法：

```
(1)  function FindMinDSGraph (QueryGraph Q) {
(2)      Set DS=∅;
(3)      while (∃unmarked nodes){
(4)          choose u∈{x|D(x)}=max_{v∈(V(Q)-M)}{D(v)};
(5)          DS = DS∪{u};
(6)          M = M∪{u and u's neighbors};
```

```
(7)          }
(8)          find E( Q_{min}^{D} *) based on DS;
(9)          return Q_{min}^{D} *;
(10) }
```

按算法 2-3 找出的近似支配子图 Q_{min}^{D} *，任何两个支配节点都不可能相邻。例 2-1 查找图的近似最小支配子图过程如下：最开始 DS=∅，M=∅，$V(Q) - M$={u_1, u_2, u_3, u_4, u_5, u_6}中，$D(u_3)=D(u_4)=3$ 最大，取 u_3 放入 DS，并将 u_3 和 u_3 的邻居节点放入 M。此时 DS={u_3}，M={u_1, u_2, u_3, u_5}。$V(Q) - M$={u_4, u_6}中，$D(u_4)=D(u_6)=1$，取 u_4 放入 DS，u_4 和 u_6 放入 M。至此 $V(Q) - M$=∅，例 2-1 查询图的支配节点集 DS={u_3, u_4}，对应支配子图为图 2-5(d)，其中边上的数字为 u_3、u_4 的距离。可见，支配子图可以有多条边。

定理 2-3：距离保留定理（Distance Preservation Principle，DP-Principle）。假设 X 是 Q 在 G 中的一个子图匹配，X^D 是与 Q^D 对应的支配子图匹配。Q^D 和 X^D 分别有 n 个节点 u_1, …, u_n 和 v_1, …, v_n。对于 Q^D 中任意边 (u_i, u_j)，均有：

（1）如果距离是 1，那么 v_i 与 v_j 相邻；

（2）如果距离是 2，那么 $|N_1(v_i) \bigcap N_1(v_j)|>0$；

（3）如果距离是 3，那么 $|N_1(v_i) \bigcap N_2(v_j)|>0$ 或者 $|N_2(v_i) \bigcap N_1(v_j)|>0$。

根据 SMOC 和支配子图的定义容易证明定理 2-3 的正确性。因此，对于那些非支配节点，可以通过支配节点的候选集找到非支配节点的候选集。例 2-1 中查询图利用 DS-Tree 找到支配节点为 u_3、u_4 的候选集，$C(u_3)$={v_3, v_4}，$C(u_4)$={v_6}。查询图的非支配节点 u_5 的候选节点集 $C(u_5) \subseteq N_1(v_6) \bigcap \left(N_1(v_3) \bigcup N_1(v_4)\right)$ = {v_3, v_4, v_5}，因此 $C(u_5)$={v_5}。同样办法确定其他非支配节点的候选集 $C(u_6)$={v_7}，$C(u_2)$={v_3, v_4}，$C(u_1)$={v_2}。

2.5　SMOC 算法

这一节，给出 SMOC 算法如算法 2-4 所示。首先调用算法 2-1 建立数据图 G 的 DS-tree，这一步是离线过程，只需执行一次，把结果存入数据库或文件，在下次查询时只需加载即可。然后调用算法 2-3 建立查询图 Q 的近似最小支配子图 Q_{min}^{D} *。对于每个支配节点 u，利用 DS-tree 找到其候选集 $C(u)$，对于非支配节点 u'，利用距离保留定理找到其候选集 $C(u')$。最后调用算法 2-2 检查子图同构并输出结果。

算法 2-4：SMOC

输入：查询图 Q，数据图 G，相似度阈值 τ，各标签权重集 W

输出：Q 的所有同构子图

方法：

```
(1)  Call Algorithm 2-1 to build G's DS-tree;
(2)  Call Algorithm 2-3 to build Q_min^D*;
(3)  foreach u∈V(Q_min^D*){
(4)      Using DS-tree to find C(u);
(5)  }
(6)  foreach u'∈V(Q)-V(Q_min^D*){
(7)      using DP-Principle to find C(u');
(8)  }
(9)  Call Algorithm 2-2 to check Isomorphic and output result.
```

2.6　实　　验

2.6.1　数据集和实验环境

本章采用表 2-1 描述的数据集验证基于 DS-Tree 索引的 SMOC 算法性能。其中包括 Freebase 和 DBpedia 两个真实数据集，以及三个人工数据集。实验代码采用 C++语言编写，运行在主频 2.40GHz、内存 16G 的 64 位 Windows 8.1 操作系统上。

表 2-1　数据集详细信息

数据集	FB	DBP	S1M	S5M	S10M
节点数	158,762	200,001	1,000,000	5,000,000	10,000,000
边数	2,764,450	411,408	2,500,000	6,375,186	12,729,739
不同标签数	243	200	100	100	100
单个节点平均标签数	6	3.8	4.6	4.6	4.6

（1）Freebase（http://www.freebase.com）是一个知识数据库，其中包含很多实体（演员、电影等）。可以将实体看成图节点，每个实体拥有的特征描述构成节点的标签集，实体之间的关联关系看成边。因此，Freebase 可以构成一个无向图，记为 FB。实验时，标签权重随机指定，并标准化在[0, 1]范围之间。

（2）DBpedia（http://wiki.dbpedia.org）抽取了维基百科（https://www.wikipedia.org）的结构信息。在 DBpedia 数据集（记为 DBP）中，每个节点对应一篇维基百科的文章，采用特征抽取方法[18]从文章中选取 TF/IDF 最高的 200 个单词作为该节点的标签，标签权重即为对应的 TF/IDF，并标准化在[0, 1]之间。

（3）文献[46]的图产生器，能够产生节点度满足幂律分布的连接无向图。实验中使用 3 个不同大小的图数据集 S1M、S5M 和 S10M，其节点数目分别为 1,000,000、5,000,000 和 10,000,000。每个节点随机赋予 2 至 20 个标签，每个标签的权重随机赋值，并标准化在[0, 1]之间。

2.6.2　对比方法

近年来，Liang 等提出的 SMS^2 查询问题[37]与 SMOC 类似。SMS^2 是基于集合相似性的子图匹配，它要求图结构同构，且对应节标签的集合相似度大于给定阈值。SMS^2 也分为在线处理和离线处理阶段。离线处理过程中，SMS^2 为数据图创建了倒排模式格（Inverted Pattern Lattice）和签名桶（Signature Buckets）索引。在线处理阶段，首先利用横向剪枝、纵向剪枝、反单调性剪枝等多种剪枝技术找出查询图每个节点的候选节点集，然后进行子图同构验证。倒排模式格和签名桶索引的使用，加快了查询过程，取得了较好的效果。本章以 SMS^2 算法作为其中一个对比方法，同时，为公平起见，修改 SMS^2 算法的相似度为基于重叠系数的相似度。

DS-Tree 是 S-Tree 的变形，不同的是 DS-Tree 的节点容量随着层数的增加而减少，而 S-Tree 中每层节点容量相同。为证明 DS-Tree 的有效性，比较基于 S-Tree 索引的 SMOC 查询性能，记为 $SMOC_S$。为便于区分，基于 DS-Tree 索引的 SMOC 查询记为 $SMOC_{DS}$。

为验证支配子图查询算法能够加快查询效率，还比较基于 DS-Tree 索引、不使用支配子图的查询方法，记为 $SMOC_{DS}$-Q。

2.6.3　离线处理性能

离线处理主要开销为 DS-Tree 索引的建立，而 DS-Tree 索引大小和索引时间取决于公式（2-5）中的 s、r 参数。图 2-6 显示的是 S1M 数据集的索引大小和索引时间随 s、r 的变化情况。图 2-6(a)表明随着 s 的增长，索引文件变小，但索引时间却变大。因为当 s 增大时，表明每一层的相对容量变大，DS-Tree 的层数就越少，产生的 DS-Tree 就越小。但由于节点分裂采用原生聚类算法，节点容量越大时聚类时间越长，因此索引时间也在增长。但当 s 过小时（小于 30），索引文件大小和索引时间呈指数上升，因为此时 DS-Tree 节点不断溢出和分裂。当 $s=30$ 时，索引时间为 10^6ms，索引文件达到 2GB（为使图更清晰，当 $s=30$ 时的情况未在图中体现）。由图 2-6(b)可知，随着 r 的增长，索引空间和索引时间都呈上升趋势。因为 r 决定每一层容量的递减速度，r 越大，高层的节点容量就越小，产生的 DS-Tree 索引越大。当 r 大于一定值时，索引空间和索引时间呈指数上升，因为此时高层节点不断分裂。

根据多组实验，对各数据集的 r、s 选择如表 2-2 所示。图 2-7 显示了各数据集的索引空间和索引时间情况。由图可知，索引空间和索引时间随着数据集的大小呈指数级增长，但即使对于 1,000,000,000 节点的数据集，其索引空间约为 800M，索引时间不到 30 分钟，单机性能仍可接受。

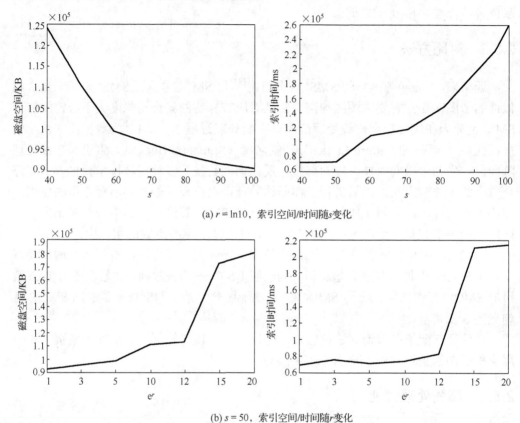

(a) $r = \ln 10$，索引空间/时间随 s 变化

(b) $s = 50$，索引空间/时间随 r 变化

图 2-6　S1M 离线性能随 s、r 参数变化

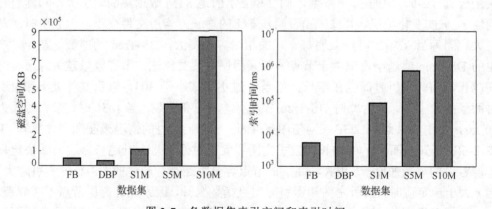

图 2-7　各数据集索引空间和索引时间

表 2-2　各数据集的参数设置

数据集	s	e^r
FB	20	3
DBP	20	3
S1M	50	10
S5M	50	10
S10M	50	10

2.6.4　在线处理性能

在线处理阶段，比较 $SMOC_{DS}$、$SMOC_S$ 和 SMS^2 的查询响应时间。对于每组实验，从数据图中随机抽取 100 个特定大小的子图作为查询图。图 2-8(a)表示相似度上限 τ =0.8、查询图大小 n=5 时，不同数据集上的平均查询时间。当数据量较小时，$SMOC_{DS}$、$SMOC_S$ 和 SMS^2 算法性能相差不大，但 $SMOC_{DS}$ 算法最佳，$SMOC_S$ 次之，SMS^2 较差。随着数据量增大，$SMOC_{DS}$ 优势愈发明显，表明 DS-Tree 索引的扩展性较好。图 2-8(b)显示的是在 S1M 数据集上，当 n= 5 时，不同方法随着相似度阈值 τ 的变化情况。τ 越小，每个节点的候选节点就越多，验证子图同构所需的时间就越多，因此查询时间越久。随着 τ 的增大，过滤的节点数就越多，因此总查询时间越少。图 2-8(c)比较不同方法的查询时间随查询图大小的变化情况，此时选择数据集为 S1M，τ =0.8。此时比较容易理解：当查询图越小时，验证子图同构的时间越少，查询就越快。

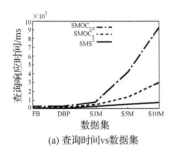
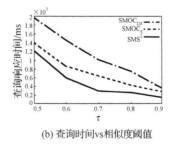
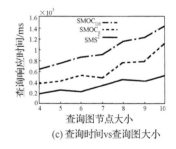

(a) 查询时间vs数据集　　　　　(b) 查询时间vs相似度阈值　　　　　(c) 查询时间vs查询图大小

图 2-8　不同方法的查询时间

上述实验可以证明，基于 DS-Tree 索引的 SMOC 查询方法 $SMOC_{DS}$ 优于基于 S-Tree 索引的查询方法 $SMOC_S$。原因如 2.3.2 节所述，对于 DS-Tree，每层节点的容量是不同的，越往高层的容量越小，这符合 DS-Tree 的增长规律，即越往高层的节点越难装满。同时，$SMOC_{DS}$ 方法优于 SMS^2 方法，因为 DS-Tree 相对于 SMS^2 中的桶签名具有以下优势。

（1）更好的适应性。签名桶基于局部灵敏散列（Locality Sensitive Hashing，

LSH)[40,41]，但 LSH 与特定应用相关，找到一个合适的哈希函数并不容易。而 DS-Tree 无需其他特定函数，能够适用不同应用的需求。

（2）更大的灵活性。签名桶的层数需要事先指定，而层数的多少取决于数据图的大小，在创建之前难以预估。而 DS-Tree 动态增长，无需事先指定层数。

（3）更好的扩展性。同一个数据节点可能存在于多个签名桶中，这会造成存储空间浪费。当数据量大的时候，造成索引文件非常大。而对于 DS-Tree，一个数据节点只会存在于一个 DS-Tree 的叶节点中。

2.7　结　　论

本章提出了一种应用广泛的子图查询问题，即基于重叠系数的子图匹配 SMOC。在 SMOC 查询中，图结构必须同构，且对应节点的重叠系数相似度大于用户给定阈值。此外，给出了一种基于 DS-Tree 和最小支配子图的 SMOC 查询算法。通过实验证明，本章给出的 SMOC 算法在单机上具有较高的查询效率和较好的扩展性。下一步工作将集中精力在计算机集群中实现 SMOC 查询。

第3章 利用社会网络图数据的情境感知个性化推荐方法

3.1 引　　言

在大数据时代，信息爆炸性地增长。为了帮助用户从大量信息中选择相关和有价值的信息，推荐系统的重要性越来越不容忽视。推荐系统将用户可能感兴趣的项目（如商品、网页、音乐、图像等）推荐给用户。传统的推荐系统通常是基于协同过滤（Collaborative Filtering），在此系统中，用户 u 的评分预测是基于那些评分资料和用户 u 最为接近的用户们的评分来得出的[47]。在现实世界的推荐中，用户们经常会问其信赖的朋友们有没有什么可推荐的。正是由于这个原因，基于信任的推荐系统这个概念近来已被正式提出[48,49]。基于信任的系统根据信任网络中某用户所信任朋友的评分对该用户进行推荐。对一个人的信任是对他某个行为的认可，相信这个人将来的行为会得到好的结果[50]。广泛使用的智能移动设备给推荐系统带来了新的挑战。首先，由于移动设备的局限性以及移动用户有限的时间和精力，人们越来越需要高质量的个性化推荐。其次，在移动环境中，用户的兴趣和偏好会在不同情境中动态地变化。如例 3-1 所示，用户 u_1 喜欢在一家餐厅吃海鲜，而且他/她喜欢在书店买科幻小说看。在这种情况下，向 u_1 进行情境感知推荐是十分有必要的。

例 3-1： 图 3-1 显示出在不同情境下用户 u_1、u_2、u_3、u_4 和 u_5 在不同类别项目上的兴趣。

	咖啡馆	餐厅	书店	电影院
u_1	浓缩咖啡	海鲜	科幻小说	喜剧电影
u_2	浓缩咖啡	海鲜	古典小说	战争电影
u_3	摩卡	烧烤	古典小说	战争电影
u_4	拿铁	自助餐	古典小说	战争电影
u_5	浓缩咖啡	海鲜	古典小说	爱情电影

图 3-1　用户角色示例

　　虽然现有的推荐系统在一定程度上可在移动场景中做出情境感知推荐，但这些系统还是有一些其固有的弱点。

　　首先，现有的情境感知推荐系统是在一个情境里（通常是当前情境）用户们共同的情境感知兴趣的基础上来做推荐的[51-53]。然而，在现实世界的推荐中，一组用户是在几个相关联的情境而不是只在一个情境中有着共同的情境感知兴趣。如果只考虑用户们在一个情境里的共同兴趣，则难以给出高质量的情境感知推荐。比如说，图 3-1 显示，在"书店"和"电影院"情境里，用户 u_2、u_3 和 u_4 的共同兴趣分别是"古典小说"和"战争电影"。假设 u_2 当前情境是"书店"，可以看到 u_3、u_4 和 u_5 在"古典小说"上和 u_2 有共同兴趣。如果仅在当前情境里考虑 u_2 的兴趣，u_3、u_4、u_5 与用户 u_2 的相似度是相同的。然而，需要注意的是，在"影院"情境里，u_3、u_4 与用户 u_2 有另一个共同行为"战争电影"，在当前情境下该行为和 u_2 的兴趣有密切联系。因此，需要考虑 u_2 在情境"书店"和"电影院"下与用户 u_3、u_4 的共同兴趣，以提高推荐的质量。

　　其次，典型的情境感知推荐系统假定用户们是相互独立且是独立恒分布的，而忽略了用户们彼此间的关系。事实上，在现实世界的推荐中，用户的兴趣以及最终选择都深深地受到了他/她所信任的其他用户的影响[50-54,59]。现有的基于信任的推荐系统认为用户间的信任度在所有推荐中都是固定不变的。然而，信任度可能会随着用户情境而变化。在例 3-1 中，当 u_1 在餐馆时，u_1 和 u_2 之间的信任度会增加，因为他们在情境"餐馆"里有一个共同兴趣"海鲜"，但在情境"书店"以及"电影院"里他们之间的信任度就相对较低。

　　典型的基于信任的推荐方法总是假设用户之间存在一个信任网络，在此信任网络中信任关系显式地由用户所建立。据 Liu H 等[55]所讨论，在真实应用里显式信任声明实际上是很少的。基于这种稀疏的信任网络，无法给出使人满意的推荐。因此，为了提高推荐质量，需要用信任模型计算用户间的隐性信任值，以使得信任网络更加稠密。通常，信任模型基于一个有趣的社会学事实，即两个用户越相似，他们之间的信任度就越高[56]。现有的信任模型通过度量共同兴趣来评估两用户间的信任值[50]。例 3-1 阐明了这种简单测量方法的一个问题：假设用户 u_2 在一家餐厅，基于现有的信任模型，u_1、u_3、u_4 和 u_5 是 u_2 的信任用户，因为他们都和 u_2 有两个共同兴趣。然而，考虑到 u_2 的情境，在推荐中 u_1 和 u_5 应被选为 u_2 的信任用户。所以，不能仅通过度量共同兴趣来评估用户间的信任值，因为"信任"同时和方面（即某些项目的类别）以及用户当前情境有关。

　　通过以上分析，本节提出"角色"（在定义 3-6 中有正式定义）概念。角色代表一组用户的共同情境感知兴趣。例如在图 3-1 中，不仅 u_1、u_2 和 u_5，而且 u_2、u_3 和 u_4 都是各自拥有共同的情境感知兴趣，因此可以找到两个角色 r_1 和 r_2。实际上，角色有以下几个特性。

（1）用户在日常生活中扮演不同的角色，他/她的角色随情境改变而动态变化。角色表达了一组用户的情境感知行为模式。

（2）每个用户有一个包含其所扮演的所有角色的角色集合。每个角色被赋予不同的全局权重，表示该角色与不同情境的相关度。具有相似角色集合的用户在某些方面有着类似的情境感知的兴趣。

（3）根据基于角色的信任模型，当在不同情境里扮演不同角色时，一个用户有着不同的信任用户。

在本节中，首先提出一个数据挖掘算法来从用户-情境-行为矩阵（见定义 3-4）中找到角色，并为每位用户建立一个角色集合。每个角色对不同情境的相关度由一个随机游走模型来度量。然后，设计了一个基于角色的信任模型，通过考虑相应角色集合的相似性来计算两用户间的信任值。当在线推荐时，考虑到在情境 c 里的用户 u 并以基于角色的信任模型为基础，开发出一个高效的加权集合相似度查询算法来找到 u 的信任用户，并且建立起一种个人的基于角色的信任网络。最终，通过使用 u 的基于角色的信任网络，能够预测用户 u 在情境 c 里对不同项目的评价并向 u 推荐评价高的项目。

简而言之，在这项工作中，本章做出了如下贡献。

（1）首先系统地提出"角色"概念对一组用户的共同情境感知的兴趣进行建模，角色可以从丰富的情境信息中挖掘出来，并用基于角色的信任网络来做出个性化的情境感知推荐。

（2）提出一种角色挖掘算法，使用条件数据库（Conditional Database）来高效地挖掘最小数目的用户角色。设计出基于角色的信任模型来真实地计算用户的情境感知的信任值。

（3）给出了一个高效的加权集合相似度查询算法，找出用户 u 的信任用户并建立 u 在当前情境中基于角色的信任网络。

（4）在大量真实数据集上的充分实验表明，基于角色的信任网络的推荐方法在推荐质量和时间上均优于现有的相关方法。

本节其余部分的安排如下。在第 3.2 节里讨论本节的预备知识，包括问题定义和方法的框架。在第 3.3 节里提出角色挖掘算法。在第 3.4 节里介绍了基于角色的信任模型。在第 3.5 节里呈现出加权集相似度查询算法来找出类似的用户。在第 3.6 节里提出本章的推荐方法。在第 3.7 节里讨论了实验结果。在第 3.8 节里得出结论。

3.2　预　备　知　识

本节形式化的定义了本章提出的问题，之后介绍本章提出的方法的框架。

3.2.1　问题定义

在定义问题之前，首先给出如下的定义。

给定一组项目和用户，使用一个"用户-项目-评分（UIR）"矩阵（定义 3-1）来记录不同用户对项目的评分，用户 u 对于项目 v 的评分表示 u 对于 v 的喜欢程度。项目隶属于不同的种类，例如"科幻小说"、"战争片"。在大部分的在线推荐系统中，项目的分类通过项目分类方法得到，例如亚马逊、易趣和淘宝。

定义 3-1：UIR 矩阵。一个用户-项目-评分矩阵表示为 UIR，矩阵的每行表示一个用户，每列表示一个项目，矩阵中的每个单元 $UIR[i][j]$ 表示第 i 个用户对于第 j 个项目的评分。

定义情境如下。

定义 3-2：情境。情境定义为一组时空状态的集合，包含地点和时间，它们会对用户的兴趣或选择行为产生影响。

定义 3-3：行为。一个用户的行为定义为对某个类型的项目的选择。

可以从用户 u 的评分记录中发现用户 u 的行为。也就是说，如果 u 选择了一个隶属于分类 c 的一个项目，就说 u 有选择了 c 中的某个项目这个行为。

定义 3-4：UCB 矩阵。一个用户-情境-行为矩阵记为 UCB，矩阵的每一行表示一个用户，每一列表示一个情境，每个单元 $UCB[i][j]$ 记录了第 i 个用户在第 j 个情境中的行为。

在实际的应用中，一个用户在一个情境中通常只有一个行为。因此，本章不考虑在一个情境中的多重行为。

在本节中，考虑一个信任网络，在这个网络中，用户可以显式地设置他/她信任的朋友。显式的信任关系是一个布尔值。就是说，如果用户 u 将用户 u' 设置为他/她信任的朋友，那么 u 和 u' 之间的信任值为 1。否则，他们之间的信任值为 0。然而在现实中，信任值是一个在[0,1]范围内的实数，值为 0 代表没有信任度，而值为 1 表示完全信任。虽然显式的信任关系是非常稀疏的，但是这个关系可以在本章提出的基于角色的信任模型中用于训练数据（详细描述见第 3.4 节）。信任模型用于计算非布尔的隐式信任值。

本章要解决的问题定义如下：给定两个矩阵 UIR 和 UCB 以及显式的信任关系，对于在情境 c 中的用户 u，预测用户 u 在 c 中对于项目 v 的未知评分，同时给 u 推荐 top-k 个评分最高的项目。

3.2.2　方法框架

图 3-2 展示了本章的方法的整个框架。方法分两个阶段：离线处理和在线处理。在离线处理阶段，提出了一个挖掘角色的算法用于寻找用户-情境-行为（UCB）矩阵

中的角色。角色挖掘是受众包思想的启发，即如果一组用户在一系列情境中有相同的行为，那么在用户和情境之间就存在内在的关系。在相关情境中具有共性的情境感知行为可以提高推荐的质量。在挖掘之后，每个用户可以由一组他/她所扮演的角色来代表。为了度量角色 r 和情境 c 之间的关系强度（即角色 r 在 c 中的权重），提出了一个随机游走模型用于为每个情境 c 中的每个角色 r 分配权重。

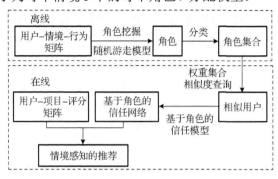

图 3-2　方法框架

在线处理中，给定一个用户 u 和他/她当前的情境 c，提出了一个高效的带权重的集合相似性查询算法用于找到所有与用户 u 相似的用户。如前文所讨论的，两个用户越相似，他们之间的信任值越大，建立了一个基于角色的信任模型。基于角色的信任网络是个性化的和情境感知的，用户的信任值和信赖的朋友是随着情境和用户角色的不同而动态变化的。如图 3-3 所示，在例 3-1 中，用户 u_2 有一个包含角色 r_1 和 r_2 的角色集合；当 u_2 在情境"餐馆"中扮演角色 r_1 时，他的信任朋友是 u_1 和 u_5，因为他们在情境"餐馆"中有共同的行为"海鲜"。当 u_2 在情境"书店"中扮演角色 r_2 时，他的信任朋友变成了 u_3 和 u_4。最后，在当前情境 c 和 UIR 矩阵中根据基于角色的信任网络，分两步进行个性化的情境感知推荐。第一步确定了推荐项目的分类。第二步在基于角色的信任网络中根据用户对 v 的评分预测了分类中对于项目 v 的未知评分。将项目按照预测的评分进行排序并在情境 c 中将 top-k 个项目推荐给用户 u_2。

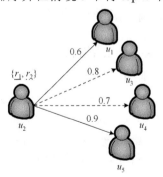

图 3-3　基于角色的信任网络示例

3.3　角　色　挖　掘

3.3.1　角色的定义

一个角色定义为在特定的情境中一组用户的共同行为的集合。图 3-1 中虚线框 r_2 表示一个角色，由于 u_2、u_3 和 u_4 分别在情境"书店"和"电影院"中有共同的行为。角色具体定义如下。

定义 3-5：Tile。一个 tile 是 UCB 矩阵的一个子矩阵，即在同一列中的所有单元包含了相同的行为。

定义 3-6：角色。一个角色即为一个至少包含有 m_t 行和 n_t 列的 tile，其中 m_t 和 n_t 是调优参数。

直观地说，角色是一个包含有行为的、社交的和情境的属性的特殊集合的组合。在特定的情境中一组用户拥有的共同行为即为一个角色。此外，用户选择的项目通常会被用户当前扮演的角色所引导。例如，在情境"书店"和"电影院"中，用户 u_2、u_3 和 u_4 扮演了角色"历史爱好者"，因为这些用户拥有共同行为"古典小说"和"战争片"。因此，用户 u_2、u_3 和 u_4 在情境"书店"和"电影院"中可能会对与"历史"相关的项目感兴趣。

在我们的推荐机制中，感兴趣的是在 n_t 情境中至少由 m_t 个用户共享的情境感知行为。调优参数 m_t 和 n_t 是根据实际应用设定的。

3.3.2　用条件数据库进行角色挖掘

在基于角色的访问控制（RBAC）[57]中，已经有角色挖掘算法使用布尔值矩阵（称为用户-权限（UP）矩阵）。由于 UCB 矩阵是一个非布尔值的矩阵，在 RBAC 中现有的角色挖掘算法不能直接用在角色挖掘问题中。事实上，从 UCB 矩阵中挖掘角色的问题等价于最小 Tiling 问题[57]（定义 3-7），并且这个问题已经被证明是 NP-完全问题。

定义 3-7：最小 Tiling 问题。最小 Tiling 问题是从 UCB 矩阵中找到最小数目的 tile，这些 tile 能够覆盖所有的非空矩阵元素。

由于最小 Tiling 问题是 NP-完全问题，因此提出以下的启发式角色挖掘算法，通过使用条件数据库（定义 3-8）在 UCB 矩阵中找到角色。

定义 3-8：c_i-条件数据库。给定一个有 n 列$\{c_1, c_2, \cdots, c_n\}$ 的 UCB 矩阵，c_i-条件数据库（$i=1, \cdots, n-1$）定义如下：$c_i\text{-cdb}=\{(c_i \cap c_{i+1}), \cdots, (c_i \cap c_n)\}$，其中 $c_i \cap c_{i+1}$ 表示 c_i 和 c_{i+1} 的交集（定义 3-9）。

定义 3-9：交集。给定一个 UCB 矩阵和两个情境列 c_i 和 c_j，$c_i \cap c_j$ 的交集定义为在两个列中能找到的所有的 tile。

首先，将全局角色集合 ROLES 设置为空集。对于 UCB 矩阵中每一列 c_i，建立 c_i-条件数据库（c_i-conditional database）。具体来说，对于每一列 c_i，考虑所有列 c_j，其中 $1 \le i < j \le n$。对每一列对（c_i, c_j），找到在这两列中所有的 tile t，其中 t 至少包含 m_t 行（m_t 是定义 3-6 中的一个调优参数）。对于每一个 tile t，检查是否存在一个 tile t' 属于 ROLES 集合，其中 t 和 t' 可以合并到一起形成一个大的 tile。当且仅当两个 tile t 和 t' 有相同的行（即相同的用户）时，它们可以被合并。否则将 t 加入集合 ROLES。最后，所有列数少于 n_t 的 tile 子矩阵将被移出 ROLES，ROLES 集合中剩余的 tile 子矩阵，即为从 UCB 挖掘出的角色。

本算法通过迭代融合 UCB 矩阵中的元素挖掘角色信息，行比较次数的复杂度为 $O(m_t \log m_t)$，列比较次数的复杂度为 $O(n_t \log n_t)$，其中 m_t 为用户数即 UCB 行数，n_t 为情境数即 UCB 列数。因此角色挖掘算法的复杂度为 $O(m_t n_t \log m_t \log n_t)$。

举例来说，图 3-4 是图 3-1 对应的 UCB 矩阵，c_1、c_2、c_3、c_4 分别对应"咖啡馆"、"餐厅"、"书店"和"电影院"，b_1、b_2、b_3、b_4 分别对应"浓缩咖啡"、"海鲜"、"古典小说"和"战争电影"。不妨设参数 m_t 和 n_t 均为 2，c_1-条件数据库为 $c_1\text{-cdb} = \{(c_1 \cap c_2), \cdots, (c_3 \cap c_4)\}$，$c_3$-条件数据库为 $c_3\text{-cdb} = \{(c_3 \cap c_4)\}$。则可以挖掘出的 tile 子矩阵为 $c_1 \cap c_2$ 和 $c_3 \cap c_4$，即对应于图 3-1 中的角色 r_1 和 r_2。

	c_1	c_2	c_3	c_4
u_1	b_1	b_2		
u_2	b_1	b_2	b_3	b_4
u_3			b_3	b_4
u_4			b_3	b_4
u_5	b_1	b_2		

图 3-4　UCB 矩阵示例

在 ROLES 集合基础上，UCB 矩阵可被分解为角色-情境-行为矩阵 RCB（Role-Context-Behavior），以及用户-角色矩阵 UR（User-to-Role）。

定义 3-10：RCB 矩阵。角色-情境-行为矩阵表示为 RCB，其中行代表角色，列代表情境，元素 RCB[i][j] 记录第 i 个角色在第 j 个情境中的行为。

定义 3-11：UR 矩阵。用户-角色矩阵表示为 UR，其中行代表用户，列代表角色，元素 UR[i][j] 记录第 i 个用户是否拥有第 j 个角色，如果拥有则 UR[i][j]=1，否则 UR[i][j]=0。

在角色挖掘的结果中，用户 u 由 UR 矩阵的角色集合 $R(u) = \{r_1, \cdots, r_k\}$ 表示，其中 $r_i(i = 1, \cdots, k)$ 为该用户拥有的角色。

考虑新用户 u'，如果 u' 的情境行为与 RCB 矩阵的角色 r 匹配，则认为该用户拥有该角色；用户 u' 的角色集合 $R(u')$ 会随其情境行为的变化而改变。角色挖掘算法可能会找到若干无意义的 tile 子矩阵，这些矩阵仅覆盖 UCB 矩阵中的极少量元素；这些挖掘到无意义 tile 会根据行数和列数的约束 m_t 和 n_t 被丢弃。可见全局角色集合 ROLES 不会频繁改变，鉴于此本章将在线下处理中进行角色挖掘。

角色挖掘结果中，存在部分被称为"灰羊"的用户：这些用户数量很少，不拥有 ROLES 中的任何角色，其情境兴趣不与任何用户组匹配。虽然这些"灰羊"不拥有任何 ROLES 角色，但他们仍然进行了一系列不同的情境行为。本章将通过特定情境下"灰羊"用户与其他用户的共同行为，寻找"灰羊"用户的相似用户；相似度计算建立在对应行为集合的相似度基础上。

虽然本角色挖掘算法没有考虑某特定情境下用户的多种行为，但简单扩展该算法即可应对这种情况：直接扩展定义 3-5 对 tile 子矩阵的定义为"tile 为 UCB 矩阵的子矩阵，tile 中同属一列的所有元素拥有相同的行为"。于是在某种特定情境下，用户可以通过不同的行为而拥有不同的角色。

3.3.3　情境感知的角色权重

最后本节提出一个可重启的随机游走模型来衡量角色 r 在情境 c 中的权重，该权重记为 $W(r,c)$，反映角色 r 与情境 c 的关系强度。直观地说，如果用户 u 在情境 c 中拥有角色 r，则在情境 c 中，$W(r,c)$ 应大于该用户对其他角色的权重；此外，UCB 矩阵中与 r 有重叠的角色，在情境 c 中应被赋予相对更高的权重。如图 3-5 所示，给定用户集合 U 和角色集合 ROLES，本章在 U 和 ROLES 基础上构建二分图 G_1：当且仅当 $r \in R(u)$，连接用户节点 $u \in U$ 和角色 $r \in$ ROLES。同时本章在 ROLES 和情境集合 C 基础上建立二分图 G_2：当且仅当 r 覆盖 UCB 矩阵中的情境列 c，连接情境节点 $c \in C$ 和角色 $r \in$ ROLES。本章融合图 G_1 和 G_2 构成图 G。给定图 G 中角色节点 r 和情境节点 c，本章通过可重启的随机游走模型计算 $W(r,c)$，具体而言，$W(r,c)$ 为在稳定状态下，游走质点从节点 r 出发到达节点 c 的概率。该模型的更多细节参见文献[58]。

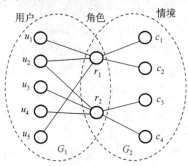

图 3-5　随机游走模型示例

3.4　基于角色的信任模型

本小节提出一个基于角色的信任模型，以计算在情境 c 中两个用户 u 和 u' 之间的隐式信任度 $T(u,u',c)$，该值为非布尔类型。该信任模型包含两个主要部分：用户相似度和用户交互。已有研究表明社会网络中的同质性是普遍存在的[50,56]，且同质性有助于提升用户之间的信任关系，用户越相似，用户之间的信任关系越强。通过用户拥有的角色，本章提出一个基于角色的情境感知用户相似度。给定情境 c，$R(u)$ 和 $R(u')$ 之间的 Jaccard 相似度被用来衡量用户 u 和 u' 之间的相似度，$R(u)$ 和 $R(u')$ 分别为两个用户的角色集合。

定义 3-12：用户相似度。给定用户 u 和 u'，情境 c，以及两用户的角色集合 $R(u)$ 和 $R(u')$，用户 u 和 u' 之间在情境 c 中的相似度定义如下。

$$S(u,u',c) = \frac{\|R(u,c) \bigcap R(u',c)\|_1}{\|R(u,c) \bigcup R(u',c)\|_1} = \frac{\sum_{r \in R(u,c) \bigcap R(u',c)} W(r,c)}{\sum_{r \in R(u,c) \bigcup R(u',c)} W(r,c)} \qquad (3\text{-}1)$$

其中，$W(r,c)$ 表示角色 r 和情境 c 之间的关系强度（见第 3.3.3 节），$\|R(u,c) \bigcap R(u',c)\|$ 和 $\|R(u,c) \bigcup R(u',c)\|$ 为 $R(u) \bigcap R(u')$ 和 $R(u) \bigcup R(u')$ 在情境 c 中的 L_1-范数。

在用户相似度之外，本章同时考虑用户之间的交互行为。社会网络中用户之间聊天和评论等交互行为，反映了用户之间的信任关系[65]。通常一个用户更愿意信任与其有过历史交互的其他用户提供的信息。本章模型中 $I_{uu'}$ 代表从 u 到 u' 的交互，而 $I_{u'u}$ 代表从 u' 到 u 的交互。

给定 $S(u,u',c)$、$I_{uu'}$ 和 $I_{u'u}$，用户 u 和 u' 之间在情境 c 中的信任度 $T(u,u',c)$，如公式（3-2）所示，被建模为 u' 为用户 u 的可信朋友的条件概率。

$$T(u,u',c) = P\big(F(u,u',c) = 1 \,|\, S(u,u',c), I_{uu'}, I_{u'u}\big) \qquad (3\text{-}2)$$

其中，$F(u,u',c) = 1$ 表示在情境 c 中 u' 是用户 u 的可信朋友。

本章使用如公式（3-3）所示的逻辑回归模型来建模 $S(u,u',c)$、$I_{uu'}$ 和 $I_{u'u}$ 这三个因素对 $T(u,u',c)$ 的影响程度。

$$\begin{aligned}
T(u,u',c) &= P\big(F(u,u',c) = 1 \,|\, S(u,u',c), I_{uu'}, I_{u'u}\big) \\
&= \frac{1}{1 + e^{-(\beta_1 \cdot S(u,u',c) + \beta_2 \cdot I_{uu'} + \beta_3 \cdot I_{u'u} + \beta_0)}}
\end{aligned} \qquad (3\text{-}3)$$

其中，β_0、β_1、β_2、β_3 为训练参数。

本章利用显式的信任信息作为训练数据，以确定 β_0、β_1、β_2、β_3 这四个参数的值。鉴于极少数据集包含情境感知的信任信息，本章采取如下处理方式：如果用户 u 设定 u' 为可信朋友，考察 UCB 矩阵，如果在任意情境 c 中该对用户拥有相同的行为，则 $F(u,u',c)=1$。如图 3-4 所示，如果 u_1 设定 u_2 为可信朋友，则 $F(u_1,u_2,c_3)=1$、$F(u_1,u_2,c_4)=1$，因为 u_1 和 u_2 在情境 c_3 和 c_4 中拥有相同的行为。

逻辑回归模型被广泛应用于估计多种模型因素的影响因子。该模型适用于二元信任状态，其预测变量类型可以是连续型（如 $S(u,u',c)$）也可以是离散型（如 $I_{uu'}$ 和 $I_{u'u}$），因此被用于模拟本章提出的信任模型。此外逻辑回归模型在处理大规模数据方面，相对其他很多模型具有更高的效率。本章虽然选择逻辑回归模型来模拟提出的信任模型，但重点不在于设计最优化信任模型，其他模型也能适用于本信任模型。

上式中的参数可通过如下方式估计得到。首先建立极大似然函数：

$$L = \prod_{u,u' \in D} P(u,u',c)^{F(u,u',c)} \left(1 - P(u,u',c)\right)^{1-F(u,u',c)} \tag{3-4}$$

其中，$P(u,u',c)$ 表示 $F(u,u',c)=1$ 的概率。对公式（3-4）取对数得到新的极大似然函数：

$$\ln L = \sum_{u,u' \in D} \left[F(u,u',c)\ln P(u,u',c) + \left(1 - F(u,u',c)\right)\ln\left(1 - P(u,u',c)\right) \right]$$

$$= \sum_{u,u' \in D} \left[\begin{array}{l} \left(F(u,u',c)-1\right)\left(\beta_1 \cdot S(u,u',c) + \beta_2 \cdot I_{uu'} + \beta_3 \cdot I_{u'u} + \beta_0\right) \\ -\ln\left(1 + e^{-(\beta_1 \cdot S(u,u',c)+\beta_2 \cdot I_{uu'}+\beta_3 \cdot I_{u'u}+\beta_0)}\right) \end{array} \right] \tag{3-5}$$

公式（3-5）所示逻辑函数为凹函数，因此本章利用梯度下降法估计参数 β_0、β_1、β_2、β_3，从而使 L 最大化。令 $\ln L$ 的一阶导数分别关于 β_1、β_2、β_3 为 0，β_0、β_1、β_2、β_3 的值均可利用 Newton-Raphson 迭代方法得到。给定 $S(u,u',c)$、$I_{uu'}$ 和 $I_{u'u}$，框架的在线推荐模块即可根据公式（3-3）计算 $T(u,u',c)$。如果 $T(u,u',c)$ 的值大于信任度阈值 τ，则认定在情境 c 中，u' 是 u 的可信朋友。

本章基于角色的信任模型对新的模型组成元素具有可扩展性。根据模型组成元素的设定，该模型能够计算有向和无向的信任度，取决于如何给定模型的组成元素。本章仅考虑有向的信任度，即 $T(u,u',c)$ 与 $T(u,u',c)$ 可能不相同。

3.5 寻找相似用户

从公式（3-3）可以看出，用户相似度是信任关系模型的关键组成元素。给定情境 c 下的用户 u，需要找到他/她的相似用户 u' 以及他们之间的相似度 $S(u,u',c)$。根据用户之间的相似度，可以根据公式（3-3）计算信任值 $T(u,u',c)$。具体来说，在线推荐需要完成以下任务。

给定情境 c 下的一个用户 u，一个系统定义的相似度阈值 δ，需要找到所有的相似用户 u'，以及相似度 $S(u,u',c)$（定义 3-12），使得 $S(u,u',c) \geqslant \delta$。

例 3-2： 图 3-6(a)为角色-情境矩阵，其中每列代表一个角色 r，每行对应于一

个情境 c，每个矩阵元素表示角色 r 在情境 c 下的权重 $W(r,c)$。假设相似度阈值 δ 为 0.6，需要找到所有的相似用户 u' 和 $S(u,u',c)$，使得 $S(u,u',c) \geqslant 0.6$。

为了有效地解决这个问题，在本小节中给出了权重集合相似度查询算法（Weighted Set Similarity Query，WSSQ）。

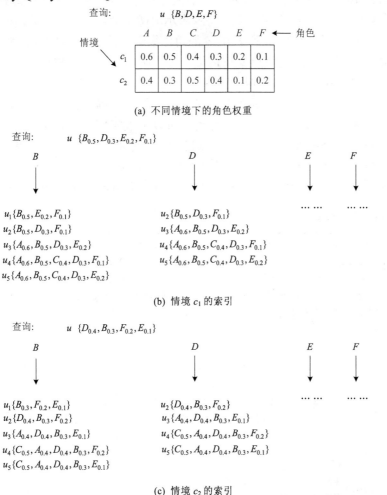

(a) 不同情境下的角色权重

(b) 情境 c_1 的索引

(c) 情境 c_2 的索引

图 3-6　WSSQ 算法示例

3.5.1　WSSQ 算法概述

WSSQ 算法分为离线处理和在线处理部分。在离线处理部分，算法建立了一个倒排索引，该索引将每个角色 r 映射为一个用户列表 $L(r)$，其中 $r \in R(u)$。因为 $W(r,c)$ 依赖于不同的情境，如果存在 k 个系统定义的情境 c_i，则对于一个角色 r，算法对每个情境 c_i 维护 k 个倒排索引 $L_i(r)$，其中 $i=1,\cdots,k$。然后，算法将每个倒排表中的角

色集合按照 $\|R(u), c_i\|_1$ 的升序进行排序，其中 $\|R(u), c_i\|_1 = \sum_{r \in R(u)} W(r, c_i)$ 是 $R(u)$ 在情境 c_i 下的 L_1-范数。

注意到对角色集合的排序便于进行剪枝优化，从而加快了在线查询处理过程（详见下文）。图 3-6(b) 和图 3-6(c) 分别显示了在情境 c_1 和 c_2 下的倒排索引。比如，在图 3-6(b)，u_1 具有三个角色 $B_{0.5}$、$E_{0.2}$ 和 $F_{0.1}$，其中 $B_{0.5}$ 表示 $W(B, c_1)$ 等于 0.5。因此，u_1 存在于 B、E 和 F 的倒排表中，同时 B、E 和 F 在 u_1 的角色集合中以权重的降序进行排列。

在线处理过程中，给定用户 u 在情境 c 中，提出了两种剪枝技术（前缀过滤和 L_1-范数过滤）找到所有候选相似用户 u'。在前缀过滤中，找到需要访问的倒排表（3.5.2 节），然后，在 L_1-范数过滤中，对于每个需要访问的倒排表 $L(r)$，没有必要扫描该表中的每个角色集合，一些角色集合可以被直接剪枝以减少查询空间，详见 3.5.3 节。在以上两个剪枝过程之后，可以找到用户 u 的所有候选相似用户 u'。最后，对于每个候选用户 u'，直接计算相似度 $S(u, u', c)$。应该注意到，在 3.5.4 节使用优化技术而不是直接计算 $S(u, u', c)$，算法 3-1 详细描述了 WSSQ 的过程。

算法 3-1：WSSQ 算法

```
Input: a query role set B(u), in context e; a similarity threshold δ
Output: All similar users u' and S(u, u', c), such that S(u, u', e) ≥ δ
(1)   Result set I' ← ∅ ;
(2)   Call Algorithm 3-2 to find maximal p-prefix{r₁, ⋯, rₚ};
      //prefix filtering
(3)   for each role rᵢ in p-prefix, i = 1, ⋯, p do
(4)       for each role set R(u') in rᵢ's inverted list do
(5)           if there exists rⱼ∈R(u') and 1≤j≤i-1 then
(6)               continue;
(7)           if UB-L(u, u', e) < δ then
(8)               break; //L₁-norm pruning
(9)           Calculate S(u, u', c) by calling Algorithm 3-3;
(10)          if S(u, u', e) ≥ δ then
(11)              Γ ← Γ ∪ {u'};
(12)  return Γ;
```

3.5.2 前缀过滤

本节提出了前缀过滤技术来确定需要访问的倒排表。

定义 3-13：排序的角色集合。给定一个用户 u 在情境 c 中，排序的角色集合 $R(u)$ 表示为 $R(u, c)$，其中所有的角色都根据它们在情境 c 中的权重降序排列。

定义 3-14：p-前缀。给定一个排序的角色集合 $R(u, c)$，p-前缀是 $R(u, c)$ 中的前 p 个角色，表示为 $R(u, c, p)$。

定义 3-15：前缀上限。 给定两个用户 u 和 u'，如果 u' 不扮演 $R(u,c)$ 的 p-前缀中的任何角色，$S(u,u',c)$ 的上限为

$$\text{UB} - P(u,u',c) = 1 - \frac{\sum_{r \in R(u,c,p)} W(r,c)}{\sum_{r \in R(u,c)} W(r,c)}$$

前缀过滤原则的想法是：给定情境 c 中的用户 u，对于另一个用户 u'，如果 $R(u')$ 和 $R(u,c)$ 的 p-前缀没有重叠，$S(u,u',c)$ 的前缀上限可以根据定义 3-15 计算。根据该前缀上限，可以找到 $R(u,c)$ 的 p-前缀。最大的 p-前缀表示给定另外一个用户 u'，①如果 u' 和 $R(u,c,p-1)$ 没有重叠，则 $\text{UB} - P(u,u',c) \geqslant \delta$；②如果 u' 和 $R(u,c,p)$ 没有重叠，则 $\text{UB} - P(u,u',c) < \delta$。同时这也意味着，用户 u' 的角色集合不出现在任何倒排表 $L(r)$ 中，其中 r 属于 $R(u,c)$ 的最大 p-前缀，且 $\text{UB} - P(u,u',c) < \delta$。因此，算法只需要访问所有的倒排表 $L(r)$，其中 r 属于 $R(u,c)$ 的最大 p-前缀。

如例 3-2 所示，给定情境 c_1 中的查询用户角色集合 $R(u)$，$R(u)$ 中的角色根据 $W(u,c_1)$ 的降序排列，即 $R(u,c_1) = \{B_{0.5}, D_{0.3}, E_{0.2}, F_{0.1}\}$。给定另一个用户 u'，如果 $R(u,c)$ 的 1-前缀和 $R(u')$ 没有交集，即 $R(u')$ 不包含角色 B，则 $\text{UB} - P(u,u',c)$ 等于 $1 - \dfrac{0.5}{0.5 + 0.3 + 0.2 + 0.1} = 0.545$，该值小于系统定义的相似度阈值 0.6。在这种情况下，最大前缀长度 p 为 1。如图 3-6(b) 所示，如果一个用户角色集合 $R(u')$ 不在角色 B 的倒排表中，则 $R(u')$ 可以被剪枝，即仅有 B 的倒排表需要被访问。在图 3-6(c) 中，当情境转换为 c_2 时，最大前缀长度 p 为 2，这意味着需要访问 B 和 D 的倒排表。给定用户 u 和当前情境 c，算法 3-2 详细描述了寻找最大的 p-prefix（即 p-前缀）的过程。

算法 3-2：寻找最大的 p-prefix

```
Input: a ranked user role set R(u, c) = {r₁, ···, rₙ} in context c; a similarity
threshold δ
Output: Maximal p-prefix {r₁, ···, rₚ}
(1)     H ← ‖R(u, c)‖₁ ;
(2)     for i=1···n do
(3)         H = H - W(rᵢ, c);
(4)         if H < δ × ‖R(u, c)‖₁ then
(5)             break;
(6)     p ← i-1;
(7)     return {r₁, ···, rₚ} in R(u, c);
```

3.5.3　L_1-范数过滤

给定情境 c 中的用户 u，根据 3.5.2 节，可以找到 u 的最大 p-前缀 $\{r_1, \cdots, r_p\}$。然

后，需要逐一访问倒排表 $L(r_i), i = 1, \cdots, p$。因为一个用户可能出现在多个倒排表中，本节给出了以下方法：当访问倒排表 $L(r_i)$ 时，如果 $L(r_i)$ 中的一个用户的角色集合 $R(u')$ 有一个角色 r_j $(1 \leq j \leq i-1)$，$R(u)$ 将不会被访问，因为在访问 $L(r_j)$ 时它已经被访问了（算法 3-1 中的 5~6 行）。而且，当访问 $L(r_i)$ 时，一些角色集合根据以下的相似度上限被剪枝。

定义 3-16：L_1-范数上限。给定情境 c 中的一个用户集合 $R(u)$，排序后的 $R(u)$ 表示为 $R(u,c) = \{r_1, \cdots, r_n\}$。对于 $L(r_i)$ 中的另一个角色集合 $R(u')$，$1 \leq i \leq \mathrm{p}$，如果 $r_1 \notin R(u') \wedge \cdots \wedge r_{i-1} \notin R(u') \wedge r_i \in R(u')$，$S(u,u',c)$ 的 L_1-范数上限定义为

$$\mathrm{UB} - L(u,u',c) = \frac{\sum_i^n W(r_j, c)}{\sum_{r' \in R(u',c)} W(r', c)} = \frac{\sum_i^n W(r_j, c)}{\|R(u', c)\|_1}$$

以例 3-2 中情境 c_1 中的查询用户 u 和另一个用户 u_4 为例，如图 3-6(b) 所示，

$$\mathrm{UB} - L(u,u',c) = \frac{0.5 + 0.3 + 0.2 + 0.1}{0.6 + 0.5 + 0.4 + 0.3 + 0.1} = 0.578 < \delta$$。因此，没有必要访问 B 的倒排

表中的 u_4。而且，B 的倒排表中 $R(u_4)$ 之后的所有用户角色的集合都可以被剪枝（算法 3-1 的 7~8 行）。原因是 L_1-范数上限对于 $\|R(u')\|_1$ 是单调递增的函数，而且用户角色集合在 B 的倒排表中是按照它们的 L_1-范数的升序进行排列的。

3.5.4　相似度计算的优化

给定情境 c 中的用户 u，假定 u' 的角色集合 $R(u')$ 没有被前缀过滤和 L_1-范数过滤。如果相似度 $S(u,u',c)$ 大于相似度阈值，应该计算 $S(u,u',c)$ 并且将用户 u' 加入最后的结果。现有的方法需要顺序扫描 $R(u)$ 和 $R(u')$ 以计算相似度。因此，现有方法的计算复杂度为 $\mathrm{O}\bigl(\min(|R(u)|, |R(u')|)\bigr)$。为了节约相似度计算的代价，需要尽早地结束顺序扫描。注意到相似度约束 $S(u,u',c) \geq \delta$ 可以转化为以下的等价形式：

$$S(u,u',c) \geq \delta \Leftrightarrow \|R(u) \bigcap R(u')\|_1 \geq \alpha, \quad \text{其中} \ \alpha = \frac{\delta}{1 + \delta}\bigl(\|R(u)\|_1 + \|R(u')\|_1\bigr) \qquad (3\text{-}6)$$

当更多的角色被扫描时，不断收紧 $\|R(u) \bigcap R(u')\|_1$ 的上限（表示为 M），并且 M 小于阈值 α。算法 3-3（相似度计算算法）的详细过程如下：该算法扫描不被 $R(u)$ 和 $R(u')$ 前缀所包含的所有角色（即后缀包含的角色）。如果当前指向的角色 r_i 和 r_j 在当前情境下的权重是相等的，则 $r_i \in R(u) \bigcap R(u')$，并且 r_i 的权重需要加上 $\|R(u) \bigcap R(u')\|_1$（第 6~8 行）。否则，如果 $W(r_i, c)$ 大于 $W(r_j, c)$（第 9 行），并且 r_i 包含于最大可能的交集（即 r_i 的当前后缀的 L_1-范数不大于 r_j 的当前后缀的 L_1-范数，第 10 行），则 M 应该减去 r_j 的权重（第 11 行）。这是因为 r_j 不是 $R(u)$ 和 $R(u')$ 的共同角色。然后，算法比较 M 和阈值 α。如果 M 大于 α，$R(u)$ 上的指针应该前移，继续进行扫描。否

则，根据公式（3-6），扫描将结束。以上的处理可以相应地应用于以下情况：最大可能的交集通过 $R(u')$ 的后缀进行估计（第 15～20 行）。该算法最后返回相似度值 $S(u,u',c)$，如果 M 总是不小于 α（第 21 行）。

在例 3-2 中，情境 c_1 中，前缀过滤和上限过滤结束后，$R(u_1)$、$R(u_2)$ 和 $R(u_3)$ 被选为候选集合。如果使用算法 3-3 计算 $R(u)$ 和 $R(u_3)$ 的相似度，可以在扫描所有角色之前剪枝 $R(u_3)$。具体来说，在图 3-6(b) 中，$M = \left\| \{B, D, E\} \right\|_1 = 1$，$\alpha = \dfrac{0.6}{1+0.6}(1.1+1.6) > M$。因为上限 M 小于阈值 α，扫描将会终止。

算法 3-3：相似度计算

Input: $R(u)$ and $R(u')$ in context c; p_u and $p_{u'}$ are current prefixes of $R(u)$ and $R(u')$ respectively; r is current probing common role of p_u and $p_{u'}$ a similarity threshold δ

Output: $S(u, u', c)$, if $S(u, u', c) \geqslant \delta$

(1) $l_u \leftarrow u$'s pointer on r, $l_{u'} \leftarrow u$'s pointer on r;

(2) $\left\| R(u) \bigcap R(u') \right\|_1 \leftarrow W(r, e)$;

(3) $M \leftarrow \min \left(\left(\left\| R(u) - R(p_u) \right\|_1 \right), \left(\left\| R(u') - R(p_{u'}) \right\|_1 \right) + W(r, c) \right)$;

(4) $\alpha = \dfrac{\delta}{1+\delta} \left(\left\| R(u) \right\|_1 + \left\| R(u') \right\|_1 \right)$;

(5) **for** each role r, in $R(u)$'s suffix, $i = l_u + 1, \cdots, |R(u)|$; each role r, in $R(u')$'s suffix, $j = l_{u'} + 1, \cdots, |R(u')|$ **do**

(6) 　**if** $W(r_i, c) == W(r_j, c)$ **then**

(7) 　　$\left\| R(u) \bigcap R(u') \right\|_1 += W(r_i, c)$

(8) 　　$i++, j++$;

(9) 　**else if** $W(r_i, c) \geqslant W(r_j, c)$ **then**

(10) 　　**if** $\left(\left\| R(u) - R(p_u) \right\|_1 \right) \leqslant \left(\left\| R(u') - R(p_{u'}) \right\|_1 \right)$ **then**

(11) 　　　$M- = W(r_i, c)$;

(12) 　　**if** $M < \alpha$ **then**

(13) 　　　**return** 0;

(14) 　　$i++$;

(15) 　**else if** $W(r_i, c) < W(r_j, c)$ **then**

(16) 　　**if** $\left(\left\| R(u) - R(p_u) \right\|_1 \right) \geqslant \left(\left\| R(u') - R(p_{u'}) \right\|_1 \right)$ **then**

(17) 　　　$M- = W(r_j, c)$;

(18) 　　**if** $M < \alpha$ **then**

(19) 　　　**return** 0;

(20) 　　$j++$;

(21) $S(u, u', c) = \left\| R(u) \bigcap R(u') \right\|_1 / \left(\left\| R(u) \right\|_1 + \left\| R(u') \right\|_1 - \left\| R(u) \bigcap R(u') \right\|_1 \right)$;

3.6 推荐方法

在本小节中，讨论给定情境 c，如何对用户 u 进行情境感知的推荐。首先找到情境 c 中用户 u 扮演的所有角色。具体来说，对于 $R(u)$ 中的每个角色 r，检查情境 c 是否和 r 在 UCB 矩阵中相交。如果相交，r 是 u 在情境 c 中扮演的一个角色。正如第 3.3 节所讨论的，一个角色是一组情境感知的行为，并且行为被定义为选择一个类别的项目。因此，当一个用户 u 在情境 c 下扮演一个角色，u 很有可能对 u 在情境 c 中的行为对应的项目类别感兴趣。对于该类别中的每个项目 v，推荐系统预测用户 u 对 v 的评分。如第 3.1 节讨论的，用户总是参考其信任好友的推荐。因此，推荐系统使用公式（3-3）找到用户 u 的所有信任用户 u'，并且使用公式（3-7）计算评分的预测值，有

$$RT(u,v,c) = \frac{\sum_{u' \in U(u,c)} \text{UIR}[u'][v]T(u,u',c)}{\sum_{u' \in U(u,c)} T(u,u',c)} \tag{3-7}$$

其中，$RT(u,v,c)$ 是预测用户 u 在情境 c 中对项目 v 的评分，$\text{UIR}[u'][v]$ 是用户 u' 在 UIR 矩阵中对 v 的评分（见定义 3-1），$U(u,c)$ 是 u 的信任用户，这些信任用户在情境 c 下对 v 有过评分。$|U(u,c)|$ 表示这些信任用户的数目。最后，top-k 个具有最高预测评分的项目在情境 c 中被推荐给用户 u。

应该注意到，有三种特殊类型的用户。第一种类型是"冷启动"用户，这些用户拥有非常少的行为，第二种类型是"灰羊"用户（定义在第 3.3 节），这些用户拥有和许多其他用户不一样的行为。以上两种用户在任何情境下扮演的角色都很少。对于这些用户，仅根据共同的情境感知行为来找到他们的相似用户。第三种类型的用户在当前的情境下没有任何行为，但是在其他的情境下有许多角色。对于这些用户，仍然通过角色集合相似度来寻找他们的相似用户。根据用户之间的相似度，可以使用信任模型建立这些特殊类型用户在当前情境下的信任网络。根据公式（3-7）将 top-k 个预测评分最高的项目推荐给 u。

例 3-3：如图 3-1 所示，给定情境"电影院"中的用户 u_2，发现 u_2 的角色为 r_2，且 r_2 对应的行为是看"战争电影"。因此，推荐系统应该推荐战争电影给 u_2。为了进行推荐，推荐系统在 u_2 的基于角色的信任网络中找到其所有的信任朋友 u_3 和 u_4。使用公式（3-7）预测 u_2 在 UIR 矩阵中对战争电影的评分。假设 u_3 和 u_4 在 UIR 矩阵中已经分别评价了电影"拯救大兵瑞恩"5 分和 4 分，可以预测"拯救大兵瑞恩"得到 u_2 最高的评分。基于该预测，推荐系统将在情境"电影院"中推荐"拯救大兵瑞恩"给用户 u_2。

3.7 实 验 评 价

在本小节里描述了用于实验和方法比较的数据集，接下来评估了所提出的角色挖掘算法的性能。因为推荐方法同时考虑到了信任关系以及情境，所以将现有最好的基于信任的推荐方法和情境感知推荐方法与本章提出的方法进行比较，比较的标准为推荐质量。最后，将 WSSQ 算法与现有的加权集相似度查询算法以及一个推荐方法相比较，评估了本章所提方法的推荐时间。所有的实验都用 C++实现，实验机器配置为 2.5GHz Core 处理器、2GB 内存以及 7200 RPM SATA-IDE 硬盘。

3.7.1 数据集描述

本章实验使用的数据集是通过爬取大众点评网（http://www.dianping.com）数据搜集而来的。大众点评网数据集涵盖了 10 万活跃用户，这些用户对网站 245,646 个不同类目进行了共计 1,054,119 项点评。大众点评网是中国最大的网络评论服务网站，在此网站里注册用户们能够针对餐馆、影院、购物中心或由其他用户发布的评论进行个人的评论和评分。这些评论和评分会影响其他用户在这些不同类别项目上的观点。每位用户可以显式地设置其所信任的朋友们。大众点评网还提供基于位置的签到服务，且允许用户在不同地点签到。基于签到信息，把用户情境定义为一个三元组（区域、位置类别、时间周期）。

以关于上海市的数据集为例，上海市有 16 个区，诸如"黄浦区"、"徐汇区"、"闵行区"等。所有项目（位置）分为 5 类："餐馆"、"商店"、"娱乐场所"、"酒店"和"生活服务场所"。因为每个签到数据包含具体入住的时间，所以可将入住时间分为三个时间周期，即"上午"、"下午"以及"晚上"。因此在系统中预定义 240 个不同情境。值得注意的是，大众点评网使用了专家定义的分类法将项目分为 72 个类别，诸如"电器用品"、"青年旅社"等。由于用户行为被定义为选择项目的一个类别，在大众点评网数据集里有 72 种用户行为。

3.7.2 对比方法

为了评估使用基于角色的信任网络的推荐方法（Recommendation using Role-based Trust Network，RRTN）的推荐质量，将 RRTN 方法与以下最新的推荐方法相比较。

（1）RRTN$_t$ 方法是 RRTN 的情境独立版本，只基于用户 u 和 u' 的共同行为来计算相似度，即运用 $T(u, u')$ 而不是 $T(u, u', c)$ 进行推荐。

（2）RRTN$_c$ 方法并不为所有用户构建基于角色的信任网络，而是基于用户 u 在

情境 c 下所演绎的角色为其做推荐。与 $RRTN_c$ 方法进行比较以评估 RRTN 方法的情境感知模块。

（3）运用社会信任总和的推荐（Recommendation with Social Trust Ensemble, RSTE）[49]是一种基于信任的推荐方法。RSTE 直观上说就是每位用户在项目上的决定应该同时参考自身的兴趣及其所信任朋友们的推荐。RSTE 方法提出了一个概率矩阵分解方法，此方法通过社会信任总和融合了用户们和他们所信任朋友的喜好。RSTE 方法的性能已然呈现始终优于其他基于信任的推荐方法，诸如 SoRec 等[59]。

（4）多元（MultiVerse, MV）推荐方法[51]是专门为情境感知推荐而设计出来的。MV 介绍了一种协同过滤方法，此方法基于张量分解，将数据建模为用户–项目–情境 N 维张量而非传统二维用户项目矩阵。

（5）使用分解机（Factorization Machine, FM）[52]的情境感知推荐方法是目前性能最优的情境感知推荐方法，此方法在预测精准度和推荐时间上都优于其他情境感知推荐方法[61]。

情境感知推荐需要推荐时间越短越好。在本章所提方法中，推荐时间由加权集相似度查询算法（WSSQ）的响应时间所控制。因此，将 WSSQ 算法和先进的最重优先算法相比较[13,60]。最重优先算法首先在查询字符串中排序字符倒排表，以字符权重递减的顺序，即从最重到最轻。那么此算法从最重到最轻已全部遍历所有字符表，并将所有的候选字符串储存在一个候选集里。当一个新表被遍历时，此算法会将候选集中的一些候选字符串剪枝，这些字符串的最大可能的相似度低于相似度阈值。最重优先算法已被证明是优于其他的同类算法诸如 NRA[60]、TA（阈值算法）[61]和 SSJoin[20]等。因此，将 RRTN 算法与最重优先算法相比较。此外还将与 FM 推荐方法相比较，FM 方法比其他推荐方法如 MV[51]、Item-splitting[62]的推荐时间都要更短。

3.7.3　对角色挖掘和信任模型的评价

在本小节中，首先评估了角色挖掘算法的运行时间（效率）。然后通过改变调优参数 m_t 和 n_t 评估所挖掘角色的数量。每个数据点是由 10 次实验而得到的平均值。最后报告了使用信任模型的预测信任值的准确度。如图 3-7(a)所示，随着在 UCB 矩阵里的用户数量从 10000 增到 100000，角色挖掘时间也从 2540s 增加到 22379s。由于角色挖掘是离线处理，所以角色挖掘时间是可以接受的。图 3-7(b)表明调优参数 m_t 和 n_t 对所挖掘角色数量的影响，其中 m_t 和 n_t 意味着一个角色应该至少被 m_t 个用户所扮演，这些用户在至少 n_t 个情境中有共同的行为。例如，当 m_t=500 且 n_t=2 时，所挖掘角色的最大数量是 3261。如图 3-7(b)所示，随着 m_t 和 n_t 增大，所挖掘角色的数量以指数方式减少。在默认情况下，把信任值阈值 τ 设置为 0.7 并把相似度阈值 δ 设置为 0.6。在此默认设置下，预测信任值的精准度为 89.1%。

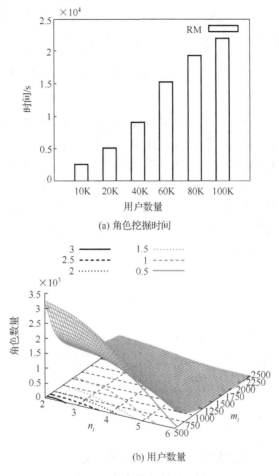

(a) 角色挖掘时间

(b) 用户数量

图 3-7　角色挖掘算法评价

3.7.4　推荐质量

在本小节中，首先介绍了推荐质量的评价标准，接下来评估了调优参数 m_t 和 n_t 对本章所提方法的推荐质量的影响。在选取了 m_t 和 n_t 的最优值之后，将 RRTN 的推荐质量和所比较方法的推荐质量相比较。

1. 评价标准

用 MAE 和 RMSE 来评估评分预测的精准度以及 Precision at k 和 NDCG at k 来评估 top-k 推荐的质量。

MAE 和 RMSE：使用平均绝对误差（Mean Absolute Error，MAE）和均方根误差（Root Mean Square Error，RMSE）来估量评分预测的精准度。一个小一些的 MAE 或者 RMSE 值意味着一个更高的预测精度。MAE 和 RMSE 定义如下。

$$MAE = \frac{\sum_{i,j}\left|RT_{ij} - \widehat{RT_{ij}}\right|}{N}, \quad RMSE = \sqrt{\frac{\sum_{ij}(RT_{ij} - \widehat{RT_{ij}})^2}{N}}$$

其中 RT_{ij} 和 $\widehat{RT_{ij}}$ 分别表示用户 u_i 对项目 v_j 的实际评分以及预测评分，N 表示测试评分的数量。

Precision at k：作为 top-k 推荐的最基本标准，在测试集里的每位用户，precision at k 显示了以下项目数目占总项目数的比率，这些项目获得了 top-k 预测评分，同时也出现在 u 的测试 top-k 列表中。在本节的设置里，把由 u 所评分的项目按 u 的实际评分以降序排列，并且选取 top-k 高评分项目来形成 u 的测试 top-k 列表。

NDCG at k：推荐质量也对 top-k 推荐项目的位置敏感，此位置是不能由 precision at k 来评估的。直观说来，高评分项目在 top-k 推荐列表里出现的越早越好。使用归一化的贴现累计收益（NDCG）来估量 top-k 的推荐质量。在位置 k 的排序表的 NDCG 值通过以下公式计算。

$$NDCG = Z_k \cdot \sum_{j=1}^{k} \frac{2^{RT(j)} - 1}{\log_2(1 + j)}$$

在此公式中，$RT(j)$ 是排序表里第 j 个项目的评分，且归一化常数 Z_k 被选取出来，那么完美列表可得到 NDCG 值 1 分。由于在大众点评网数据集里的评分是在范围[1, 5] 里的整数，于是把 $RT(j)$ 归一化至范围[0, 1]。

2. 参数 m_t 和 n_t 的影响

在本章的方法中，调优参数 m_t 和 n_t 使角色数量和每个角色的抽象层次平衡。如果 m_t 和 n_t 的值大，只有少量的角色会从 UCB 矩阵里被挖掘出来。这种情况下，大部分用户不扮演角色或扮演非常少的角色。在第 3.4 节里有所讨论，如果 u 没有扮演角色，本章的方法基于共同情境感知行为发现 u 的相似用户。在这种情况下，本章的方法退化成一种基于协同过滤（Collaborative Filtering，CF）的方法，从而降低了推荐质量。反之，如果 m_t 和 n_t 的值小，则会有许多"小"角色存在，这些角色中只有少数用户在一些情况下有几个共同行为。如果两个用户只共享这些"小"角色中的一部分，他们可能不会十分相似，在这种情况下，推荐质量也会降低。为了找到能将本章方法的推荐质量最优化的 m_t 和 n_t 的值，通过改变 m_t 和 n_t 分别对 MAE 和 RMSE 实行了两组实验。在图 3-8(a)和图 3-8(b)中可以看到，通过使用 10 层交叉验证（10-fold cross validation）来得到每个数据点。把大众点评网数据集划分成 10 个样本，其中 1 个样本被随机选取为测试数据用来评分预测，其余的 9 个样本则被用来建立一个 UCB 矩阵和一个 UIR 矩阵，作为训练数据。10 层交叉验证结果取平均值后产生一个单一估计值。

图 3-8(a)和图 3-8(b)显示了 m_t 和 n_t 对 MAE 和 RMSE 的影响。观察到 m_t 和 n_t 的值对 MAE 和 RMSE 有极大的影响，这也证明了平衡角色数量和每个角色的抽象

层次可以改进推荐质量。如图 3-8(a)所示，当 m_t=750 且 n_t=2 时，MAE 达到最低值 0.605。在图 3-8(b)中观察到当 m_t=750 且 n_t=2 时 RMSE 达到最低值 0.805。这些结果表明 m_t 和 n_t 的最优值分别是 750 和 2。因为 top-k 推荐质量由评分预测的精准度来决定，所以当 m_t=750 且 n_t=2 时 top-k 推荐也能被优化。因此在接下来的比较中，把 m_t 设置为 750 并把 n_t 设置为 2，这意味着一个角色的形成至少需要 750 位用户和 2 个情境。

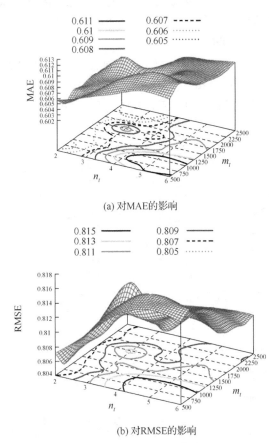

(a) 对MAE的影响

(b) 对RMSE的影响

图 3-8　参数 m_t 和 n_t 对推荐准确度的影响

3. 比较

使用从 20%到 99%的不同比例训练数据来比较这些方法的预测精度，包括 MAE 和 RMSE。比如，训练数据 90%意味着随机选取了大众点评网数据集 10 万用户评分的 90%作为训练数据来预测剩余的 10%评分。独立进行了 10 次随机选取，每一个数据点是 10 次独立实验的平均值。通过将 k 值从 10 变到 50，评估了 precision at

k 和 NDCG at k。图 3-9(c)和图 3-9(d)中的每个数据点可通过使用 10 层交叉验证来获取。

从图 3-9(a)和图 3-9(b)中可以观察到，RRTN 有着比其他方法更高的预测精度（较小的 MAE 和 RMSE）。RRTN 性能优于 FM 方法，在小比例的训练数据上优化程度是 4.7%（MAE）和 2.6%（RMSE），在大比例的训练数据上的优化程度则达到了 13.5%（MAE）和 5.9%（RMSE）。要注意的是，随着训练数据的比例从 20%增加到 99%，所有方法的 MAE 和 RMSE 都会减小。这表明可以使用更多的训练数据从而获得更好的推荐质量。图 3-9(c)和图 3-9(d)显示出相较其他方法，RRTN 能导致更高的 precision at k 和 NDCG at k。特别地，在 precision at k 上，RRTN 至少优于其他方法 1.7%到 3.1%；在 NDCG at k 上，RRTN 则至少优于其他方法 3.1%到 7.3%。正如预期，随着 k 值的增加，top-k 推荐性能也会更高。上述研究结果表明了在评分预测精准度和 top-k 推荐质量上 RRTN 总是优于与之相比较的其他方法。

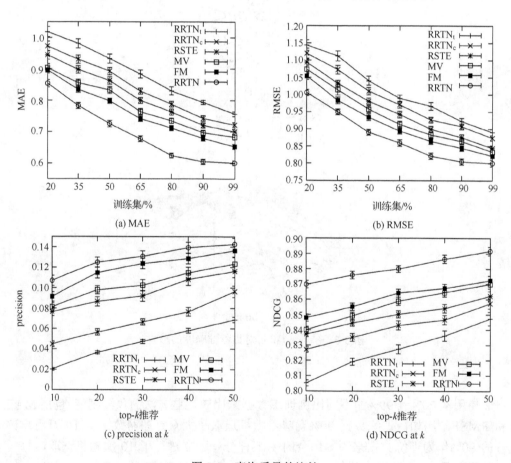

图 3-9 查询质量的比较

RRTN 有着比 RRTN$_t$ 更好的推荐质量是因为 RRTN 考虑了情境信息。该结果与移动环境下真实的推荐是一致的。举例来说，在大众点评网，用户 u 和 u' 拥有一个共同的行为 "星巴克"。用户 u' 经常去闵行区的一家 "星巴克" 咖啡馆，并且对该家咖啡馆给出高评分。而用户 u 经常去浦东区的一家 "星巴克" 咖啡馆，该家咖啡馆离闵行区较远。如果不考虑情境，RRTN$_t$ 将会认为 u 和 u' 对咖啡馆有着很相近的品味。如果这种情况下 u' 对闵行区的另一家 "两岸咖啡" 给出了高评分，则 RRTN$_t$ 会将 "两岸咖啡" 推荐给 u。显然，用户 u 对 RRTN$_t$ 的推荐不会满意，因为 u 一般不会去一个很远的咖啡馆。

RRTN 相比于 RSTE 能够给出更准确的推荐是因为以下两个原因。首先，RRTN 引入了角色帮助推荐系统决定当前的情境，以及用户的信任关系，因此提高了推荐质量。而 RSTE 不是一个情境感知的推荐方法，而且该方法没有考虑用户的情境和信任关系。其次，RRTN 在一个稠密的基于角色的信任网络上进行推荐，信任网络中的许多隐式的信任关系是通过基于角色的信任模型计算出来的，而 RSTE 仅仅基于非常稀疏的显式信任关系进行推荐。

尽管 FM 方法考虑了信任关系和情境信息，但 RRTN 方法的推荐质量仍然要更好，这是因为 RRTN 方法引入了角色来代表一组用户的共同的情境感知行为。角色帮助推荐系统来确定用户的情境感知的兴趣偏好以及信任关系，然而 FM 方法忽略了用户间情境感知的隐性信任关系。

3.7.5　推荐时间

在第一次的比较中，分别比较了候选集数目（即没有被剪枝的用户数目），扫描次数（即计算相似度值时的扫描次数），以及查询响应时间。在每次运行过程中，随机选择一个用户的角色集合作为查询集合。图中的每个数据点是 10 次独立运行的平均结果。实验分别运行在 50,000 用户和 100,000 用户的数据集上。以下将详细说明各个指标的比较情况。

候选集数目：如图 3-10(a) 和图 3-10(d) 所示，WSSQ 算法相比于 Heaviest First 方法产生了更小的候选集数目。这是因为 WSSQ 算法使用了前缀过滤和 L_1-范数剪枝技术，从而比 Heaviest First 方法的剪枝能力更强。注意到这两个算法的候选集数目均随着相似度阈值 δ 的增大而不断减小。

扫描次数：通过变化相似度阈值将 WSSQ 算法与 Heaviest First 方法的相似度计算代价进行比较。Heaviest First 方法采用了典型的相似度计算方法。相似度计算的代价主要由扫描的次数决定。如图 3-10(b) 和图 3-10(e) 所示，在两个数据集中，相似度计算的扫描次数可以被 WSSQ 算法极大地降低。相比之下，Heaviest First 方法的扫描次数较多。该结果证实了本章的方法可以剪枝不相似的角色集合，而避免扫描所有的角色。事实上，典型的相似度计算需要扫描查询集合和候选集中所有的角色，而本章的方法每次扫描新角色时，先检验查询集合和候选集是否可能满足相似度阈值。

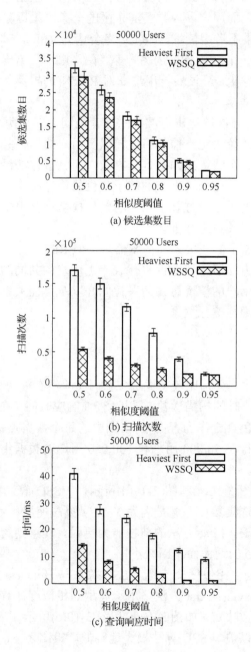

(a) 候选集数目

(b) 扫描次数

(c) 查询响应时间

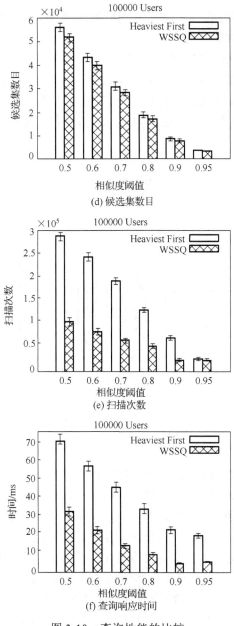

图 3-10　查询性能的比较

查询响应时间：最后，比较了 WSSQ 算法与 Heaviest First 方法的查询响应时间。图 3-10(c)和图 3-10(f)显示了 WSSQ 算法得到了比 Heaviest First 方法更短的查询响应时间。举例来说，在图 3-10(f)中，当相似度阈值为 0.5 时，WSSQ 算法的最大查询响应时间仅为 30ms。注意到 WSSQ 算法的优势在相似度阈值变大时反而变小。

这是因为两个算法的候选集数目都随着相似度阈值变大而相应的变小了。此外，当用户数量增加时，WSSQ 算法的优势变得更加明显，这表明 WSSQ 算法有着比 Heaviest First 方法更好的可扩展性。

　　在第二组比较中，通过改变用户的数目比较了 RRTN 和 FM 的推荐时间。图 3-11 显示了 RRTN 在推荐时间上远优于 FM，优势比例在 96% 和 98% 之间。这种优势当用户数量增加时变得更加明显，这是因为 FM 方法需要在在线推荐过程中进行代价非常高的矩阵运算。

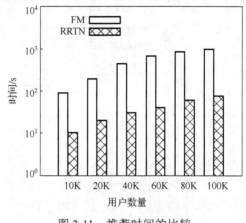

图 3-11　推荐时间的比较

3.8　结　　论

　　本章受到以下事实的启发：用户在不同的情境下扮演不同的角色，扮演不同角色的用户对关联于角色的项目有着共同的情境感知的兴趣。本章提出了一种使用基于角色的信任网络的高质量情境感知个性化方法。首先，提出了一个角色挖掘算法，从 UCB 矩阵中挖掘用户角色。然后，设计了基于角色的信任关系模型，来计算两个用户之间情境感知的信任值。之后，设计了一个高效的 WSSQ 算法，对某个用户 u 建立基于角色的信任关系网络，该网络中 u 的信任朋友和他们之间的信任值均随着 u 的情境和角色的改变而发生变化。在大规模的真实数据集上的实验表明，本章提出的推荐方法可以比现有的推荐方法实现更高的推荐质量和更短的在线推荐时间。因此，本章提出的方法是适合移动场景下的情境感知推荐。考虑到真实应用中显式的信任声明和用户评分是非常稀疏的，通过角色集合相似度寻找信任用户可以在一定程度上缓解数据稀疏的问题。

　　在本章中，情境是预先定义的，角色是离线进行挖掘的。如果用户的样本足够大以达到统计显著，新的情境和角色将会非常少。尽管如此，在未来工作中，计划设计一个高效的可扩展的角色挖掘算法，以增量的方式应对新的情境和用户。

第4章 多层聚簇中基于协同过滤的跨类推荐算法

4.1 引　　言

大数据时代的信息爆炸，使得推荐系统成为人们信息筛选必不可少的工具。大部分电子商务网站，例如亚马逊、eBay、淘宝和京东，利用推荐系统向用户推荐可能感兴趣的商品。这些商品通常属于多种类别，这些类别可以组织成层次目录。

本章研究跨类推荐问题，即向用户推荐属于不同类别的商品。协同过滤[47,63,64]（Collaborative Filtering，CF）是推荐系统中采用最广泛的方法之一。当前协同推荐系统根据用户对所有商品的喜好程度找出用户之间的关系，并通过相似用户的评分向用户推荐商品。CF方法通过用户相似度[78]（user-to-user）或者商品相似度（item-to-item）做出预测。然而，分析发现，相似用户对相关类别的部分商品喜好程度类似[66,67]，称为跨类关联。因此，在多层类别的情形下，考虑跨类关联可以提高基于CF方法的推荐性能。

图4-1是亚马逊（http://www.amazon.com）商品的类别，不同类别下的商品与类别/子类别形成层次结构，称为类别树。因此，跨类关联基于两方面：①相似用户通常对属于同一父类别的商品具有类似喜好；②相似用户对同层相关类别下的商品具有类似喜好。例如，喜欢歌曲"Hey Jude"的用户很可能也喜欢歌曲"AbbeyRoad"，因为这两首歌曲属于同一类别"摇滚"；喜欢摇滚歌曲的用户也可能喜欢动作电影，因为这两个类别在同一层，且相互关联。

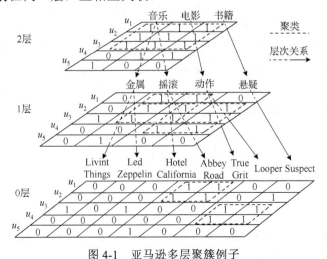

图4-1　亚马逊多层聚簇例子

为发现跨类关联关系，基于类别树从购买/评分记录中挖掘出用户-商品（user-item）和用户-类别（user-category）聚簇（cluster）。聚簇是指购买/评分记录中具有强关联关系的一组记录。由于类别 c 下的用户购买/评分的记录数一定大于其下任何商品/子类的记录数，因此，不同层级之间的用户-类别交易记录的稀疏程度不同。如图 4-1 所示，第 1 层的用户-类别交易记录比第 0 层的浓得多，在第 0 层，只有小部分的用户-类别能够覆盖。因此，应该在不同的层中挖掘聚簇，也就是说，通过挖掘高层更浓密的用户-类别记录，来解决低层数据稀疏问题。然而，从大规模用户-商品/类别的交易记录中挖掘多层聚簇并不容易，因为聚类问题是一个 NP 完全问题[68]。此外，多层聚类过程中，在增加覆盖度的同时应保证聚类质量，即只挖掘那些能够提高推荐准确率的聚簇。

本章提出的多层聚类算法，能够自底向上挖掘类别树中每层用户-商品/类别的聚簇。如图 4-1 所示，本章提出的方法中，用户和商品/类别在同层和不同层上都能形成聚簇。例如，u_2 与 u_1、u_3 可能对摇滚音乐与动作电影具有相近的兴趣，同时，u_2 与 u_3、u_4 对动作电影和悬疑书籍有相近的兴趣。注意到，高层聚簇比低层聚簇具有更高的覆盖度，其质量却小于更细粒度的低层聚簇，因为可以用低层更详细的商品/类别信息推测用户的兴趣。例如，在推荐时知道用户喜欢摇滚音乐比知道其喜欢音乐更有用。

此外，本章基于多层聚簇，扩展传统的 CF 方法，提出一个推荐框架，旨在提升基于 CF 方法的推荐系统性能。基于多层聚簇的推荐框架（Recommending with Multi-level Biclusters，RMB）考虑了不同聚簇的权重。聚簇的权重取决于它在类别树的层数以及其内用户和商品的数目。

本章主要贡献如下。

（1）提出一个基于频繁项挖掘的多层聚类算法，能够在类别树上高效挖掘所有聚簇。

（2）基于多层聚簇，提出一个推荐框架，提升 CF 方法的推荐性能。

（3）在大规模真实数据集的实验结果表明，本章提出的推荐框架能够提升传统 CF 方法的 top-k 推荐准确率。此外，多层聚类算法比现有方法具有更高效率。

本章其余部分组织结构如下。第 4.2 节中，简要介绍本文提出的解决方案框架，同时定义本文研究的问题。第 4.3 节描述多层聚类算法。第 4.4 节详细介绍推荐框架。第 4.5 节是实验。最后在第 4.6 节做出总结。

4.2　预　备　知　识

4.2.1　问题定义

给定 m 个商品 n 个用户，利用"用户-商品-交互"矩阵（User-Item-Interaction，UII）记录用户的购买记录，包括显式交互（评分/购买等）和隐式交互（点击/浏览等），用 0 或 1 表示。为简便起见，集中于二进制评分矩阵。但本章提出的双向聚簇算法也适用于实值数据。

本章考虑 $h+1$ 层树状结构的商品类别，0 层表示商品，1 层到 h 层表示商品类别。第 l 层（$1<l \leqslant h$）类别对应第 $l-1$ 层若干个子类别。商品类别树由领域专家定义。

定义 4-1：UCI 矩阵。用户–类别–交互（User-Category-Interaction）矩阵记为 UCI，第 l 层（$1 \leqslant l \leqslant h$）记为 UCI_l，其中每行表示一个用户，每列表示第 l 层中的一个商品类别，每个单元格 $UCI_l[i][j]$ 记录了第 i 个用户与 l 层第 j 个类别的评分情况。令 UCI_0 为 UII。

定义 4-2：模式。推荐系统中，所有类别/商品的集合记为 $U = \{v_1, v_2, \cdots, v_m\}$。模式 P 是 U 的子集，即 $P \subseteq U$。若用户 u 对 P 中所有商品/类别都评分过，则称 u 支持 P。

定义 4-3：频繁模式。模式 P 的支持度是指支持 P 的用户数，记为 $\sup(P)$。如果 $\sup(P)$ 的支持度大于用户给定阈值 minsup，那么 P 称为一个频繁模式。

定义 4-4：双向聚簇。第 l 层的双向聚簇 B_{li} 是 UCI_l 的一个频繁模式，其中包含 m 个用户，n 个类别/商品，$m \geqslant$ minsup，$n \geqslant 2$，minsup 是频繁项的最小支持度。B_{li} 中用户的集合记为 $U(B_{li})$，类别/商品的集合记为 $C(B_{li})$。为方便起见，双向聚簇简称为聚簇。

本章研究的问题是，给定 u 的 UCI_0 矩阵和商品类别树，基于多层聚簇，预测 u 对商品的评分，然后推荐 top-k 个最高评分的商品给用户 u。

4.2.2　算法框架

算法分成离线处理和在线处理两部分。离线处理过程中，多层聚簇算法从大规模的数据中挖掘出所有频繁模式。与传统聚簇算法不同的是，频繁模式挖掘能够找出所有的聚簇，并能够判断聚簇之间是否重合。为叙述简便，下文中的频繁模式与聚簇含义相同。多层聚簇算法首先从 UCI_0 矩阵中挖掘聚簇，对于那些不能被第 0 层聚簇覆盖的用户和商品，从 UCI_1 上进行挖掘。此过程不断向上重复，直到所有用户和商品都被覆盖到，或者达到了顶层。

多层聚簇结束后，每个用户和商品至少被一个聚簇覆盖。在线过程中，基于传统 CF 方法的推荐框架结合多层聚簇进行 top-k 推荐。具体来说，对于每个用户 u，利用每个覆盖到 u 的聚簇 B_i 使用 CF 方法，预测 u 对 B_i 内所有商品的评分；然后使用一个相似度计算模型整合所有的结果；最后选择 top-k 个商品推荐给 u。

4.3　多层聚簇

这一小节介绍多层聚簇算法，在不同的类别层上高效挖掘频繁模式。多层聚簇算法自底向上从 UCI 矩阵中挖掘同时包含用户和商品的聚簇。由于本章提出的推荐框架利用多层聚簇扩展传统的 CF 方法，因此，推荐质量与聚簇质量相关。多层聚簇算法能够大大提高聚簇的覆盖度和质量，同时具有较高效率。

类别树中，叶子节点是商品，商品类别是内部节点。UCI_0 矩阵可以从叶子层的用户-商品-交互数据中获得，而 UCI_l 矩阵（$1 \leq l \leq h$）可以由 UCI_{l-1} 中求出。算法 4-1 描述了这一过程。图 4-2(a)是 UCI_0 矩阵，对应图 4-1 中第 0 层的商品。图 4-2(b)、图 4-2(c)分别显示 UCI_1 矩阵和 UCI_2 矩阵。对于第 l 层的用户 u 和商品类别 c，UCI_l 矩阵对应的值为 1 当且仅当 u 至少评论了属于 c 中的一个商品。

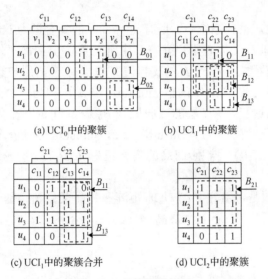

(a) UCI_0 中的聚簇　　　　　　(b) UCI_1 中的聚簇

(c) UCI_1 中的聚簇合并　　　　(d) UCI_2 中的聚簇

图 4-2　多层聚簇例子

为了从多层 UCI 矩阵中找出聚簇，一种简单的办法是针对每层 UCI 矩阵，直接使用现有的频繁模式挖掘算法[19,69,70]。然而，这种方法存在许多问题。

首先，现有方法挖掘出的聚簇质量不高。传统模式压缩算法[19,70]在推荐时未充分考虑模式间的关系。例如图 4-2(b)中，可以从 UCI_1 挖掘出 B_{11}、B_{12} 和 B_{13}，但是 B_{11} 和 B_{12} 之间的距离很小。传统模式挖掘算法通常丢弃 B_{11}。这种情况下，u_1 不再属于任何聚簇了，这会减弱推荐质量。此外，由于每层的数据稀疏度不同，不能定义一个全局的支持度。因此，有必要设计一个动态支持度机制。

算法 4-1：构建多层 UCI 矩阵

输入：UCI_0 矩阵; h 层类别树
输出：UCI_l 矩阵（$1 \leq l \leq h$）

```
(1)  for l = 1 … h do
(2)      for each user uᵢ and category c₁ⱼ do
(3)          if uᵢ rates/buys any item belonging to c₁ⱼ then
```

```
(4)              UCI₁[i][j] = 1;
(5)          else
(6)              UCI₁[i][j] = 0;
```

其次，传统方法引入了额外的开销。对于第 l 层的聚簇 B_{li}，在第 l+1 层可能存在聚簇 $B_{(l+1)j}$，使得 $U(B_{(l+1)j}) = U(B_{li})$，并且 $C(B_{(l+1)j})$ 对应的子类别集合与 $C(B_{li})$ 相同。正如第 4.1 节所述，从底向上挖掘聚簇，因此，如果在第 l 层挖掘出了 B_{li}，那么在 l+1 层就没有必要挖掘 $B_{(l+1)j}$。

本章采用文献[19]中如下定义。

定义 4-5：闭模式。模式 P_1 是封闭的，当且仅当不存在模式 P_2，满足 $P_1 \subseteq P_2$，并且 sup(P_1) = sup(P_2)。

定义 4-6：模式距离。两个封闭模式 P_1、P_2 的距离定义如下：$D(P_1, P_2) = 1-|U(P_1) \cap U(P_2)| / |U(P_1) \cap U(P_2)|$。其中，$U(P)$ 表示评论/购买过 P 中对应商品的用户集合。

定义 4-7：δ 覆盖。模式 P_1 被模式 P_2 δ 覆盖，当且仅当 $P_1 \subseteq P_2$，并且 $D(P_1, P_2) \le \delta$。其中 δ 是用户自定义参数。

为便于算法描述，本章提出如下定义。

定义 4-8：δ 容忍最大聚簇（δ-Tolerance Maximum Bicluster, δ-TMB）。给定 l 层的闭模式 P_1，所有被 P_1 δ 覆盖的模式集为 $S(P_1)$。那么 l 层的 δ-TMB 是指模式 B_l 满足 $C(B_l) = \cup C(P_l')$，并且 $U(B_l) \supseteq \cup U(P_l')$，其中 $P_l' \in S(P_1)$。

定义 4-9：完全覆盖类别。l 层的类别 c_l 是一个完全覆盖类别，当且仅当对于每个用户 u 和 c_l 的子类别 c_{l-1}，(u, c_{l-1}) 要么被至少一个 l' 层（$0 \le l' \le l-1$）的聚簇覆盖，要么无法被任何层的聚簇覆盖。

为克服传统挖掘算法聚簇质量的不足，本章提出以传递最小支持度挖掘 δ-TMB 算法。给定 0 层的最小支持度阈值 minsup，第 l 层的传递最小支持度定义为 minsup/ρ^l，其中 $0 \le \rho \le 1$ 是传递因子。例如图 4-2(b)中，u_1 很可能评分/购买类别 c_{14} 下的商品，因此可将 B_{11} 和 B_{12} 合并成一个 δ-TMB B_{11}'。传递因子 ρ 取决于类别的层数和粒度。

为提高聚簇算法的效率，提出完全覆盖类别的概念。因此，不必挖掘那些只包含完全覆盖类别 c_l 的聚簇。因为对于用户 u，可以利用低层的聚簇推荐 c_l 中的商品给 u，通常这样推荐更有效。忽略那些仅包含完全覆盖类别的聚簇能够节省很多时间。以图 4-2(c)为例，类别 c_{22} 和 c_{23} 是完全覆盖类别，因为对于用户 u_1、u_2、u_3、u_4 和子类别 c_{13}、c_{14}，所有的用户-类别对都被 B_{11}' 和 B_{13}' 覆盖。注意 (u_5, c_{14}) 不能被任何聚簇覆盖。因此，不必挖掘第 2 层仅仅只覆盖 c_{22} 和 c_{23} 的聚簇。

推论 4-1：挖掘最小数目的多层聚簇是一个 NP 难问题。

证明：根据文献[19]，代表模式的最优化问题对应了原始的集合覆盖问题。每个 δ-TMB 与一个代表模式对应，因此多层聚簇问题也与集合覆盖问题对应。

鉴于推论 4-1，使用贪心算法来挖掘多层聚簇。本章使用结合 FP-growth[71] 和集合覆盖的 RPlocal[19]算法，但也可以使用其他的 FP-growth 算法。算法 4-2 描述了多层聚簇算法。

算法 4-2：挖掘多层δ-TMB

输入：UCI_l矩阵 $(0 \leqslant l \leqslant h)$；第 0 层的最小支持度
　　　minsup，传递因子$\rho(0 \leqslant \rho \leqslant 1)$

输出：每层δ-TMB 集

```
(1)  Scan UCI₀ matrix, initial FP-tree F(0);
(2)  Call RPlocal Algorithm to mine δ-TMB(0);
(3)  for l = 1 … h do
(4)      Scan UCIₗ matrix, initial FP-tree F(l);
(5)      for each category cₗ that all sub-categories exist
         in δ-TMB(l - 1) do
(6)          Pruning F(l) by cutting cₗ notes;
(7)          Call RPlocal Algorithm to mine δ-TMB(l);
(8)  return all δ-TMB;
```

首先利用 UCI_0 求第 0 层的δ-TMB 集（1～2 行）。对于每个 UCI 矩阵，先建立一棵 FP 树，然后将在下一层δ-TMB 中已经覆盖的所有类别的 FP 节点剪枝，再调用 RPlocal 算法挖掘当前层的δ-TMB（3～7 行）。最后返回所有层δ-TMB 集合。

例 4-1：根据定义 4-9，c_{22} 和 c_{23} 是完全覆盖类别。在算法 4-2 中，为 UCI_2 建立了一棵 FP 树，如图 4-3 所示。虽然$\{c_{22}, c_{23}\}$是一个频繁模式（也就是聚簇），但是在剪枝过程中会把节点 c_{22} 和 c_{23} 过滤，因此不会挖掘出$\{c_{22}, c_{23}\}$。

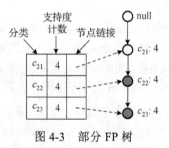

图 4-3　部分 FP 树

4.4　利用多层聚簇推荐

4.4.1　推荐框架

这一节阐述利用现有协同过滤技术结合多层聚簇的推荐框架。本章提出的推荐框架首先对每个聚簇应用 CF 方法，预测每个用户在每个聚簇中的缺失值。然后整合每个预测结果，并进行推荐。

对于原始 CF 方法，输入 UCI_0 矩阵，输出矩阵中缺失的预测值。然而，本章提出的框架中，输入是多个 UCI 矩阵（除第一层 UCI_0）。因此，对于每个聚簇 B_l，应将之转化成 UCI_0 中的聚簇 $\overline{B_l}$。此过程是算法 4-1 的逆过程，即把第 l 层的类别 c_l 替换成 0 层与之对应的商品。这个过程在线下执行，因此不会影响在线性能。至此，不同层的聚簇能够转化成下层的 UCI 矩阵，因此可以利用原始 CF 方法进行预测。应该集中精力找到那些高质量的聚簇。

最后需要解决的问题是合并不同的聚簇产生的预测结果。对于用户-商品对(u, v)，有 3 种不同的情形。

情形 1：(u, v)不被任何聚簇覆盖。利用传统 CF 方法预测用户 u 对 v 的评分。

情形 2：(u, v)被一层或多层的聚簇覆盖，且最低层只有一个聚簇覆盖。取最低层的聚簇 B_l 对应的 $\overline{B_l}$，利用 CF 方法预测 u 对 v 的评分。

例 4-2：在图 4-2(a)中，(u_3, v_4)被 B'_{11} 和 B_{21} 覆盖，这种情况下，在 B'_{11} 中使用 CF 方法进行预测。

情形 3：(u, v)被一层或多层的聚簇覆盖，且最低层有多个聚簇覆盖。令 $Pre(u, v)$ 为 u 对 v 的最终预测评分，$Pre(u, v, \overline{B_{lk}})$ 是利用聚簇 B_{lk} 预测 u 对 v 的评分。假设在最低层有 p 个聚簇覆盖了(u, v)，则 $Pre(u, v)$ 计算如公式（4-1）。

$$Pre(u, v) = \sum_{k-1}^{p} W'(u, \overline{B_{lk}}) Pre(u, v, \overline{B_{lk}}) \tag{4-1}$$

$$W(u, \overline{B_{lk}}) = \frac{\left| U(\overline{B_{lk}}) \right|}{\left| \bigcup_{k-1}^{p} U(\overline{B_{lk}}) \right|} + \frac{\left| N(\overline{B_{lk}}) \right|}{\left| \bigcup_{k-1}^{p} N(\overline{B_{lk}}) \right|} \tag{4-2}$$

公式（4-1）中，$\overline{B_{lk}}$ 是 B_{lk} 在 0 层对应的子矩阵，$W'(u, \overline{B_{lk}})$ 是 $W(u, \overline{B_{lk}})$ 的规则化权重。公式（4-2）中，$U(\overline{B_{lk}})$ 是 $\overline{B_{lk}}$ 的用户集，$N(\overline{B_{lk}})$ 是评价 $\overline{B_{lk}}$ 中商品的用户数。公式（4-2）表示了用户 u 与 $\overline{B_{lk}}$ 的关系。

本章的推荐框架与特定的 CF 方法无关，通过与不同的 CF 方法结合，可以预测单个用户的多个评分，然后推荐那些高评分的商品给用户。

4.4.2　Top-k 推荐

本节介绍如何使用本章的推荐框架进行 top-k 推荐。

（1）利用算法 4-1 建立多层 UCI 矩阵。

（2）利用算法 4-2 挖掘多层聚簇。然后将 l 层（$1 \leqslant l \leqslant h$）的聚簇 B_l 映射到 0 层的聚簇。

（3）在每层的聚簇中运行 CF 方法预测那些缺失值，并利用本文的推荐框架整合所有预测结果。

（4）推荐 top-k 个评分最高的商品给用户。

例 4-3：离线处理过程中，基于图 4-1 亚马逊的类别树建立多层 UCI 矩阵，如图 4-2 所示。然后挖掘多层聚簇如图 4-2(a)、图 4-2(b) 和图 4-2(c) 所示。假设预测 (u_3, v_5) 的缺失值。(u_3, v_5) 被图 4-2(c) 中的 B'_{11} 和 B'_{13} 覆盖，而 B'_{11} 和 B'_{13} 分别对应图 4-4 中的 $\bar{B}'_{11}$ 和 $\bar{B}'_{13}$。根据本文的推荐框架，$W(u_3, B'_{11}) = 3/4 + 3/3 = 1.75$，$W(u_3, \bar{B}'_{11}) = 3/4 + 2/3 \approx 1.42$，而 $W(u_3, \bar{B}'_{13}) \approx 0.55$，$W(u_3, \bar{B}'_{13}) \approx 0.45$。在 $\bar{B}'_{11}$ 和 $\bar{B}'_{13}$ 分别利用基于用户的 CF 方法，可以预测 $\mathrm{Pre}(u_3, v_5, \bar{B}'_{11})$ 和 $\mathrm{Pre}(u_3, v_5, \bar{B}'_{13})$，最后利用公式（4-1）计算 $\mathrm{Pre}(u_3, v_5)$。

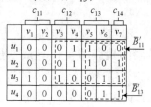

图 4-4　UCI_0 矩阵聚簇转换

4.5　实　　验

4.5.1　数据集

实验用到了大规模真实数据集：京东。京东数据集（JD）通过爬取 http://www.jd.com 收集得到。京东是中国最大的电子商务网站之一，用户可以购买属于不同类别的商品，然后提交商品评价和评分（评分在 1～5 之间）。JD 包括 64,425 个用户在 532,786 个不同商品上 2,655,797 条评分记录。随机选择 10,000 个用户以及他们的评分作为实验数据集。这些商品所属类别组织成 5 层的类别树，非叶子层中，每层的类别数目分别为 17，138，818，8197。用户评分分布如图 4-5 所示，可知，数据集的评分非常稀疏，且符合幂律分布[72]。

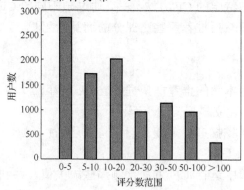

图 4-5　用户评分分布

4.5.2　对比方法

将多层聚簇（Multi-Level Biclusters，MLB）算法与两种 CF 方法进行比较。

（1）基于用户的 CF（User-based CF，UB-CF）：User-based CF 利用用户之间的相似度来预测目标用户的评分。用户相似度利用用户评分商品的 Jaccard 相似度度量。

（2）基于商品的 CF（Item-based CF，IB-CF）：Item-based CF 使用商品之间的相似度来预测目标用户的评分。商品相似度使用评价该商品的用户集的 Jaccard 相似度度量。

本章的方法 MLB 与文献[73]的单层 CF 方法（记为 SLB）以及 User-based CF（记为 CF-u）、Item-based CF（记为 CF-i）进行比较。由于 MLB 可以使用两种 CF 方法，因此 MLB 和 SLB 可以分成 MLB-u、MLB-i、SLB-u 和 SLB-i。

4.5.3　评价标准

MAE 和 RMSE：使用平均绝对误差（Mean Absolute Error，MAE）和均方根误差（Root Mean Square Error，RMSE）衡量评分预测的准确率。MAE 和 RMSE 的值越小，表明预测越准确。MAE 和 RMSE 定义如下。

$$\text{MAE} = \frac{\sum_{i,j}\left|\text{RT}_{ij} - \widehat{\text{RT}_{ij}}\right|}{N} \tag{4-3}$$

$$\text{RMSE} = \sqrt{\frac{\sum_{ij}(\text{RT}_{ij} - \widehat{\text{RT}_{ij}})^2}{N}} \tag{4-4}$$

其中 RT_{ij} 和 $\widehat{\text{RT}_{ij}}$ 分别表示用户 u_i 对商品 v_j 的真实评分和预测评分，N 表示预测数量。

4.5.4　参数设置

参数选择非常重要。实验中默认时，支持度阈值 minsup 为 50，传递因子 ρ 为 0.8，模式误差 δ 为 0.1，k 为 5。采用 10-交叉验证方法随机选择 90%的数据作为训练集来预测剩下 10%的评分。

4.5.5　minsup 的影响

图 4-6 和图 4-7 分别显示 MAE 和 RMSE 随着 minsup 变化情况。为显示清楚，已将 IB-CF 和 UB-CF 分开。由图可以看出，整体而言，在 JD 数据集上，IB-CF 要优于 UB-CF，因为在同等 minsup 情况下，IB-CF 的 MAE 和 RMSE 比 UB-CF 的小。minsup 越小，推荐的效果越佳，因为挖掘的聚簇质量更好。在 minsup 从 50 到 350 范围内，不管是 IB-CF，还是 UB-CF，MLB 算法优于 SLB 算法，也优于传统的 CF 方法。注意到，当 minsup 越大时，SLB 算法与传统 CF 方法的 RMSE 越接近。

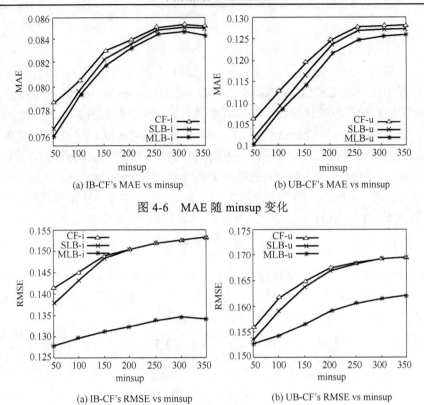

(a) IB-CF's MAE vs minsup　　　　　(b) UB-CF's MAE vs minsup

图 4-6　MAE 随 minsup 变化

(a) IB-CF's RMSE vs minsup　　　　(b) UB-CF's RMSE vs minsup

图 4-7　RMSE 随 minsup 变化

4.5.6　效率和扩展性

　　为衡量多层聚簇算法（MLBmine）的性能，将 MLBmine 和 RPlocal 算法的挖掘时间进行比较。从图 4-8(a)中可以看出，随着类别树层数增加，MLBmine 比 RPlocal 的时间开销越来越少，因为 MLBmine 会将冗余的聚簇过滤，MLBmine 在较高层挖出的聚簇比 RPlocal 少。注意到，当层数为 1 时，MLBmine 的时间开销比 RPlocal 多，因为 MLBmine 需要额外的时间检查类别是否被完全覆盖。

　　如图 4-8(b)所示，当数据量越来越多时，MLBmine 比 RPlocal 的优势越来越明显，因为过滤的类别会更多。这体现了本章提出的方法具有更高的效率和更好的扩展性。

　　同时，还比较了不同方法的在线推荐性能。如图 4-9 所示，MLB 算法比 SLB 和传统的 CF 方法需要更多的时间。因为 MLB 在推荐时考虑了更多的聚簇，因此需要更多的计算时间通过不同的聚簇推荐，并整合多个预测结果。然而，图 4-9(a)显示推荐时间仍然在一个可以接受的范围内，随着用户的增加，仍具有较好的扩展性。例如，当用户达到 25000 时，MLB-u 的推荐时间仍小于 100ms。图 4-9(b)显示随着 minsup 的增加，推荐时间越来越少，因为若 minsup 越大，找出的聚簇就越少。

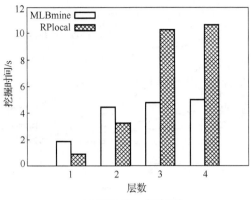

(a) 聚簇时间vs类别层数

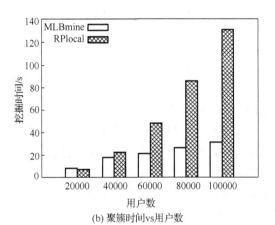

(b) 聚簇时间vs用户数

图 4-8 聚簇时间比较

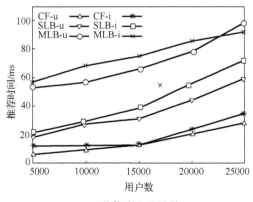

(a) 推荐时间vs用户数

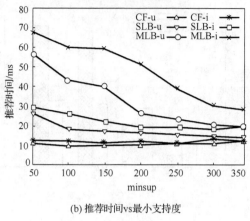

(b) 推荐时间vs最小支持度

图 4-9　推荐时间比较

4.6　结　　论

　　用户在相关类别上的喜好程度类似，称为跨类关联。跨类关联可以通过挖掘用户-类别-交互数据获得。现有 CF 聚簇模型没有考虑聚簇间的层次关系，也没有利用类别信息，因此难以找到高质量的聚簇，同时还会遇到数据稀疏问题。本章提出了一个推荐框架，利用多层聚簇扩展现有 CF 模型。为快速找出高质量的多层聚簇，本章充分利用类别的层次关系，提出一个多层聚簇算法。在真实数据上的实验表明，本章提出的推荐框架能够提高传统 CF 方法的性能，同时具有较高的扩展性。

第5章　基于潜在主题的准确性 Web 社区协同推荐方法

5.1　引　　言

近年来社交网络（Social Network）取得了飞速的发展，以 Facebook 和 Orkut 为代表的社交网站（Social Network Sites）的访问量已经接近搜索引擎网站，这类站点提供工具方便用户创建社区、发布和共享内容以及进行交互。以 Orkut 为例，2009 年该网站注册用户已经超过 1 亿，每天仅新创建的社区就超过 100 个[74]，用户面对海量的社区信息将很难进行选择。社区推荐系统作为信息过滤的有效手段，为用户提供个性化的高质量 Web 社区推荐，正变得日趋重要。

Chen 等[75]将推荐方法/系统分为两种：基于内容过滤和协同过滤。基于内容过滤通过收集大量内容，分析用户可能的兴趣，将更符合用户兴趣的项进行推荐，该类方法需要的信息量和分析工作都非常庞大；协同过滤[76]则假设在过去有相似偏好的用户，很可能将来也有相似的偏好，将相似用户的偏好推荐给目标用户（基于用户的协同过滤）。所以 Chen 等认为协同过滤利用相似用户的行为信息进行推荐，不需要大量的内容收集和分析，相比基于内容过滤的方法具有更好的可扩展性。根据利用相似用户偏好策略的不同，协同过滤可进一步分为基于显式关联和基于隐式关联两类，图 5-1 分别以关联规则挖掘 ARM（Association Rule Mining）和 LDA（Latent Dirichlet Allocation）为例，在社区推荐场景下对比了基于显式和隐式关联两类协同过滤方法。

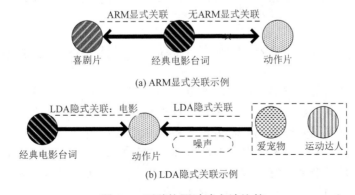

图 5-1　两种协同过滤方法比较

基于显式关联的 ARM[77]方法通过挖掘关联规则，能保证较高的推荐准确性，但受到数据稀疏问题的限制。如图 5-1(a)所示，3 个社区在主题上都存在明显关联，因此将"台词"社区推荐给"喜剧片"和"动作片"社区成员都能保证高准确性。ARM 方法根据"台词"和"喜剧片"社区的共同成员挖掘出两社区间的关联规则，并将"台词"推荐给"喜剧片"社区成员；但受制于数据稀疏问题 ARM 不能将"台词"推荐给"动作片"社区成员，因为该两社区共同成员少导致 ARM 挖掘不到两者的关联规则。基于隐式关联的 LDA 方法能更好地应对数据稀疏问题，但可能产生"噪声"从而影响推荐准确性[75]。如图 5-1(b)中 LDA 能在数据稀疏的情况下获取社区间在主题上的隐式关联，并将"台词"推荐给"动作片"社区成员；但 LDA 同时会推荐"爱宠物"和"运动达人"这两个并不准确的社区，即推荐结果中存在"噪声"。

针对 Web 社区鲜明的主题特性，本章提出以隐式和显式主题为桥梁的社区协同推荐方法，以有效缓解数据稀疏问题并尽可能提高推荐的准确性，提升社区推荐的效果。本章提出基于潜在主题的 Web 社区推荐方法，首先通过隐式主题关联得到目标用户与候选社区在潜在主题上的关联度，然后通过显式主题关联协同相似用户的行为，使得越接近目标用户偏好的社区，其推荐度越高。本章所提方法一方面能缓解数据稀疏问题，另一方面通过显式主题关联尽可能提高推荐的准确性，同时为提高方法效率，有选择地使用显式主题关联。

本章贡献如下。

（1）针对 Web 社区的主题特性，提出以主题为桥梁，协同隐式与显式主题关联的个性化社区推荐方法。

（2）利用显式主题关联消除基于隐式主题关联方法可能产生的噪声。

（3）通过将用户参与度矩阵引入 LDA 模型参数求解过程，提高隐式主题关联挖掘的精度。

（4）通过重用隐式主题关联计算的中间结果，按需选择显式主题关联，降低计算开销。

5.2　基于潜在主题的 Web 社区协同推荐方法

本章方法以主题为桥梁，基于 Web 社区与用户之间的隐式和显式主题关联进行协同推荐，从用户、社区以及用户加入社区的信息出发，得到所有用户的 top-k 社区推荐结果。引言部分通过 ARM 方法引出本章要解决的一部分问题，但具体方法与关联规则挖掘无关。表 5-1 描述本章主要用到的符号和要解决的问题。

Web 社区系统中用户集合 $U = \{u_1, u_2, \cdots, u_M\}$，$|U| = M$，$M$ 为用户数量；社区集合 $C = \{c_1, c_2, \cdots, c_N\}$，$|C| = N$，$N$ 为社区数量，用户加入社区的信息由矩阵 $A = [a_{qi}]_{M \times N}$

记录，其中 a_{qi} 为用户 u_q 在社区 c_i 的参与度，参与度由用户发帖、评论和共享资源等行为构成，矩阵 A 称为用户-社区参与度矩阵。用户 u_q 加入的社区集合表示为 P_{u_q}，$P_{-u_q} = C - P_{u_q}$ 表示 u_q 未加入的社区集合。表 5-1 列出了本章的主要符号。

表 5-1 本章主要符号描述

符号	描述	符号	描述
M	用户数量	K	潜在主题数量
N	社区数量	P_{u_q}	目标用户 u_q 已加入的社区集合
A	用户-社区参与度矩阵	k	推荐社区的数量/推荐列表长度
ITS	ITS（Implicit Topic relation Score）代表目标用户 u_q 与候选社区在隐式主题，即潜在主题上的关联度	ETS	ETS（Explicit Topic relation Score）反映目标用户 u_q 的相似用户加入的社区与 P_{u_i} 在显式主题上的关联度
C_{u_q}	基于 ITS 值的 u_q 的候选推荐社区集合	IETS	融合 ITS 和 ETS 的社区推荐度

本章要解决问题的定义如下：给定用户集合 U、社区集合 C 以及用户-社区参与度矩阵 A，对每一个目标用户 u_q，在集合 P_{-u_q} 中选择与 u_q 最相关的 k 个社区进行推荐。该定义表明目标用户 u_q 已经加入的社区不会出现在该用户的推荐列表中。

5.2.1 方法框架

本小节阐述本章所提方法的框架。针对本章要解决的问题，为了向目标用户 u_q 推荐与其最相关的 k 个社区，本章方法认为候选社区与目标用户在以下三个方面的关联度越高，社区越值得被推荐：①两者在隐式主题上的关联；②两者在显式主题上的关联；③候选社区与目标用户已加入社区的关联。针对以上三个方面，以对目标用户 u_q 进行推荐为例，本章方法包括以下三个步骤。

（1）计算 P_{-u_q} 中每个社区的 ITS 值，按降序排列得到 u_q 的候选推荐集合 C_{u_q}；

（2）求解 u_q 的 top-k 相似用户已加入的社区集合与 P_{-u_q} 的交集，计算交集中社区的 ETS 值并根据该值取出 top-k 社区；

（3）确定步骤（2）所得 top-k 社区在 C_{u_q} 中排名最末的位置 k'，计算 C_{u_q} 中前 k' 社区的 IETS 值，并根据该值进行 top-k 推荐。

步骤（1）将目标用户 u_q 未加入的社区（P_{-u_q}）视为候选社区从而构成集合 C_{u_q}，并按候选社区与 u_q 在潜在主题上的关联（ITS 值）进行降序排列。步骤（2）计算 ETS 值时，重用了第（1）步的中间结果，同时能降低第（3）步的计算量；其中 top-k 社区的选取基于 ETS 值。对第（3）步的位置 k' 说明如下：第（2）步所得 top-k 社区一定属于 C_{u_q}，其中排名最末的社区在 C_{u_q} 中的位置即为 k'。

本章方法框架如图 5-2 所示：其中 U 表示用户，C_u 表示用户加入的社区，Z 表示潜在主题，图 5-2 上半部分的概率图反映候选社区与目标用户间的隐式主题关联 ITS 的计算过程，详见 5.2.2 节；ETS 即候选社区与目标用户间的显式主题关联，详见 5.2.3 节；IETS 值通过融合两种主题关联得到，详见 5.2.4 小节。

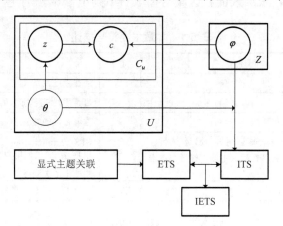

图 5-2　方法框架图

5.2.2　ITS 值计算

本小节主要阐述图 5-2 所示框架中步骤（1）的计算过程，ITS 值反映候选社区与目标用户在潜在主题上的关联度。方法是首先利用 LDA 模型得到用户和 Web 社区分别与潜在主题的关联，然后以潜在主题为桥梁计算得到 u_q 候选社区的 ITS 值。

LDA（Latent Dirichlet Allocation）模型[78]是一个概率生成模型，用于对离散数据集，尤其是对文本集合进行建模。该模型将一个文本集合表示为 $D = \{W_1, W_2, \cdots, W_M\}$，$W_q$ 为其中第 q 个文本（document），文本 $W_q = (w_{q1}, w_{q2}, \cdots, w_{qN})$，即文本表示为其包含的词的序列，此处文本 W_q 包含 N 个词，所有文本包含的词构成文本集合 D 的词库。LDA 模型假设任意一个文本 W_q 为若干潜在主题（topics）的随机混合，每个主题可表达为若干词汇（words）的概率分布。假设文本集合 D 中存在 K 个潜在主题，在 LDA 模型下文本 W_q 可表示为一个向量 $\theta_q = (\theta_{q,1}, \theta_{q,2}, \cdots, \theta_{q,K})$，该向量对应文本 W_q 关于 K 个潜在主题的多项分布，$\theta_{q,K}$ 表示该文本与第 K 个潜在主题的关联程度，即向量 θ 反映模型假设"文本为若干潜在主题的随机混合"。类似地，D 中的任意一个词 w_i 可表示为向量 $\varphi_i = (\varphi_{i,1}, \varphi_{i,2}, \cdots, \varphi_{i,K})$，$\varphi_{i,K}$ 表示该词与第 K 个潜在主题的关联程度，该向量对应该词关于 K 个潜在主题的多项分布，通过所有词的向量集合即可得到"每个主题关于若干词汇的概率分布"。

使用 LDA 建模文本集合的目的，是将已知文本信息（文本以及文本包含的词）作为观察集，通过机器学习方法求解所有的 θ_q 和 φ_i，以获取文本集合与潜在主题关联信息。

为了利用 LDA 获取用户和社区与潜在主题的关联，需要将用户参与社区的信息转化为文本集合：将用户处理为文本，用户加入的社区处理为该文本中的词汇，用户-社区参与度矩阵 A 即可转化为一个文本集合。图 5-2 上半部分的概率图表示 LDA 对文本生成的假设：用户文本 u_q 首先根据该用户与潜在主题的多项分布 θ_q，抽取一个特定的潜在主题 z，然后根据主题 z 与所有社区词的多项分布（由 φ 得到），抽取一个特定的社区词 c。利用 LDA 建模用户参与社区信息之后，通过求解 θ 和 φ 即可得到用户和社区在潜在主题上的关联 ITS 值。

将参与度矩阵 A 转化成的文本集合作为输入，本小节使用吉布斯抽样[79]作为 LDA 模型训练方法求解并输出 θ 和 φ。吉布斯抽样首先为文本集合中出现的每个词随机分配从 1 到 K 的潜在主题，通过抽样公式反复迭代，每次迭代过程中为每个词分配新的主题；当迭代次数足够多，文本集合中的潜在主题分布会趋于稳定，即 θ 和 φ 趋于收敛，收敛的 θ 和 φ 即为输出：用户文本和社区词分别与潜在主题的多项分布。吉布斯抽样的抽样公式如下：

$$P(z_i = j \mid z_{-i}, c) \propto \frac{n_{-i,j}^{(c_i)} + \beta}{n_{-i,j} + N\beta} \frac{n_{-i,j}^{(u_q)} + \alpha}{n_{-i}^{(u_q)} + K\alpha} \tag{5-1}$$

在某次抽样迭代过程中，在为用户文本 u_q 中的社区词 c_i 重新分配主题时，吉布斯抽样方法根据公式（5-1）计算为该词 c_i 分配主题 j 的概率。公式左边 $P(z_i = j \mid z_{-i}, c)$ 表示不考虑 c_i 当前的主题分配（z_{-i}），且在文本集合中其他所有词（c）主题分配不变的条件下，为 c_i 分配潜在主题 j 的概率。在上式左边部分所表示的条件概率下，先考察公式右边的 $\dfrac{n_{-i,j}^{(c_i)} + \beta}{n_{-i,j} + N\beta}$ 部分：$n_{-i,j}^{(c_i)}$ 表示在整个文本集合中社区词 c_i 被分配主题 j 的数量，$n_{-i,j}^{(c_i)}$ 的数量统计在文本集合中进行而不限于用户文本 u_q，因为 c_i 作为一个社区词，可能出现在不同的用户文本中；$n_{-i,j}$ 指文本集合中被分配主题 j 的社区词的数量；N 为社区数量；β 是超参（hyperparameters），可以理解为社区词与潜在主题关联的多项分布 φ 的狄里克莱先验分布[77]，即 φ Dirichlet(β)，β 需要人工预先给定。接下来考察公式（5-1）右边的 $\dfrac{n_{-i,j}^{(u_q)} + \alpha}{n_{-i}^{(u_q)} + K\alpha}$ 部分，在不考虑 c_i 当前的主题分配且文本集合中其他所有词的主题分配不变的条件下，该分式含义如下：$n_{-i,j}^{(u_q)}$ 表示用户文本 u_q 中被分配主题 j 的社区词的数量，与 $n_{-i,j}^{(c_i)}$ 不同，该数量统计在用户文本 u_q 中进行；$n_{-i}^{(u_q)}$ 即该用户文本包含词数量减一；K 为潜在主题数量；与 β 类似，α 也是需要人工预先给定的超参，为 θ 的先验分布，即 θ Dirichlet(α)。

实际上在每次抽样迭代过程中，吉布斯抽样要计算为 c_i 分配主题 1 到主题 K 的 K

个概率,然后在这 K 个主题分配概率基础上进行均匀抽样,旨在该次抽样迭代过程中,从 K 个主题中抽出一个主题分配给用户文本 u_q 所包含的社区词 c_i。当迭代次数足够多而使文本集合的潜在主题分布趋于收敛后,吉布斯抽样通过以下公式估算 θ 和 φ。

$$\theta_{q,j} = \frac{n_j^{(u_q)} + \alpha}{n^{(u_q)} + K\alpha} \tag{5-2}$$

$$\varphi_{i,j} = \frac{n_j^{(c_i)} + \beta}{n_j + N\beta} \tag{5-3}$$

用户文本 u_q 与潜在主题 j 的关联 $\theta_{q,j}$ 由公式(5-2)计算得到:在收敛状况下,$n_j^{(u_q)}$ 为用户文本 u_q 中被分配主题 j 的社区词的数量;$n^{(u_q)}$ 为该文本词的数量;上文已说明 K 和 α。文本集合中社区词 c_i 与主题 j 的关联 $\varphi_{i,j}$ 由公式(5-3)计算得到:同样在收敛状况下,$n_j^{(c_i)}$ 为被分配主题 j 的词 c_i 的数量,因为 c_i 可能出现在多个不同的用户文本中,所以同一个词 c_i 可能被分配不同的主题;n_j 为所有被分配主题 j 的词的数量;N 和 β 上已做说明。得到用户和社区分别与潜在主题的关联后,定义社区与目标用户的隐式主题关联,即 ITS 值如下。

定义 5-1:隐式主题关联。给定目标用户 u_q 与潜在主题的关联 $\theta_q = (\theta_{q,1}, \theta_{q,2}, \cdots, \theta_{q,K})$,以及社区 c_i 与潜在主题的关联 $\varphi_i = (\varphi_{i,1}, \varphi_{i,2}, \cdots, \varphi_{i,K})$,定义 u_q 与 c_i 之间的隐式主题关联 $\text{ITS}_{q,i} = \sum_{j=1}^{K} \theta_{q,j} \varphi_{i,j}$,其中 K 为潜在主题数量。

定义 5-1 的原理如图 5-3 所示。图中 T_K 表示潜在主题,$P(c_i|T_K) = \varphi_{i,K}$,$P(T_K|u_q) = \theta_{q,K}$,则 $\text{ITS}_{q,i}$ 表示目标用户 u_q 与社区 c_i 在潜在主题上的关联,该值越大,反映该用户与社区之间越关联。

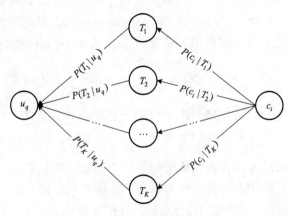

图 5-3　方法框架图

本小节建立目标用户 u_q 的候选推荐社区集合 $C_{u_q} = \left\{ (c_i, \mathrm{ITS}_{q,i}) \mid c_i \in P_{-u_q}, 1 \leqslant i \leqslant N \right\}$，其中 $c_i \in P_{-u_q}$ 表示候选推荐集合中不包含目标用户已经加入的社区，约定集合元素按 $\mathrm{ITS}_{q,i}$ 值降序排列。

图 5-4 反映 ITS 值的计算过程，示例包含 7 个用户、5 个社区和 2 个潜在主题。参与度矩阵统计用户在社区的活动，比如 u_1 仅参加了社区 c_1，参与度为 10。通过 Gibbs 抽样得到 θ 和 φ 表示为矩阵。通过矩阵乘法即得到社区关于某个用户的 ITS 值，图中以 u_1 为代表，略去了其他用户的结果。向 u_1 推荐时不考虑其已加入的社区 c_1，则 $C_{u_1} = \left\{ (c_2, 0.8), (c_3, 0.7), (c_4, 0.6), (c_5, 0.5) \right\}$，如果以 ITS 值进行推荐，$u_1$ 的 top-2 社区推荐结果为 $\left\{ c_2, c_3 \right\}$。

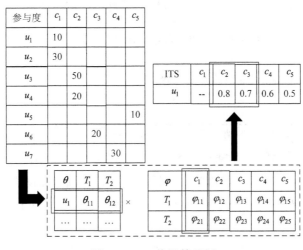

图 5-4　ITS 值计算示例

5.2.3　ETS 值计算

ETS（Explicit Topic relation Score）值度量社区 c_i 与目标用户加入社区集合 P_{u_q} 的相似性，即 $\mathrm{ETS}_{q,i} = \mathrm{sim}(c_i, P_{u_q})$，其中 $\mathrm{sim}(c_i, P_{u_q})$ 见本小节定义 5-2，$c_i \in S_{u_q}$。S_{u_q} 表示 u_q 的 top-k 相似用户已加入同时 u_q 未加入的社区集合。相似用户已加入的社区与 u_q 越相关，它们在 u_q 的候选社区集合 C_{u_q} 中的排序应越靠前，同时不够相关的社区排序会靠后，本章方法借此消除基于隐式主题关联的 LDA 方法可能产生的噪音。

ETS 值计算需要度量用户之间和社区之间的相似性：先计算表示用户或社区的向量，然后用向量之间的相似性来度量用户/社区之间的相似性。本小节利用了余弦相似性，并根据 ETS 值计算的需要定义了一种相似性度量值（定义 5-2）。

余弦相似性[79]通过计算向量的夹角余弦值来度量向量之间的相似性，夹角越小余弦值越大，余弦相似性在数据挖掘等领域中被广泛运用。给定 n 维向量 $x = \{x_1, x_2, \cdots, x_n\}$ 和 $v = \{v_1, v_2, \cdots, v_n\}$，则该两向量间的余弦相似性 $\cos(x, v)$ 计算公式如下。

$$\cos(x, v) = \frac{\sum_{i=1}^{n} x_i \times v_i}{\sqrt{\sum_{i=1}^{n} x_i^2} \times \sqrt{\sum_{i=1}^{n} v_i^2}} \tag{5-4}$$

根据 ETS 值的需要，定义单个向量 x 与向量集合 V 之间的相似性如下。

定义 5-2：向量与向量集合相似性。 给定 n 维向量 $x = \{x_1, x_2, \cdots, x_n\}$ 和 n 维向量集合 $V = \{v_1, v_2, \cdots, v_{|V|}\}$，定义两者之间的相似度 $\mathrm{sim}(x, V) = \sum_{i=1}^{|V|} \cos(x, v_i) / |V|$。

以上定义将向量与向量集合中所有向量的余弦相似度的均值，作为该向量与向量集合的相似性度量。

ETS 值的具体计算过程如算法 5-1 所示。

算法 5-1：ETS 值计算

输入：参与度矩阵 A，ITS 值计算中间结果 θ 和 φ

输出：P_{-u_q} 中基于 ETS 值的 top-k 社区集合 S_{u_q}

(1)　通过 θ 求解用户之间的相似性，找到目标用户 u_q 的 top-k 相似用户，得到集合 S_{u_q}；

(2)　通过 φ 求解社区之间的相似性，进一步得到集合 S_{u_q} 中社区的 ETS 值；

(3)　根据 ETS 值在集合 S_{u_q} 中选择 top-k 社区得到集合 S_{u_q}。

结合 5.2.2 节图 5-4 所示例，描述算法 5-1 的执行过程如下：不妨设目标用户为 u_1，其 top-2 相似用户为 u_6 和 u_7，结合图 5-4 中的参与度矩阵，则第（1）步得到 $S_{u_q} = \{c_3, c_4\}$。第（2）步首先通过 φ 和公式（5-4）得到 $\cos(c_3, c_1) = 0.5$ 以及 $\cos(c_4, c_1) = 0.9$；因为 $P_{u_q} = \{c_1\}$，所以 $\mathrm{ETS}_{q,3} = \mathrm{sim}(c_3, P_{u_q}) = \cos(c_3, c_1)$，$\mathrm{ETS}_{q,4} = \cos(c_4, c_1)$。第（3）步的结果，也即算法的输出 $S_{u_q} = \{(c_4, 0.9), (c_3, 0.5)\}$。

算法 5-1 第（1）步要找到 u_q 的 top-k 相似用户，需要首先度量用户间的相似性。观察图 5-4 中矩阵（表示为 θ），该矩阵的一行对应一个用户与潜在主题的多项分布，因此该算法通过计算该行向量之间的余弦相似性，来度量用户间的相似性。如 5.2.1 节所述，用户间的相似性计算重用了 ITS 值计算的中间结果，减少了额外开销。记 $\{u_{\pi(1)}, u_{\pi(2)}, \cdots, u_{\pi(k)}\}$ 为 u_q 的 top-k 相似用户，则 $S_{u_q} = \bigcup_{j=\pi(1)}^{\pi(k)} P_{u_j} - P_{u_q}$，其中 P_{u_j} 表示用户 u_j 已加入的社区集合，注意到 $S_{u_q} \subseteq C_{u_q}$。

算法 5-1 第（2）步需要度量社区间的相似性，观察图 5-4 中矩阵（表示为 φ），该矩阵每一列对应一个社区与潜在主题的多项分布，该算法通过计算矩阵列向量间的余弦相似性，度量社区间的相似性。

算法 5-1 第（3）步所得算法输出 S_{u_q} 的基数为 k，由集合 S_{u_q} 中 ETS 值最大的 k 个社区构成，而 S_{u_q} 由目标用户 u_q 的 top-k 相似用户得到。考虑到 k 值通常较小，一般 $k \leq 10$，因此该算法有选择地使用了部分显式主题关联，如 5.1 节引言部分所述。

以下分析算法 5-1 的时间复杂度：算法 5-1 第（1）步的用户相似性计算由离线预处理得到，则该步骤中通过扫描其他 $M-1$ 个用户与目标用户 u_q 的相似度，即可得到 u_q 的 top-k 相似用户，继而得到集合 S_{u_q}，因此第（1）步的时间复杂度为 O(M)。第（2）步中计算 ETS 值最差情况下的时间复杂度为 O(N)，即对所有社区进行计算。第（3）步根据第（2）步的计算结果可立即完成，时间复杂度为 O(1)。因此算法 5-1 的时间复杂度为 O$(\max(M,N))$。

5.2.4　IETS 值计算

本小节融合候选社区与目标用户在隐式（ITS）与显式主题（ETS）上的关联，旨在降低基于隐式主题关联的 LDA 方法可能产生的噪音，并最终提高推荐的准确性。为了合理融合两种关联，需要确定 5.2.3 节所得 S_{u_q} 中排名末尾的社区在 5.2.2 节所得候选推荐社区集合 C_{u_q} 中的位置 k'，计算 C_{u_q} 中排名前 k' 的社区的 IETS 值，并最终进行推荐。具体算法如算法 5-2 所示。

算法 5-2：IETS 值计算

输入：目标用户 u_q 候选社区集合 C_{u_q}，top-k ETS 值社区集合 S_{u_q}。

输出：目标用户 u_q 的 top-k 社区推荐结果。

(1)　确定 S_{u_q} 中排名末尾社区在 C_{u_q} 中的位置，记为 k'；

(2)　计算 C_{u_q} 中排名前 k' 社区的 ETS 值，跳过属于 S_{u_q} 的社区；

(3)　融合步骤(2)中 k' 个社区的 ITS 和 ETS 值得到 IETS 值，并根据该值进行推荐。

结合 5.2.2 节图 5-4，描述算法 5-2 的执行过程如下。如图 5-5 所示，通过算法 5-1 已得到 $S_{u_q}=\{(c_4,0.9),(c_3,0.5)\}$，则第（1）步所述位置 $k'=3$，即 c_4 在 C_{u_q} 中的排序。第（2）步 C_{u_q} 中 top-k' 社区为 $\{c_2,c_3,c_4\}$，仅需计算 c_2 的 ETS 值，不妨设该值为 0.6。第（3）步得到基于 IETS 值的 top-2 推荐结果为 $\{c_4,c_2\}$，该结果与基于 ITS 值的推荐结果不同。

C_{u_q} 中的元素已经按 ITS 值降序排列，则在 C_{u_q} 中排名在 k' 之前的社区，在隐式主题（ITS）和显式主题（ETS）上均与 u_q 足够相关。算法 5-2 第（1）步确定位置 k'，实际上是对候选社区进行了剪枝，有很大概率降低计算量，该算法第（2）步按第 5.2.3 节所述计算社区的 ETS 值即可。算法第（3）步融合 ITS 和 ETS 值是一个多目标优化问题[18]，有两种常见解决方法。

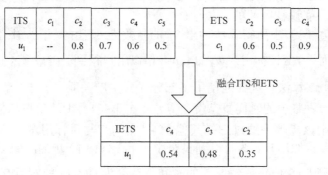

ITS	c_1	c_2	c_3	c_4	c_5
u_1	--	0.8	0.7	0.6	0.5

ETS	c_2	c_3	c_4
c_1	0.6	0.5	0.9

融合ITS和ETS

IETS	c_4	c_3	c_2
u_1	0.54	0.48	0.35

图 5-5　IETS 值计算示例

第一种是加权平均，即 $IETS = \alpha \times ITS + (1-\alpha) \times ETS$，$\alpha$ 通常是经验值。当应用场景发生改变，比如用户和社区数量发生了变化，该值可能需要随之变化从而很难确定，故加权平均并不适合本文场景。第二种是 skyline 查询，该方法在应对 Web 社区推荐时有两点不足[96]，如图 5-6 所示：①图 5-6(a)中，社区 C 为 skyline 的结果之一，但它的 ETS 值为零，不应被推荐；②skyline 查询可能只返回 top-1 结果而不满足 top-$k(k>1)$的推荐要求，如图 5-6(b)所示。

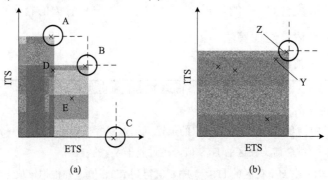

(a)　　　　　　　　　(b)

图 5-6　Skyline 方法示例

本文的融合方案为 $IETS = ITS \times ETS$。使用乘法能保证候选社区与目标用户在隐式和显式主题上均有足够的关联。基于 ITS 值的 C_{u_q} 中推荐排序为 $\{c_2, c_3, c_4, c_5\}$，融合 ETS 值后，基于 IETS 值的推荐排序为 $\{c_4, c_2, c_3, c_5\}$，以上表明推荐社区与目标用户的隐式主题关联能得到保证，在此基础上显式主题关联越高的社区排名越靠前。乘法有以下三点优势：①相对加权平均不需要额外参数；②不会遇到 skyline 查询的问题；③计算开销较小。

以下分析算法 5-2 的时间复杂度：算法 5-2 在最差情况下时间复杂度为 O(N)；

第（1）步复杂度为 O(1)；k' 处在 C_{u_q} 最后一个位置，是第（2）步与第（3）步的最差情况，此时复杂度同为 O($N-k$)，而推荐数量 k 一般是较小的常数。因此算法 5-2 的时间复杂度为 O(N)。

5.2.5　可扩展性

本节将给出基于潜在主题的 Web 社区协同推荐方法的描述，如算法 5-3 所示。该协同推荐方法中，求解 LDA 参数的时间复杂度为 O($K \cdot M \cdot L \cdot l$)，其中 K 为潜在主题数，M 为用户数，L 为用户平均社区参与度，l 为吉布斯抽样的迭代次数。所有用户间和社区间的相似度计算时间复杂度分别为 O(M^2) 和 O(N^2)，其中 N 为社区数量。本章将 LDA 参数求解、用户间的相似度以及社区间的相似度计算进行离线计算处理，基于以下三点考虑：①这三者的计算不直接产生用户推荐结果；②计算目标用户 u_q 的候选推荐集合 C_{u_q} 会反复使用 LDA 中间结果 θ 和 φ；③算法 5-3 第（2）步和第（3）步会反复使用用户相似性和社区相似性。

算法 5-3：基于潜在主题的 Web 社区协同推荐方法

输入：用户集合 U，社区集合 C，参与度矩阵 A。

输出：所有用户的 top-k 社区推荐结果。

(1)　利用 LDA 计算用户和社区分别与潜在主题的关联 θ 和 φ，并构建任一目标用户 u_q 基于 ITS 值的候选推荐集合 C_{u_q}；同时利用 θ 和 φ 计算所有用户间和社区间的相似度；

(2)　对任一目标用户 u_q 调用算法 5-1，计算该用户基于 ETS 值的 top-k 社区集合 S_{u_q}；

(3)　调用算法 5-2 计算任一目标用户 u_q 的 top-k 社区推荐结果。

需要实时在线计算的是算法 5-3 第（1）步中的用户候选推荐集合 C_{u_q}，以及第（2）步和第（3）步。计算 C_{u_q} 的时间复杂度为 O(K)，而主题数量为常数，则第（1）步时间复杂度为 O(M)。5.2.3 节已分析对单个用户而言算法 5-1 的时间复杂度为 O(M)，则第（2）步时间复杂度为 O(M^2)；5.2.4 节已分析对单个用户而言算法 5-2 的时间复杂度为 O(N)，则第（3）步时间复杂度为 O($M \cdot N$)。综上算法 5-3 实时在线计算的时间复杂度为 O$\left(\max(M^2, M \cdot N)\right)$。

5.3　实验及分析

本小节通过实验从以下两个方面验证本章方法的推荐质量：①与已有基于隐式主题关联的 LDA 方法[75]通过 NDCG[81]标准来对比 top-k 排序的效果；②分析与已有方法推荐结果的差别。

5.3.1　数据集描述

本章所用实验数据集包括从豆瓣网上爬取的 639,810 个用户和 5,894 个社区，以及用户参与社区的信息，数据获取截止时间是 2012 年 3 月。豆瓣网在 Alexa 网站上的全球排名为 106，拥有用户数量超过 6000 万，社区数量超过 27 万。本章实验环境如下：Intel(R) Core(TM) i5-2320 3.00GHz 处理器，4GB 内存，Windows 7 旗舰版 64 位操作系统，使用 Java 语言编写程序，数据库为 MySQL 5.0。

5.3.2　实验方案

评价推荐方法的标准通常分为两类：①以 MAE（Mean Absolute Error）为代表的，比较真实值与预测值（推荐结果）的一类方法，并不适合对 top-k 推荐进行评价，因为 top-k 推荐更关心推荐项的排序而不是预测值；②以 NDCG（Normalized Discounted Cumulative Gain）为代表的，比较排序结果和用户真实排序之间差异的一类方法。NDCG 最初用于评价信息检索的质量，其基本思想是：检索返回的每一个文档都对它在返回结果中的位置有一定的贡献，其贡献值与文档的相关度有关，然后把从 1 到 k 的所有的位置上的贡献值都加起来作为最终的评价结果。

本章选取第二种方法对本文方法的 top-k 推荐结果进行评价，实验具体方案如下。对每一个用户随机取一个其已加入的社区，作为这个用户的训练集（training set），所有用户的训练集的集合构成算法的训练集输入（training input），包含 M 个用户和他们已经加入的 M 个社区，这里表示用户总量。评价集合（evaluation set）的构成如下：从目标用户 u_q 没有加入的社区里随机取 $k-1$ 个，与该用户的训练社区合并成基数为 k 的评价集合，注意这是对单个用户的评价集合。

为叙述方便，在实验部分将本章方法称为 IETS 方法。本小节分别使用 IETS 和 LDA 方法[75]得到每个用户评价集合的排序。对目标用户 u_q 而言，其训练社区在评价集合里最差排名是 k（排名最末），最好排名是 1（排名最前）。训练社区在评价集中排名越高，说明推荐方法越准确。

5.3.3　实验结果

首先说明实验参数的设定：使用吉布斯抽样，需要设定主题数、迭代次数和两个先验概率分布 α 和 β。这里设定主题数分别为（7, 15, 30, 60），对应的迭代次数分别为（100, 200, 300, 400），α 为 50/K，K 为主题数，β 为 0.1；训练集合的基数 k=1001，数据集中社区的总数为 5894。

实验结果将从两个方面展示：①top-k 排序效果比较；②训练社区的排名比较。首先描述 top-k 排序的比较结果。

实验首先分别从宏观和微观角度显示 LDA 和 IETS 方法得到的训练社区在评价集中

排名的累积分布（cumulative distribution）。图 5-7 中横轴上 0%表示训练社区排名第一，100%表示其排名第 k，k=1001。训练社区的排名越靠前，越说明方法的推荐效果好。

取图 5-7 中最上方折线的三个点来说明累积分布的含义，该折线表示 IETS 方法当主题数为 15 时得到的排序结果。点（0%, 0.15）表示作为训练集的 M 个社区中有 15%在其对应的评价集中排名第一；点（10%, 0.88）表明 M 个社区中有 88%在其对应的评价集中排名前 10%；点（100%, 1）表示所有 M 个训练社区的排名都不会低于 k，这与事实相符，并且图中四条折线都交汇于该点。所以折线越靠上方说明排序效果越好。图 5-7 表明最好的排序效果由 IETS 方法在主题数为 15 时得到，且 IETS 方法在两个主题数上的排序都优于 LDA 方法。

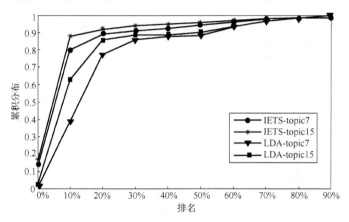

图 5-7　全局排序效果比较

图 5-8 从更细致的角度比较了两种方法的排序效果，通常越靠前的排序越被重视，所以该图关注 top-2%的排名分布情况。图 5-8 仍然使用累积分布，总的趋势与图 5-7 相同，仍然是 IETS 方法在主题数为 15 时效果最好，并且 IETS 方法优于 LDA 方法；不同的是折线相对平缓，这说明排序真正靠前（top-2%）的训练社区较少，并且在一定排名区间内社区数量增长缓慢。

图 5-7 和图 5-8 分别从宏观（全局）和微观（top-2%）的角度对比了 LDA 和 IETS 方法的排序效果，总体而言 IETS 更优。

本节接下来对训练社区的排名进行比较。

这一部分比较的是对相同的训练社区，两种方法得到的排名差异。图 5-9 和图 5-10 中所有直方图统计的值，是在某一主题数下，对同一个训练社区，LDA 方法得到的排名减去 IETS 方法排名的差。正值越大说明 LDA 方法得到的训练社区排名值越大，排名越靠后。所以正值越多越大表明 IETS 方法得到的训练社区排名越好，反之 LDA 方法得到的排名更好。

如图 5-9 和图 5-10 所示，在主题数分别为 7 和 15 的情况下正值居多，比如排名差值（rank difference）为 100 的训练社区数约为 100。表明对大多数训练社区而言，LDA 方法得到的排名值更大，排名更靠后；IETS 方法对相同训练社区的排名更靠前，该方法比 LDA 方法具有更高的推荐准确性。

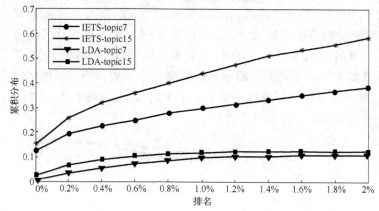

图 5-8　　top-2%排序效果比较

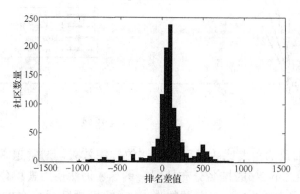

图 5-9　　主题数为 7 两种方法的比较

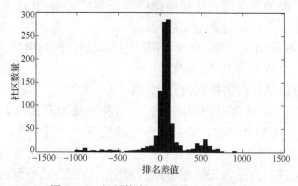

图 5-10　　主题数为 15 两种方法的比较

图 5-11 和图 5-12 比较的则是相同方法在不同主题下对训练社区的排名差异，

直方图统计的仍是差值，此时差值越靠近零说明方法受不同主题数影响越小，也能说明图 5-9 和图 5-10 中比较的合理性。

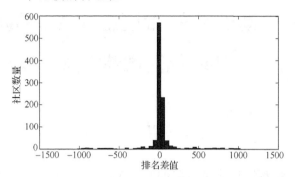

图 5-11　　IETS 方法在不同主题数上的比较

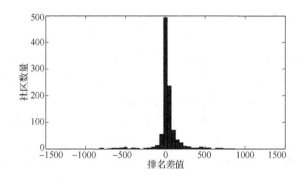

图 5-12　　LDA 方法在不同主题数上的比较

图 5-11 比较的是 IETS 方法在主题数为 7 和 15 下得到的相同训练社区排名的差值，发现大多数值都在零附近，并且非零值较少。图 5-12 比较的是 LDA 方法在主题数为 7 和 15 下的排名差值，分布上与 IETS 方法类似。该两图表明在训练社区的排名上，IETS 和 LDA 方法不太受到主题数变化的影响，间接验证了图 5-9 和图 5-10 比较的合理性，即 IETS 比 LDA 具有更高的推荐准确性。

5.4　结　　论

本章在 Web 社区系统的场景下，提出了一种基于潜在主题的 Web 社区协同推荐方法，该方法针对 Web 社区的主题特性，以主题为桥梁，结合隐式和显式主题关联进行推荐。方法利用隐式主题关联以应对数据稀疏问题，在此基础上结合协同过滤思想利用显式主题关联，降低远离目标用户偏好的社区在推荐列表中的排名，以提高方法的推荐准确性。本章对所提方法的时间复杂度分析，表明该方法具有良好的可扩展性。实验结果表明，本章方法有效提高了 Web 社区推荐的准确性。

第6章 基于用户-社区全域关系的新颖性 Web 社区推荐方法

6.1 引　言

推荐系统作为缓解用户信息过载的有效工具[83]，能为用户过滤出有价值的信息；商用推荐系统已经在 Amazon 和 Netflix 等著名网站中发挥着重要作用。一般而言，推荐系统通过已知的用户对推荐项的评分，预测用户对未评分项的评分，并借此评分向用户推荐其未评分的项。Web 社区作为一种特殊的推荐项，由一群拥有相同兴趣或共同目标的用户组成。社区成员通过社交媒体相互交流和互动，故而社区拥有鲜明的主题特性。Web 社区推荐可以帮助用户选择有兴趣或有价值的社区加入，本章解决新颖性社区推荐的问题，即向用户推荐其不知道但有潜在兴趣的社区[84]。因为新颖性社区推荐一方面可以扩展用户视野，让用户接触与其历史偏好不同的社区；另一方面可以让小众的流行度较低的社区得到更多关注，以推动社区系统的发展。

大多数推荐方法均为准确性推荐方法[81]。该类方法仅追求推荐的准确性（recommendation accuracy），旨在推荐与用户历史偏好接近的推荐项[85]。一个推荐项与目标用户历史偏好越相似，对目标用户而言，该推荐项的准确性越高。根据推荐准确性的评测标准，准确性推荐方法成功有效，但单纯追求准确性可能会降低推荐系统质量[86]。一方面，准确性方法向用户推荐与其偏好接近的项，且倾向于推荐流行度高的项[87]，但是用户可能已经知道被推荐的流行度高的项，从而对推荐结果产生不满。另一方面，推荐过多的流行项可能导致企业的利润下滑，因为对流行项的倾向会导致马太效应[88]（即强者越强、弱者越弱的现象），从而使得小众不流行的项很难被推荐，而研究表明[89]小众产品能创造很大份额的利润。因此，由于忽视推荐的新颖性，准确性推荐方法的推荐效果受到一定限制。

与准确性推荐方法相比，新颖性推荐方法试图向用户推荐新颖的项。图 6-1 描述了在社区推荐场景下，准确性推荐和新颖性推荐方法的区别。该示例取自豆瓣社区[①]，社区 "Big Bang Theory" 简称为社区 B，社区 "Friends" 简称为 F，社区 "Gossip Coming" 简称为 G，社区 F 和社区 B 有两个共同成员；u_q 为目标用户，该用户加入

---

① http://www.douban.com/group/

了社区 F；示例中虚线为用户间的社会关系。社区 B 为 u_q 的准确性推荐结果，因为社区 B 与 u_q 已加入的社区 F 相似：社区 B 与社区 F 在主题上均为"情景喜剧"，且两社区存在共同成员。相对地，社区 G 为 u_q 的新颖性推荐结果，因为 u_q 可能不知道社区 G 且对该社区有潜在兴趣。目标用户 u_q 可能不知道社区 G，因为社区 G 与社区 F 在主题上并不接近，在社会关系上距离 u_q 也较远；u_q 可能对社区 G 有潜在兴趣，因为该用户可能对喜剧"Friends"中演员的绯闻（gossip）感兴趣，且 u_q 通过社会关系能"到达"社区 G。

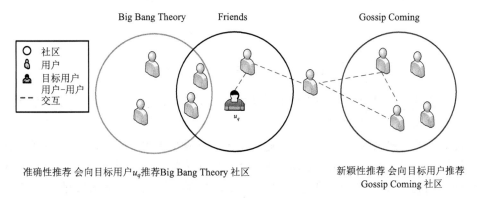

准确性推荐 会向目标用户 u_q 推荐 Big Bang Theory 社区　　　　　　　　新颖性推荐 会向目标用户推荐
Gossip Coming 社区

图 6-1　准确性推荐 vs 新颖性推荐示例

为了弥补推荐方法单纯追求准确性的缺点，近年来研究者们提出了一些新颖性推荐方法，这些方法通过挖掘用户与项之间的交互，即用户-项评分矩阵，能有效地向用户推荐新颖的项。但将上述方法用于推荐新颖性社区，仍存在以下不足：①这些方法没有明确定义项的新颖度，虽然均提出了新颖性推荐的算法；②这些方法忽视了 Web 社区中存在大量的用户间的交互，而由于社会网络的同质性[56]，用户间的交互会影响用户行为，从而影响推荐结果；③这些方法忽视了社区间基于语义的关联，社区鲜明的主题特性使得社区间存在基于语义的关联，图 6-1 的示例也反映出社区间的语义关联，可以被用于推荐新颖性社区。

本章提出了基于用户-社区全域关系的新颖性 Web 社区推荐方法，以克服现有方法的不足。图 6-2 给出了用户-社区全域关系的示意图，该全域关系即 {user, community} 集合元素的"交互"关系，具体定义见 6.2 节。用户-社区全域关系反映了 Web 社区中存在的三种交互，即用户-用户、社区-社区和用户-社区交互，本章所提方法即利用了这三种交互。

具体而言，本章首先利用用户-社区交互，提出带权重的 LDA（Weighted Latent Dirichlet Allocation，WLDA）方法以尽量提高推荐准确性；接下来利用用户-社区全域关系，定义社区的新颖度并提出了新颖度计算方法；最后为了提高推荐的整体质量，选择了一种多目标优化策略，旨在平衡推荐社区的准确度和新颖度。本章主要贡献如下。

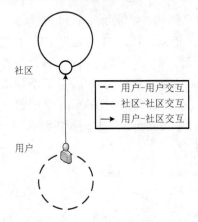

图 6-2　用户–社区全域关系示意图

（1）提出了利用 Web 社区中社会关系强度的 WLDA 方法，且该方法在准确性上优于同类准确性推荐方法。

（2）基于用户–社区全域关系定义了社区的推荐新颖度，并提出了新颖度计算方法。首先提出了一个观察结论，即用户–用户交互构成了一个社会网络，并且该网络中形成了潜在的用户聚类，目标用户 u_q 所属的聚类记为 l_q。接下来根据 u_q 在聚类 l_q 中的用户–用户交互，将 u_q 有潜在兴趣的社区作为其候选社区。最后计算 u_q 候选社区 c_i 的新颖度，计算依据包括：c_i 的流行度；由社区–社区交互得到的 c_i 与 u_q 的语义距离；c_i 与聚类 l_q 中（u_q 除外）用户之间的用户–社区交互。

（3）利用真实的豆瓣社区数据集，通过实验比较了本章所提方法和其他推荐方法。实验结果表明本章所提方法在推荐新颖性上优于对比方法，并能保证准确性。

6.2　UCTR 方法

本节详述所提出的新颖性 Web 社区推荐方法 UCTR（User-Community Total Relation）。首先定义用户–社区全域关系如下。

定义 6-1：用户–社区全域关系。给定集合 $X = \{user, community\}$，用户–社区全域关系 R 定义为 $R = (X, X, G)$，其中 $G = X \times X$，R 对应二元关系"交互"。

全域关系 R 代表图 6-3 所示的三种交互。图 6-3 由图 6-1 扩展而来，u_q 对应图 6-1 中的目标用户，该用户加入社区"Friends"。图 6-3 展示了更丰富的信息：该示例中用户–用户交互构成了一个社会网络 $G(V, E)$，该网络为有权无向图，V 表示的节点集合为用户，边集合 E 为用户–用户交互。用户–社区交互对应用户–社区评分矩阵 M 的非零元素。社区–社区交互则存在于社区分类 T，社区之间通过分类节点进行间接交互。

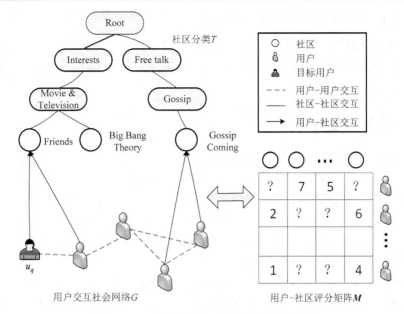

图 6-3　Web 社区用户–社区全域关系示例

　　本章要解决的问题定义如下：给定用户–社区评分矩阵 M、社会网络 G 以及社区分类 T，为目标用户 u_q 确定一个推荐列表，使得列表中的社区对 u_q 拥有高新颖性，同时拥有足够的准确性。表 6-1 描述本章主要用到的符号。

表 6-1　本章主要符号描述

符号	描述
C	社区集合
M	用户–社区评分矩阵
G	Web 社区用户通过交互形成的社会网络
T	社区分类
R	用户–社区全域关系
$\boldsymbol{a}_q = (a_{q,i})_{c_i \in C}$	目标用户 u_q 的准确度向量，$a_{q,i}$ 为社区 c_i 对 u_q 的准确度
$\boldsymbol{n}_q = (n_{q,i})_{c_i \in C}$	目标用户 u_q 的新颖度向量，$n_{q,i}$ 为社区 c_i 对 u_q 的新颖度
$\boldsymbol{t}_q = (t_{q,i})_{c_i \in C}$	目标用户 u_q 的推荐度向量，$t_{q,i}$ 为社区 c_i 对 u_q 的推荐度

6.2.1　UCTR 方法框架

　　本小节描述所提 UCTR 方法框架，该方法旨在确定向量 $\boldsymbol{t}_q = (t_{q,i})_{c_i \in C}$。向量 $\boldsymbol{t}_q$ 元素 $t_{q,i}$ 表示社区 c_i 对目标用户 u_q 的推荐度，C 为社区集合。为了向目标用户 u_q 推荐其不知道且有潜在兴趣的社区，UCTR 方法由以下三个部分组成。

　　（1）为 u_q 计算社区的准确度向量 $\boldsymbol{a}_q = (a_{q,i})_{c_i \in C}$；

（2）为 u_q 计算社区的新颖度向量 $\boldsymbol{n}_q = (n_{q,i})_{c_i \in C}$ ；

（3）融合准确度和新颖度，为 u_q 计算社区的推荐度（UCTR 值）向量 $\boldsymbol{t}_q$ 。

以上计算 $\boldsymbol{n}_q$ 重用了计算 $\boldsymbol{a}_q$ 的中间结果从而减少了一定的计算量。接下来详细描述方法框架的各个部分。

6.2.2　社区准确度计算

社区准确度计算由 WLDA（Weighted LDA）方法得到。WLDA 利用 LDA 模型[78]挖掘用户–社区交互，即用户–社区评分矩阵 M，并强调用户–社区交互的强度（即权重）以进一步提高推荐的准确性。与传统准确性推荐方法相比，如利用显式评分的基于内存的协同过滤[76,90]，LDA 能通过挖掘隐式关联，更好地应对矩阵 M 的数据稀疏问题[59]。

WLDA 首先将 M 转换为文本集合（text corpora），以便用 LDA 建模该评分矩阵：将用户处理为文本，用户加入的社区处理为该文本中出现的词。用户–社区交互的强度对应矩阵 M 中相应位置的元素，该强度决定一个社区词在一个用户文本中出现的次数，对 WLDA 至关重要。比如矩阵 M 的元素 $m_{q,i} = 3$，意味着社区词 c_i 在用户文本 u_q 中出现三次。更确切地说，关系强度决定 WLDA 的输入（文本集合的内容），进而影响 WLDA 的输出。

WLDA 接下来计算用户和社区与潜在主题之间的隐式关联，即 $\boldsymbol{\theta}_q = (\theta_{q,1}, \theta_{q,2}, \cdots, \theta_{q,K})$ 和 $\boldsymbol{\varphi}_i = (\varphi_{i,1}, \varphi_{i,2}, \cdots, \varphi_{i,K})$ ，其中 $\theta_{q,K}$ 表示目标用户 u_q 与潜在主题 k 的关联，$\varphi_{i,K}$ 表示社区 c_i 与潜在主题 k 的关联，K 为潜在主题数量。WLDA 计算过程如算法 6-1 所示。

算法 6-1：WLDA 算法

输入：用户–社区评分矩阵 M

输出：θ_q ，$u_q \in U$ ，$\varphi_i, c_i \in C$

(1)　　为每个用户文本的每个社区词随机分配一个潜在主题；

(2)　　初始化四个数组 N_1, N_2, N_3, N_4 ；

(3)　　For 每次迭代 do

(4)　　　　For 每个用户文本 u_q do

　　　　　　　For u_q 中的每个社区词 c_i do

　　　　　　　　//ct 为当前分配给 c_i 的主题的编号

(5)　　　　　　　$N_1[i, ct] - -, N_2[ct] - -, N_3[q, ct] - -, N_4[q] - -$ ；

　　　　　　　　//K 为潜在主题数量

(6)　　　　　　　For $k=1$ to K 的每一个主题 do

(7)　　　　　　　　$p[k] = \dfrac{N_1[i,k] + \beta}{N_2[k] + |C| \cdot \beta} \dfrac{N_3[q,k] + \alpha}{N_4[q] + K\alpha}$

	//抽样到 $p[nt]$，即为 c_i 重新分配主题 nt，nt 为主题编号
(8)	根据数组 p 中 K 个元素的值进行均匀抽样，令抽样结果为 $p[nt]$
(9)	$N_1[i,nt]++,N_2[nt]++,N_3[q,nt]++,N_4[q]++$;
(10)	返回 $\varphi_{i,k}=\dfrac{N_1[i,k]+\beta}{N_2[k]+\lvert C\rvert \cdot \beta}$ ，　$\theta_{q,k}=\dfrac{N_3[q,k]+\alpha}{N_4[q]+Ka}$ 。

算法 6-1 第（1）步为文本集合的所有词随机分配主题，第（2）步初始化四个数组：$N_1[i,k]$ 为社区 c_i 被分配主题 k 的次数；$N_2[k]$ 为主题 k 在文本集合中出现的次数；$N_3[q,k]$ 为主题 k 分配给用户文本 u_q 的次数；$N_4[q]$ 是 u_q 被分配主题的数量。第（3）～（9）步，在每次迭代中，算法 6-1 为每个用户文本 u_q 的每个社区词 c_i 重新分配一个主题。文本集合的主题分布在迭代一定次数后会趋于收敛，意味着第（8）步中数组 p 中的各个元素值会趋于稳定。算法第（10）步返回用户和社区分别与潜在主题的关联。算法 6-1 基于吉布斯抽样[79]。

定义 6-2：社区推荐准确度。 给定 θ_q 和 φ_i，社区 c_i 对目标用户 u_q 的推荐准确度 $a_{q,i}$ 定义为：$a_{q,i}=\theta_q\varphi_i^T=\sum_{k=1}^{K}\theta_{q,k}\varphi_{i,k}$ 。

WLDA 最终根据定义 6-2 为 u_q 计算其社区准确度向量 $\boldsymbol{a}_q=(a_{q,i})_{c_i\in C}$。该定义利用了贝叶斯规则（Bayes' rule），其计算社区准确度的思想为：社区 c_i 在潜在主题上与 u_q 越接近，其准确度越高。如果 c_i 和 u_q 与同一个主题 k 关联度高，即 $\theta_{q,k}$ 和 $\varphi_{i,k}$ 的值大，从而 $a_{q,i}$ 的值大，意味着 c_i 对 u_q 的推荐准确度高。

6.2.3　社区新颖度计算

本小节在用户-社区全域关系 R 的基础上，定义社区的推荐新颖度并提出相应的算法。

如图 6-3，社区间通过社区分类 T 存在间接交互，该交互产生社区间语义关联。以下定义社区间的语义距离。

定义 6-3：用户-社区语义距离。 给定社区 c_i 和 c_j，社区分类 T 中两社区直属的分类节点之间的距离记为 $\text{dis}(i,j)$，社区 c_i 与目标用户 u_q 之间的语义距离定义为

$$d(q,i)=\arg\min_{c_j\in C_q}\text{dis}(i,j) \tag{6-1}$$

其中，C_q 为用户 u_q 已加入的社区集合。如果 c_i 和 c_j 直属于同一个分类节点，约定 $\text{dis}(i,j)=1$。根据图 6-3 中示例描述用户-社区语义距离如下。不妨用 c_f 表示社区 "Friends"，c_b 表示社区 "Big Bang Theory"，c_g 表示社区 "Gossip Coming"，则 $C_q=\{c_f\}$。根据公式（6-1）有 $d(q,b)=1$，因为 $\text{dis}(f,b)=1$ 同时 C_q 仅包含一个社区 c_f；同理 $d(q,g)=4$，因为 $\text{dis}(f,g)=4$。因此社区 c_g 比 c_b 在语义上距离目标用户 u_q 更远。

　　用户与社区的交互反映用户偏好，而 6.2.3 节的 WLDA 方法正是从用户与社区的交互中，挖掘出目标用户 u_q 与潜在主题的关联 θ_q。本小节重用 WLDA 方法的中间结果（如 6.2.2 节所述）以衡量用户之间的相似度。

　　定义 6-4：用户相似度。给定向量 θ_q 和 θ_o，用户 u_q 和 u_o 之间的相似度 $s(q,o)$ 定义如下：

$$s(q,o) = \frac{\sum_{k=1}^{K} \theta_{q,k}\theta_{o,k}}{\sqrt{\sum_{k=1}^{K}(\theta_{q,k})^2}\sqrt{\sum_{k=1}^{K}(\theta_{o,k})^2}} \tag{6-2}$$

其中，$\theta_{q,k}$ 表示用户 u_q 与潜在主题 k 的关联度，$\theta_{o,k}$ 表示用户 u_o 与潜在主题 k 的关联度。公式（6-2）使用余弦相似度衡量向量 θ_q 和 θ_o 之间的相似度，以衡量用户 u_q 和 u_o 之间的相似度。其他的向量相似度度量方法也可用于此相似度计算。

　　通过观察真实数据集，用户-用户交互构成一个社会网络 G，如图 6-3 所示，同时该网络中有潜在的用户聚类。不失一般性，不妨设图 6-3 中目标用户 u_q 与其他四个用户同属于网络 G 中的一个聚类 l_q。也就是说在属于真实 Web 社区（"Friends"）的同时，u_q 还属于一个潜在的用户聚类。聚类 l_q 以及其中的社会关系，被用于计算如下定义的社区推荐新颖度。

　　定义 6-5：社区推荐新颖度。给定社区 c_i 与目标用户 u_q 的语义距离 $d(q, i)$，用户-社区评分矩阵 M，u_q 所属的潜在聚类 l_q 以及 u_q 与 l_q 中其他用户的相似度，c_i 对 u_q 的推荐新颖度 $n_{q,i}$ 定义如下。

$$n_{q,i} = -\log_2\left(\frac{|c_i|}{\arg\min_{c_j \in C}|c_j|}\frac{1}{d(q,i)}\sum_{u_o \in l_q, o \neq q} s(q,o)m_{o,i}\right) \tag{6-3}$$

其中，$|c_i|$ 表示该社区的成员数，$m_{o,i}$ 表示矩阵 M 中用户 u_o 对社区 c_i 的评分，$d(q,i)$ 为 c_i 与 u_q 的语义距离，$s(q,o)$ 为用户 u_q 与 u_o 的相似度。

　　文献[84]假设那些用户不知道但有潜在兴趣的项对用户而言是新颖的。基于该假设，若用户 u_q 对社区 c_i 有潜在兴趣，则 u_q 不知道 c_i 的概率越大，c_i 对 u_q 越新颖。

　　本小节计算社区新颖度，首先将目标用户 u_q 有潜在兴趣的社区作为其候选新颖性社区，然后衡量 u_q 不知道候选社区的程度。用户 u_q 在潜在聚类 l_q 中的社会关系，被用来确定该用户有潜在兴趣的候选社区。公式（6-3）中，如果 $\forall u_o \in l_q \wedge o \neq q, m_{o,i} = 0$，该性质表明，如果 u_q 所属聚类 l_q 中没有用户加入社区 c_i（$m_{o,i} = 0$），则 c_i 不会成为 u_q 的候选新颖性社区（$n_{q,i} = 0$）。公式（6-3）表明聚类 l_q 中除 u_q 外用户加入的社区，构成目标用户的候选新颖性社区集合。UCTR 方法利用 u_q 在 l_q 中的社会关系，构造其候选社区集合的依据如下：①同属一个聚类的用户间联系紧密[91]，用户交互频繁；②根据社会网络的同质性[56]，存在交互的用户可能拥有相同的兴趣[92]。因此，UCTR 方法认为 u_q 与 l_q 中其他用户交互频繁，会对他们加入的社区有潜在兴趣。

确定目标用户的候选社区后，公式（6-3）从以下三个方面衡量 u_q 不知道社区 c_i 的程度：①$|u_q|$ 大表明该社区流行度高而新颖度低[93]，因为 u_q 可能知道流行度高的社区；②$d(q,i)$ 小导致 c_i 新颖度低，因为 $d(q,i)$ 小表明该社区在语义上距离 u_q 近，则 u_q 可能知道 c_i；③$\Sigma s(q,o)m_{o,i}$ 大导致 u_q 新颖度低，因为该值大表明聚类 l_q 中大量与 u_q 相似的用户与 c_i 交互频繁，则 u_q 可能通过用户-用户交互知道该社区。公式（6-3）通过信息熵的形式，即 $-\log_2 X$，从以上三个方面衡量社区的推荐新颖度：社区 c_i 流行度越低、与 u_q 语义距离越大且 l_q 中其他用户与其交互越少，c_i 新颖度越高。

本小节对推荐项新颖度的定义可以克服现有定义的缺点。文献[92]提出了新颖度的概念，即用户不知道且有潜在兴趣，但是并未给出量化方案。文献[93]定义新颖度为"逆流行度"，即越流行的项其新颖度越低。该定义不能很好地用于社区推荐场景，因为该定义没有充分利用 Web 社区特性：相比于流行度，其所蕴含的丰富交互信息才是更为本质的特性。文献[85]直接用推荐项在分类上与用户的距离定义项的新颖度，该定义会导致那些直属于同一个分类节点的所有项，拥有完全相同的新颖度值，而完全相同的值无法用于排序。如图 6-3 所示，直属于分类节点"Gossip"的所有社区，在文献[92]的定义下，对目标用户 u_q 的新颖度均为 4。

本小节社区新颖度 $\boldsymbol{n}_q$ 的计算方法如算法 6-2 所示。该算法利用 SHRINK 算法[91] 挖掘用户交互所形成的社会网络 $G(V,E)$ 中的用户聚类，一方面因为 SHRINK 算法的时间复杂度低，仅为 $O(|E|\log|V|)$；另一方面该算法能克服"分辨率限制"，从而找到相对尺寸较小的用户聚类。

算法 6-2：社区新颖度计算方法

输入：用户-社区评分矩阵 $\boldsymbol{M}$，社会网络 G，社区分类 T，目标用户 u_q

输出：u_q 的社区新颖度向量 $\boldsymbol{n}_q$

(1)　利用 SHRINK 算法挖掘 G 中的用户聚类，定位 l_q；初始化 $S_q = \varnothing$；

(2)　For 每一个 $u_o \in l_q, o \neq q$ do

(3)　　　$S_q = S_q \bigcup (C_o - C_q)$；

(4)　For 每一个 $c_j \in S_q$ do

(5)　　　根据公式(6-3)计算 $n_{q,j}$；

(6)　返回 $\boldsymbol{n}_q = \left(n_{q,1}, n_{q,2}, \cdots, n_{q,|S_q|}\right)$。

算法 6-2 第（1）步中，l_q 为社会网络 G 中目标用户 u_q 所属的潜在聚类，S_q 为

u_q 的候选新颖性社区集合。第（2）～（3）步表明 l_q 中其他用户加入的社区，除去 u_q 已加入的社区（集合 C_q），即构成 u_q 的候选社区集合 S_q；C_o 为用户 u_o 加入的社区集合。算法 6-2 返回 S_q 集合内社区的新颖度值。

6.2.4　社区 UCTR 值计算

新颖性推荐最终需要在推荐准确性和新颖性上取得平衡以产生最终的推荐结果，要取得该平衡则需要使用多目标优化策略，因为准确性与新颖性本质上不同，且两者之间存在一定冲突。为了取得推荐准确性和新颖性之间的平衡，文献[81]使用了数量乘法，文献[94]使用了概率乘法，文献[79]使用了线性叠加。

本小节用如下方法取得两者之间的平衡。

$$t_{q,i} = \frac{n_{q,i}}{a_{q,i}} \frac{\arg\min_{c_j \in S_q} a_{q,j}}{\arg\min_{c_j \in S_q} n_{q,j}} \tag{6-4}$$

公式（6-4）表明本小节选择了数量乘法，因为该策略不需要额外参数且计算效率高。该公式中社区 c_j 的准确度和新颖度均正规化到区间[0,1]，且公式的比值形式，使得社区 c_j 的 UCTR 值高反映该社区的新颖度高，反之则准确度高。

以计算 t_q 为例，UCTR 方法首先将用户-社区评分矩阵 M 转化为文本集合，然后利用 WLDA 方法为用户集合 U 中所有用户计算社区的准确度向量，如为 u_q 计算向量 a_q；WLDA 中间结果 θ 在社区新颖度计算中将被重用。UCTR 接下来利用 SHRINK 算法在用户交互所形成的社会网络 G 中，挖掘出 u_q 所属的潜在用户聚类 l_q。如 6.2.4 节所述，不妨设图 6-3 中 u_q 与其他四个用户属于聚类 l_q，则其他四个用户加入同时 u_q 未加入的社区构成 u_q 的候选新颖性社区集合 S_q，$|n_q| = |S_q|$。在此基础上，通过 C_q，即 u_q 加入的社区集合以及社区分类 T，可计算 S_q 中社区 c_i 与 u_q 的语义距离 $d(q,i)$；u_q 与其他四个用户的相似度通过重用 θ 可计算得到。l_q 中其他四个用户与社区 c_i 的交互在矩阵 M 有记录。UCTR 方法最终根据公式（6-3）和公式（6-4）分别计算 n_q 和 t_q。

6.3　实验及分析

本节实验在相同的真实豆瓣数据集上进行，共分为三个部分。第一部分评价和比较 LDA[75]、WLDA 和 Basic Auralist[79]三种方法在推荐准确性上的表现；第二部分评价和比较 WLDA、新颖度计算方法（算法 6-2）和 B-Aware Auralist[79]在推荐新颖性上的表现；第三部分在准确性和新颖性上比较 UCTR 方法和 Auralist 方法。

6.3.1　数据集描述

本节实验数据来自豆瓣社区，豆瓣网（http://www.douban.com）是国内著名的社交网站，拥有超过 70,000,000 用户和 30 万个社区。为保护该网站用户的隐私，实验数据中所有用户和社区信息均进行了匿名处理。

从用户-社区全域关系的角度描述实验数据如下：①用户-社区交互方面，数据集包含 252,993 个用户，229 个社区。②社区-社区交互方面，数据集的社区分类 T 包含 67 个底层分类节点和 8 个高层分类节点。③用户-用户交互方面，数据集包含一个社会网络，该网络用户节点数为 41,633，边数为 104,423。用户交互所形成网络的节点度分布如图 6-4 所示，该分布服从幂律分布（power-law distribution）[113]，表明该网络具有典型的社会网络性质。6.2.5 节所述 SHRINK 算法在该网络中挖掘出 3,476 个用户聚类。

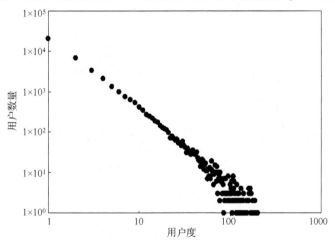

图 6-4　log-log 标度下社会网络 G 中的用户节点度分布

6.3.2　推荐准确性评价

本小节旨在评价和比较 LDA、WLDA 和 Basic Auralist 三种方法推荐 top-k 项的准确性，因此使用了 top-k 评价标准 NDCG[82]。文献[75]使用的正是该评价标准。

以下描述评价的流程。首先对数据集中每个用户 u，随机选择该用户加入的一个社区 c，构成方法的训练集。接下来对每个用户 u，随机选择该用户没有加入的 $(k-1)$ 个社区，与训练集中的一个社区，共同构成包含 k 个社区的评价集合。每个用户被选出的训练社区，在推荐结果中占据特定的排名；本小节比较三种方法推荐结果中，训练社区的排名：因为用户已加入该训练社区，所以训练社区排名越高表明对应方法的推荐准确性越高。

为了增加实验的合理性，为 LDA 和 WLDA 设置了相同的参数：潜在主题数 67

（数据集中社区分类 T 底层分类节点的数量），α 设为 0.28，β 设为 0.1，吉布斯抽样
迭代次数为 10,000 以保证收敛。三种方法的评价集合基数 k 设为 180。

　　本小节使用 NDCG 作为评价标准，比较上述三种方法的推荐准确性。图 6-5 描
述训练社区排名的累积分布。该图中横轴 0%表示训练社区排名第一，而 100%表示
排名最末，纵轴表示累积分布。图 6-5(a)中 Basic LDA（即文献[90]的 LDA）曲线上
的点（0%, 0.15）即表示该方法的推荐结果中有 15%的训练社区排名前 0%，即排名
第一；点（100%, 1）表示结果中全体训练社区（纵轴值 1）排名在前 100%。训练
社区排名最差情况下排名最末，即 100%，因此三种方法的曲线汇聚到点（100%, 1）。

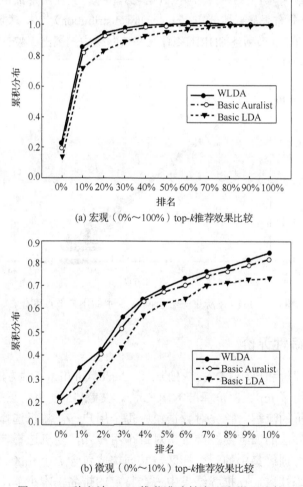

(a) 宏观（0%～100%）top-k推荐效果比较

(b) 微观（0%～10%）top-k推荐效果比较

图 6-5　三种方法 top-k 推荐准确性宏观和微观比较

　　图 6-5(a)中 Basic LDA 方法的推荐结果中有 15%的训练社区排名（不低于）第
一，Basic Auralist 方法推荐结果中有 20%排名第一，WLDA 方法相应比例为 22%。

图 6-5(a)当横轴坐标超过 20%后，WLDA 和 Basic Auralist 方法的曲线接近重合并接近纵坐标值 1，不便于细致比较，因此图 6-5(b)给出微观比较，横坐标范围从 0%到10%。图 6-5(b)显示 WLDA 结果中约 85%训练社区排名不低于前 10%，Basic Auralist 为 78%而 LDA 为 70%。综合图 6-5(a)和图 6-5(b)，WLDA 在推荐准确性上优于其他两种方法，因为 WLDA 方法考虑了用户与社区交互的强度；Basic Auralist 通过引入基于项的协同过滤思想，其推荐准确性优于 LDA 方法。

6.3.3　推荐新颖性评价

本小节使用流行度（popularity）和覆盖率（coverage）两种标准[84]，衡量 WLDA、新颖度计算方法（算法 6-2）和 B-Aware Auralist[79]这三种方法的推荐新颖性。流行度标准认为推荐结果中流行度低的项越多，则推荐方法新颖性越高。一般情况下独立的项会在不同用户的推荐列表中重复出现；覆盖率标准认为推荐结果中独立的项越多，则推荐方法新颖性越高。

图 6-6(a)为三种方法推荐结果在流行度标准上的表现，横轴为由社区成员数体现的流行度，纵轴为累积分布。其中 "raw data" 指数据集中社区真实流行度的分布，由该曲线可知，数据集中 90%的社区其成员数不超过 5000。WLDA 仅有约 10%的推荐社区成员数不超过 5000，即该方法推荐的社区中约 90%是流行度在前 10%的社区；B-Aware Auralist 方法推荐结果中 80%是流行度前 10%的社区；算法 6-2（Our Novelty）的相应比值为 70%。

数据集中 95%的社区其成员数不超过 10,000，如图 6-6(a)所示，WLDA 推荐结果中 60%为流行度前 5%的社区；B-Aware Auralist 推荐结果中 40%为流行度前 5%的社区；Our Novelty 的相应比值为 30%。

图 6-6(a)反映出 Our Novelty 在流行度标准上优于对比方法。同时该实验结果反映出小众不流行的社区相对而言更难出现在推荐列表中，比如 90%的社区流行度较低（成员数不超过 5000），但仅占 WLDA 推荐结果的 10%、B-Aware Auralist 结果的 20%和 Our Novelty 结果的 30%。

图 6-6(b)为三种方法在覆盖率标准上的表现，横轴为用户推荐列表长度，纵轴为覆盖率，如 WLDA 曲线上的点（1, 0.05）表明，该方法所有 top-1 推荐列表中包含的独立社区占社区总数的 5%，换言之，该方法为 252,993 个用户推荐的 252,993 个社区中（每个用户推荐一个社区），独立社区约为 11 个（229×0.05）。在 top-1 推荐场景下，B-Aware Auralist 方法覆盖率为 25%，Our novelty 为 44%。在 top-10 推荐场景下，WLDA 覆盖率约为 30%，另外两种方法分别为 60%和 70%（Our novelty）。

图 6-6(b)表明在覆盖率标准上，Our novelty 优于对比方法。

WLDA 单纯追求推荐准确性而忽略了新颖性，因此过分倾向于推荐流行度高的社区，同时覆盖率低，在新颖性衡量标准下远逊于另外两种方法。Our novelty（算法 6-2）在新颖性上优于 B-Aware Auralist，因为前者利用了用户-社区全域关系，而后者忽略了社区间通过交互形成的关联；B-Aware Auralist 新颖性上优于 WLDA，因其利用了社会网络中的用户节点的聚类因子（clustering coefficients）进行新颖性推荐。

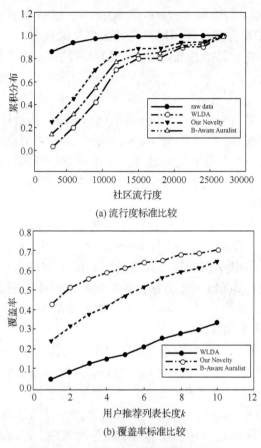

(a) 流行度标准比较

(b) 覆盖率标准比较

图 6-6　三种方法推荐新颖性比较

6.3.4　推荐综合评价

本小节从推荐准确性和新颖性两个方面综合评价 UCTR 和 Auralist 方法，使用的准确性评价标准与 6.3.2 节相同，新颖性标准为覆盖率。Auralist 用参数 λ 通过线性叠加融合 Basic 和 B-Aware Auralist，如文献[79]所述将该参数值设为 0.2。本章所提的 UCTR 方法没有额外参数。实验结果如图 6-7 所示。

UCTR 在新颖性（覆盖率）上优于 Auralist，但 Auralist 在准确性（微观 top-k 推荐效果）上略优于 UCTR。造成上述结果的原因是 UCTR 方法更强调推荐结果的新颖性，而 Auralist 方法通过将参数 λ 设定为比较小的值（0.2），使得其推荐结果更偏向准确性。

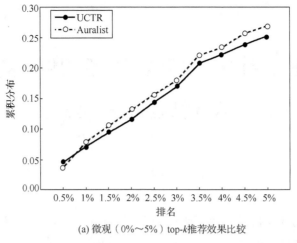

(a) 微观（0%～5%）top-k推荐效果比较

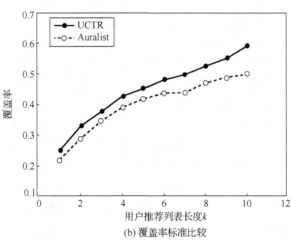

(b) 覆盖率标准比较

图 6-7　UCTR vs Auralist

6.4　结　　论

Web 社区自身的特性决定了用户–社区全域关系存在且可用于新颖性社区推荐。本章方法通过在 WLDA 方法引入用户–社区交互的强度，在 LDA 基础上进一步提高推荐的准确性。本章定义了社区新颖度，通过挖掘用户交互所产生的社会网络，为目标用户确定候选新颖性社区。在社区新颖度计算过程中，利用了社区的流行度、从社区–社区交互得来的用户–社区语义距离，以及该网络中其他用户与候选社区的交互行为。最终，本章方法计算每个候选新颖性社区的 UCTR 值，并根据该值进行新颖性社区推荐。本章所提的 WLDA 方法在准确性上优于对比方法，算法 6-2 所提新颖度计算方法在推荐新颖性上优于对比方法，UCTR 方法则在准确性和新颖性之间达到合理的平衡。

第 7 章　基于用户-社区全域关系闭包的高效均衡性 Web 社区推荐方法

7.1　引　　言

　　Web 社区作为社交网络的重要组成部分正持续高速增长。为解决海量 Web 社区带来的信息过载问题，社区推荐通过信息过滤帮助用户选择有价值的社区加入。已有大多数推荐方法属于准确性推荐，该类方法旨在提高推荐准确度，认为推荐结果与用户历史偏好越接近，准确度越高且推荐效果越好。但单纯追求高准确度会降低推荐系统质量[86]。在社区推荐场景下，准确性方法存在以下两方面问题：①用户可能对准确性推荐结果不满。准确性方法旨在推荐与用户历史偏好接近的社区，且同时倾向于推荐大众流行的社区[87]，则用户可能因为已知被推荐的社区而产生不满；②社区提供商可能对准确性推荐结果不满。准确性推荐对大众流行社区的倾向，会产生马太效应，使得小众不流行的社区很难被推荐，而占大多数的小众社区（帕累托法则，即 80/20 法则）却有能力吸引大量用户加入[89]，则社区提供商可能因为小众社区很难进入推荐列表而不满。准确性推荐方法存在的问题，使得新颖性推荐方法逐渐得到关注。新颖性社区指用户有潜在兴趣但不知道的社区[84]。

　　近年来提出的新颖性推荐方法利用用户与推荐项的交互，即用户-项评分矩阵进行新颖性推荐。然而已有新颖性方法大都不适用于 Web 社区推荐，因其存在以下不足：①没有明确定义项的新颖度；②忽视了用户之间的交互；③忽视了社区之间的间接交互。针对以上不足，第 3 章提出将用户-社区全域关系用于新颖性社区推荐，该全域关系代表 Web 社区中客观存在的三种交互，即用户-用户、用户-社区和社区-社区交互。为了更好地在推荐准确性和新颖性之间取得平衡，以进行高质量社区推荐，本章提出一种基于用户-社区全域关系闭包的高效均衡性社区推荐方法。

　　用户-社区全域关系是对 Web 社区中三种交互的初步建模，本章提出利用该全域关系的传递闭包，深入挖掘上述三种交互，旨在更真实地模拟推荐过程，以达到高质量社区推荐的目的。用户-社区全域关系的传递闭包，直观上指用户之间、社区之间以及用户与社区之间的多阶交互。

　　在真实社会网络中，用户之间存在邻域关系，即 1 跳或多跳社会关系，邻域关系基于用户-用户交互产生。用户-用户多阶交互对社区推荐的意义是，目标用户会对与其有邻域关系的用户所加入的社区感兴趣，即邻域用户会对目标用户产生影响[92]。同时，社会关系的跳数（即邻域的阶）反映用户关系的亲疏程度，目标用户会对与其关系更亲近的邻域用户所加入的社区更感兴趣，即邻域用户对目标用户的影响随邻域的阶变化，影响力随跳数的增加而降低且一般不超过 3 跳[96]。

用户–社区多阶交互对社区推荐的意义是，能提供新的客观视角衡量社区对目标用户的新颖度。目标用户通过用户–社区交互"可达"邻域用户加入的社区，用户–社区交互与邻域关系客观构成的路径，既可以保证目标用户对社区有潜在兴趣，也可用于衡量目标用户不知道该社区的可能性，直观上该路径越长目标用户不知道该社区的可能性越大。新颖性社区即用户有潜在兴趣但不知道的社区，而尚未有研究利用前述"路径"衡量社区对目标用户的新颖度，因此用户–社区多阶交互能提供衡量社区新颖度的新角度。

社区–社区多阶交互对社区推荐的意义是，能提高衡量社区对目标用户新颖度的完整性。社区之间通过社区分类节点形成间接交互，同时通过用户形成间接交互。通过分类节点产生的社区–社区交互蕴含主题信息，可用于从社区主题的角度衡量社区对目标用户的新颖度；通过用户形成的社区–社区交互蕴含用户参与社区的信息，可用于从用户行为的角度衡量社区新颖度。直观上利用社区–社区多阶交互可以在社区和目标用户之间形成"闭环"，因此社区–社区多阶交互可用于更完整地衡量社区新颖度。

本章方法强调均衡性推荐，从"数据层面"即通过前述关系的传递闭包，深度融合推荐的准确性和新颖性，因为已有新颖性推荐方法在平衡新颖性和准确性上存在缺陷。准确性是当前衡量推荐质量最重要的指标[111]，因此已有的新颖性推荐方法均要平衡新颖性和准确性，以最终产生推荐结果。已有方法的缺陷在于"割裂"处理推荐项固有的新颖性和准确性，产生缺陷的原因则是这些方法大都从"方法层面"平衡新颖性和准确性。如文献[87]以"优化问题"的形式取得新颖性和准确性之间的平衡：首先设计旨在最大化推荐新颖性的目标函数，然后在一定的准确性约束下优化该目标函数；文献[79]以"参数控制"的形式取得平衡，即"$\alpha \times$ 准确性 $+ (1-\alpha) \times$ 新颖性"。从"方法层面"平衡新颖性和准确性，会导致推荐项的准确性和新颖性衡量相互独立（"割裂"），然而准确性和新颖性是同时存在于推荐项的两种性质，这种割裂式的处理并不合理。

本章方法同时强调推荐的效率，通过提出包含离线建模和在线推荐的方法框架，减少在线推荐的计算量和保证在线计算的低复杂度，以达到高效推荐的目标。

为了进行高效的均衡性 Web 社区推荐，本章提出基于用户–社区全域关系传递闭包的 NovelRec 推荐方法。该方法根据用户–用户多阶交互建模用户邻域，根据用户–社区交互建模用户之间的主题关联，根据社区–社区交互建模社区之间的主题关联。NovelRec 将邻域用户（与目标用户有邻域关系）加入的社区，作为目标用户的候选社区；通过衡量目标用户与候选社区的距离，计算候选社区的新颖度；根据目标用户与其邻域用户的主题关联，计算候选社区的准确度。在此基础上，该方法最终进行均衡性社区推荐，兼顾推荐结果的准确性和新颖性。本章主要贡献如下。

（1）提出新颖性社区推荐方法 NovelRec，利用用户-社区全域关系的传递闭包，通过多阶邻域交互计算，确定目标用户对候选社区的潜在兴趣，并使得候选社区尽可能远离目标用户，从而提高推荐的新颖性；同时利用邻域用户的行为，及其与目标用户在主题上的关联，兼顾推荐的准确性。

（2）提出一种用户-社区距离度量方式，在该距离基础上定义并计算社区的新颖度；基于用户-社区全域关系的传递闭包，该距离充分考虑社区与目标用户之间存在的不同路径，能被用于客观衡量社区对目标用户的新颖度。

（3）提出将用户之间在邻域和主题上的关联，离线建模到邻域用户相似度矩阵，旨在减少在线推荐的计算量，并保证在线计算的低复杂度。

（4）豆瓣社区数据上的实验结果表明 NovelRec 在新颖性度量标准上均优于已有方法；验证了高质量均衡性推荐需要考虑"三度影响理论"；表明 NovelRec 能保证推荐结果的准确性。

7.2　NovelRec 方法

Web 社区中存在用户、社区和社区分类（Taxonomy）三种对象，以及对象之间的三种交互关系。用户通过交互形成的关系网络，其邻接矩阵记为 A。用户-社区交互由矩阵 R 记录，$R_{q,i}$ 反映用户 u_q 在社区 c_i 内的活跃程度。社区之间通过社区分类（主题）产生的间接交互，由社区分类树 T 记录。

图 7-1 为 Web 社区示意图，交互网络中标出了目标用户 u_q 的各阶邻域（定义 7-1）；矩阵 R 记录用户-社区交互，用户-社区边的粗细反映矩阵元素值的大小，即用户在社区的活跃程度；社区分类树 T 中社区为叶子节点，分支节点为社区分类，社区之间通过分类节点产生主题上的间接交互。人工分类广泛存在且呈树状结构[97]，如 Amazon 为其商品提供的分类①；Web 社区提供商对社区的人工分类蕴含社区的主题信息。

用户-社区全域关系 $M = (X, X, G)$，其中集合 $X = \{user, community\}$，$G = X \times X$，M 对应二元关系"交互"（第三章定义 3-1）。全域关系本身是传递关系，则集合 X 上的全域关系 M 是 X 上的传递关系。关系 M 是传递的，因此 $t(M) = M$，$t(M)$ 为 M

---

① http://www.amazon.com/gp/site-directory/ref=sa_menu_top_fullstore

的传递闭包。因为 M 是集合 X 上的二元关系，所以 $t(M) = \bigcup_{t=1}^{\infty} M \cup M^{(2)} \cup M^{(3)} \cup \cdots$，由此可知，$t(M)$ 的直观意义为用户–用户、用户–社区和社区–社区的"多阶交互"。

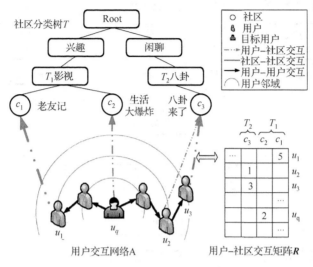

图 7-1　Web 社区示意图

本节首先给出 NovelRec 的方法框架；然后描述对用户邻域、邻域用户相似度和社区主题距离的建模；在离线建模基础上，描述该方法的在线推荐部分；本节最后分析了 NovelRec 方法的复杂度和用户冷启动问题。

7.2.1　方法框架

NovelRec 方法包括离线建模和在线推荐计算两个部分，NovelRec 方法框架如图 7-2 所示。离线部分从用户交互网络中建模用户邻域；结合用户–社区交互矩阵与社区分类树建模用户主题相似度；结合用户邻域和主题相似度建模邻域用户相似度矩阵；通过社区分类树建模社区–社区主题距离。离线部分将用户之间在邻域和主题上的关联，映射到邻域用户相似度矩阵，使得单个用户的推荐计算量分别与用户数量、社区数量线性相关，从而保证在线方法的低复杂度（详见 7.2.4 节）。

NovelRec 在线部分首先利用邻域用户相似度和用户–社区交互矩阵，进行邻域交互计算。邻域交互计算过程中，在线推荐算法确定目标用户的候选社区、邻域用户在候选社区中的参与度，以及候选社区的推荐准确度；同时利用社区–社区主题距离和用户–社区交互，分别计算目标用户与候选社区在主题和邻域上的距离，并将主题和邻域上的较小距离作为两者之间的距离。在此基础之上，在线推荐算法利用该距离与前述参与度计算候选社区的推荐新颖度，最终结合准确度和新颖度计算候选社区的推荐度。表 7-1 描述本章用到的主要符号。

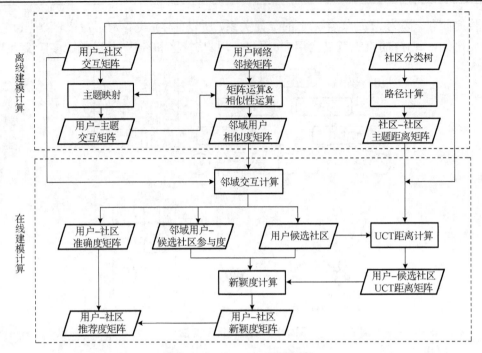

图 7-2　NovelRec 方法框架

表 7-1　主要符号描述

符号	描述	符号	描述
U	用户集合,$\|U\|=m$	R'	用户-主题交互矩阵
C	社区集合,$\|C\|=n$	NS^h	h 阶邻域用户相似度矩阵
A	用户交互网络邻接矩阵	CD	社区-社区主题距离矩阵
R	用户-社区交互矩阵	C_q	目标用户 u_q 的候选社区集合
T	社区分类树	AR	用户-社区准确度矩阵
$N^h(u_q)$	用户 u_q 的 h 阶邻域	NR	用户-社区新颖度矩阵
N^h	h 阶邻域矩阵	NREC	用户-社区推荐度矩阵

7.2.2　离线建模计算

1. 用户邻域建模

　　本小节利用用户交互网络邻接矩阵 A 建模用户邻域,邻域反映用户-用户多阶交互。Fowler 和 Singla 等人[92,96]提出如果用户间存在直接或间接的交互,其行为和兴趣等会相互影响。用户邻域反映用户间的交互关系,因此本文根据邻域将目标用户有潜在兴趣的社区作为其候选社区。

邻接矩阵 A 为布尔矩阵，如果用户 u_q 与 u_i 之间存在交互则 $A_{qi}=1$，否则 $A_{qi}=0$。用 $A^{(h)}$ 表示布尔运算下 A 的 h 次方：$A^{(1)}=A$；$A_{qi}^{(h)}=1$ 表示交互网络中存在从 u_q 到 u_i 长度为 h 的路径，$A_{qi}^{(h)}=0$ 则表示不存在该路径。

定义 7-1：h 阶邻域。用户交互网络中用户 u_q 的 h 阶邻域定义为用户集合 $N^h(u_q)=\{u_i\mid N_{qi}^h=1,u_i\in U\}$，其中 h 阶邻域矩阵 $N^h=\begin{cases}A, & h=1\\ A^{(h)}\wedge\neg\vee_{k-1}^{h-1}N^k, & h=2,3,\cdots,h_{\max}\end{cases}$。

定义 7-1 中 N^h 为 m 阶方阵，m 为用户数量（表 7-1），N^h 非零元素记录所有用户的 h 阶邻域用户，若 $u_i\in N^h(u_q)$ 则 $N_{qi}^h=1$，否则 $N_{qi}^h=0$。当 $h=2,3,\cdots,h_{\max}$ 时，$N_{qi}^h=1$ 当且仅当 $A_{qi}^{(h)}=1$ 同时 $\vee_{k=1}^{h-1}N_{qi}^k$；u_i 属于 u_q 的 h 阶邻域，当且仅当用户交互网络中存在从 u_q 到 u_i 长度为 h 的路径，同时不存在长度小于 h 的路径，即 u_i 只能属于 u_q 的某一个特定邻域。结合图 7-1，有 $u_1\in N^2(u_q)$，$N_{q1}^2=1$；$u_2\in N^2(u_q)$，$N_{q2}^2=1$；$u_3\in N^3(u_q)$，$N_{q3}^3=1$。如果 $u_i\in N^h(u_q)$，称 u_i 为 u_q 的 h 阶邻域用户，例如 u_1 和 u_2 均为 u_q 的 2 阶邻域用户。

用户邻域由邻接矩阵 A 决定，A 的小规模变动不会显著影响 N^h。不妨设邻接矩阵发生小规模变动：元素 A_{qi} 由 0 变为 1，即 u_i 变为 u_q 的 1 阶邻域用户。则仅邻域包含 u_q 的用户 u_x 受到影响：$u_q\in N^h(u_x)\to u_i\in N^{h+1}(u_x)$，即如果 u_q 为 u_x 的 h 阶邻域用户，则 u_i 会变为 u_x 的 $h+1$ 阶邻域用户。邻域不包含 u_q 的用户不受影响。同理新用户邻域如果发生明显变化，只会对邻域包含该新用户的其他用户产生影响。

邻接矩阵 A 的变动在一定时间（Δt）内累积，会造成 N^h 的剧烈变动。要保证 NovelRec 方法有效，需要估算 Δt 内 A 的变化程度，从而判断是否需要更新 N^h：例如 Δt 时间内如果 A 的每一行元素均发生变化，则需要更新 N^h。邻接矩阵随时间的变化可根据密度幂律分布（densification power law）[98] 估算。根据该分布有 $e(t)\propto n(t)^\alpha$，$e(t)$ 为 t 时刻图的边数，$n(t)$ 为节点数，则 t 时刻 $\alpha=\log_{n(t)}\big(e(t)\big)$。用 $n(t+\Delta t)$ 表示 $t+\Delta t$ 时刻的节点数，则该时刻边数为 $n(t+\Delta t)^\alpha$。令 $\Delta\text{avgIncdgr}=n(t+\Delta t)^\alpha-n(t)^\alpha/n(t+\Delta t)^\alpha$，$\Delta\text{avgIncdgr}$ 为 $t+\Delta t$ 时刻节点度数的平均增加值，例如 $\Delta\text{avgIncdgr}=1$ 表明宏观上图中每个节点的度平均加 1、邻接矩阵中 $n(t+\Delta t)$ 个元素发生变化。因此通过 $\Delta\text{avgIncdgr}$ 可估算 A 的变化并判断是否需要更新 N^h，且该判断仅需观测节点数量的变化。

2. 邻域用户主题相似度建模

本小节利用社区分类树、用户-社区交互以及用户邻域，建模邻域用户相似度矩阵，该矩阵对保证在线推荐计算的低复杂度有重要意义（7.2.4 节）；相比传统相似度建模，该建模能提高相似度的有效性，并减少计算开销。

　　数据稀疏问题，导致基于共同评分项的传统建模方法[76,90,99]不能准确地反映用户之间的相似度[59]。实际系统中用户-推荐项评分矩阵密度（非零元素所占比例）通常小于 1%[59]，如本节所用数据集中用户-社区交互矩阵 R 密度仅为 0.79%，从而共同评分项所占比重较小，会导致大量用户间的相似度无法衡量。本小节利用用户之间以社区分类树为桥梁的主题关联，建模用户主题相似度，首先定义用户-主题交互矩阵如下。

　　定义 7-2：用户-主题交互矩阵 R'。 定义用户-主题交互矩阵 R' 记录用户与社区分类的交互，其矩阵元素 $R'_{qI} = \sum R_{qi}, c_i \in T_I$，其中 $c_i \in T_I$ 表示该社区属于分类节点 T_I，且 T_I 在社区分类树 T 中处于 $h(T)-1$ 层。

　　其中 $h(T)$ 表示分类树的高度，不妨约定根节点处于第 1 层，叶子节点即社区处于 $h(T)$ 层，则 $h(T)-1$ 层分类节点反映最具体的社区主题，如图 7-1 所示的 T_1 和 T_2。定义 7-2 将用户与社区的交互，映射为用户与主题的交互。

　　实际应用中推荐项的数量远大于其分类的数量[97]，因此相比于传统方法，基于 R' 建模用户主题相似度有两点优势：①主题相似度的有效性更高，因为 R' 密度大于 R 则 R' 中的共同评分项多于 R，如本节数据集中 R' 密度为 8.6%而 R 密度仅为 0.79%；②主题相似度计算开销更小，因为开销由矩阵列的数量决定，如本节数据集中 R 列数量为 1041 而 R' 仅为 67，则利用 R' 能减少约 94%的计算开销。

　　在用户-主题交互矩阵 R' 的基础上，本小节建模邻域用户主题相似度如下。

　　定义 7-3：邻域用户主题相似度。 用户与其 h 阶邻域用户之间基于社区主题的相似度由矩阵 NS^h 记录，矩阵元素 $NS^h_{qi} = \text{sim}(R'_q, R'_i)$ 表示用户 u_q 与 u_i 之间的主题相似度，其中 $u_i \in N^h(u_q), h = 1, 2, \cdots, h_{\max}$，$R'_q$ 和 R'_i 分别为矩阵 R' 中 u_q 和 u_i 对应的行向量，$\text{sim}(R'_q, R'_i)$ 表示两向量间的相似度。

　　因为针对有邻域关系的用户进行相似度建模，定义 7-3 能节省一部分计算开销。传统方法针对全体用户计算相似度，需 $m(m-1)/2$ 次相似性计算，m 为用户数量；而邻域用户所需计算次数为所有 N^h 的非零元素个数之和，本文数据集中，当 $h_{\max} = 3$ 时邻域用户相似度计算次数减少约 20%。实验部分 7.3.1 节将详细讨论 $h_{\max}$ 的取值。

　　3. 社区主题距离建模

　　Web 社区通过社区分类树的分类节点产生主题上的间接交互，本小节利用该交互建模社区之间基于主题的距离。社区之间的主题距离将用于度量用户与社区之间的距离，以及计算社区新颖度。

　　本小节利用上述间接交互建模社区之间的主题距离，如定义 7-4 所示。

　　定义 7-4：社区-社区主题距离。 $\forall c_i, c_j \in C$，若 $c_i \in T_i, c_j \in T_j$，定义 c_i 与 c_j 的主题距离 $CD_{ij} = 2^{(h(T)-l-1)}$，该距离为 T_i 与 T_j 在社区分类树 T 中的距离，T_i 与 T_j 在 T 中

处于 $h(T) - 1$ 层，在 T 的第 l 层拥有共同祖先节点。矩阵 CD 记录 C 中所有社区间的主题距离。

定义 7-4 中 $c_i \in T_i$ 表示 T 中社区属于分类节点 T_i，$h(T)$ 为 T 的高度。不妨约定 $\forall 1 \leq i \leq n, \text{CD}_{ij} = 0$，则 n 阶方阵 CD 为对角线元素均为零的对称矩阵，因此只需建模该矩阵的"上三角"部分。结合图 7-1，$h(T) = 4$，社区 c_1 和 c_2 在 T 的第 3 层拥有共同祖先节点 T_1，则 $\text{CD}_{12} = 2^{(4-3-1)} = 1$；同理，$\text{CD}_{13} = 2^{(4-1-1)} = 4$，$\text{CD}_{23} = 2^{(4-1-1)} = 4$。

7.2.3　在线推荐计算

本节通过邻域交互计算确定目标用户候选社区的推荐准确度；在邻域交互计算中结合社区-社区距离矩阵,确定候选社区的推荐新颖度；最终进行均衡性社区推荐,兼顾推荐的准确性和新颖性。

1. 社区准确度计算

基于用户–社区全域关系的传递闭包,本节通过邻域交互计算,即邻域用户相似度矩阵与用户–社区交互矩阵的乘法,确定目标用户的候选社区,并计算候选社区的准确度。

本节依据 Fowler 和 Singla 等人[92,96]提出的用户行为理论确定候选社区：目标用户会对与其有直接或间接交互的用户所加入的社区感兴趣,因此 NovelRec 通过邻域交互计算将邻域用户加入、且目标用户未加入的社区作为其候选社区。用户候选社区的定义如下。

定义 7-5：用户候选社区。目标用户 u_q 的候选社区集合 $C_q = \{c_i \mid \exists 1 \leq k \leq m, R_{ki} \neq 0 \wedge \text{NS}_{qk}^h \neq 0 \wedge R_{qi} = 0\}$，其中 $1 \leq q, k \leq m, m = |U|, c_i \in C, h = 1, 2, \cdots, h_{\max}$。

定义 7-5 中 $R_{ki} \neq 0$ 表示用户 u_k 已加入社区 c_i（存在交互）；$\text{NS}_{qk}^h \neq 0$ 表示 u_k 是 u_q 的直接或间接交互用户（邻域用户）,且两用户的主题相似度不为 0；$R_{qi} = 0$ 表示 u_q 未加入社区 c_i。该定义表明 NovelRec 确定候选社区时同时考虑邻域和主题上的关联：c_i 成为 u_q 的候选社区,必须要有 u_q 的邻域用户加入该社区,且邻域用户与 u_q 的相似度不为零。

邻域交互计算通过 1 次矩阵乘法 $\text{NS}^h \cdot \boldsymbol{R}$，可确定由 h 阶邻域决定的用户候选社区,命题如下。

命题 7-1：$\forall 1 \leq q \leq m, 1 \leq i \leq n$，如果 $R_{qi} = 0$，则 $(\text{NS}^h \cdot \boldsymbol{R})_{qi} \neq 0 \rightarrow c_i \in C_q$。

证明：$\forall 1 \leq q \leq m, 1 \leq i \leq n, (\text{NS}^h \cdot \boldsymbol{R})_{qi} = \sum_{k=1}^{m} \text{NS}_{qk}^h R_{ki}$。若 $(\text{NS}^h \cdot \boldsymbol{R})_{qi} \neq 0$，则 $\exists 1 \leq k \leq m, \text{NS}_{qk}^h \neq 0 \wedge R_{ki} \neq 0$。给定 $R_{qi} = 0$，则从 $(\text{NS}^h \cdot \boldsymbol{R})_{qi} \neq 0$ 可推导出 $\exists 1 \leq k \leq m, R_{ki} \neq 0 \wedge \text{NS}_{qk}^h \neq 0 \wedge R_{qi} = 0$。因此 $(\text{NS}^h \cdot \boldsymbol{R})_{qi} \neq 0 \rightarrow c_i \in C_q$，命题得证。

在确定用户候选社区后，利用协同过滤[76]以及社会化推荐[59]思想进行准确度计算：u_q 的邻域用户与其相似度越大，且邻域用户在候选社区 c_i 中越活跃，则 c_i 对 u_q 的准确度越高。同时考虑到 u_q 对 c_i 的兴趣来源于其邻域用户的影响，而影响力会随着 h（距离）的增加而降低[96]。综合以上因素，定义用户-社区准确度如下。

定义 7-6：用户-社区准确度。定义候选社区 c_i 对目标用户 u_q 的准确度 $AR_{qi} = \sum_{h=1}^{h_{max}} \sum_{u_k \in N^k(u_q)} NS_{qk}^h R_{ki} / 2^{(h-1)}$，用户-社区准确度矩阵 $AR = \sum_{h=1}^{h_{max}} NS^h \cdot R / 2^{(h-1)}$，其中 $\forall 1 \leqslant q \leqslant m, 1 \leqslant i \leqslant n, R_{qi} \neq 0 \rightarrow AR_{qi} = 0$。

定义 7-6 中 AR_{qi} 的公式反映前述协同过滤思想：邻域用户 u_k 与 u_q 相似度即 NS_{qk}^h 越大、u_k 在候选社区 c_i 中越活跃即 R_{ki} 越大，则候选社区准确度 AR_{qi} 越大；$\sum_{h=1}^{h_{max}}$ 表示考虑 u_q 的 $1 \sim h_{max}$ 阶邻域，不同阶邻域用户行为对准确度的影响随衰减因子 $1/2^{(h-1)}$ [96] 变化。用户-社区准确度矩阵 AR 为 $m \times n$ 矩阵，由邻域交互计算 $NS^h \cdot R$ 得到；对 AR 的约束 $\forall 1 \leqslant q \leqslant m, 1 \leqslant i \leqslant n, R_{qi} \neq 0 \rightarrow AR_{qi} = 0$，旨在满足命题 7-1 的条件 $R_{qi} = 0$，从而保证 AR 中所有非零元素均为候选社区对用户的推荐准确度，换言之用户与其已加入社区对应的矩阵元素值必为 0。定义 7-6 对 AR_{qi} 的定义与矩阵 AR 定义保持一致：根据 AR 定义，$AR_{qi} = \sum_{h=1}^{h_{max}} \sum_{k'=1}^{m} NS_{qk'}^h R_{k'i} / 2^{(h-1)}$，而 $NS_{qk'}^h = 1 \rightarrow u_{k'} \in N^k(u_q)$，则 $\sum_{k'=1}^{m} NS_{qk'}^h R_{k'i} = \sum_{u_k \in N^k(u_q)} NS_{qk}^h R_{ki}$，即 $AR_{qi} = \sum_{h=1}^{h_{max}} \sum_{u_k \in N^k(u_q)} NS_{qk}^h R_{ki} / 2^{(h-1)}$。

根据定义 7-5 和定义 7-6，NovelRec 的社区准确度计算利用了前述传递闭包所蕴含的两种交互，即用户-用户和用户-社区多阶交互。目标用户的候选社区，由其邻域用户（用户-用户多阶交互）所加入的社区（用户-社区多阶交互）组成；候选社区的准确度，由各阶邻域用户（用户-用户多阶交互）在候选社区中的行为（用户-社区多阶交互）所决定，且不同阶邻域用户行为所产生的影响不同。用户-社区准确度计算过程详见算法 7-2。

2. 社区新颖度计算

本节计算候选社区对目标用户的推荐新颖度：在用户-社区全域关系的传递闭包基础上，提出一种用户社区距离度量方式，并进一步计算候选社区对目标用户的新颖度。

新颖性社区指用户有潜在兴趣但不知道的社区[84]。目标用户对邻域交互计算所确定的候选社区（定义 7-5）有潜在兴趣，因此新颖度计算从以下三个方面衡量目标用户不知道候选社区的可能性：①目标用户与候选社区的距离；②邻域用户在候选社区中的参与度；③候选社区的流行度。新颖度计算假设候选社区与目标用户距离越远、加入社区的邻域用户数量越少（参与度低）、社区越不流行，目标用户不知道候选社区的可能性越大，候选社区对目标用户的新颖度越高。

本节首先考虑候选社区与目标用户的距离。回顾图 7-1，不妨假设图中 c_3 为 u_q 的候选社区，可以观察到 u_q 既能通过已加入的社区 c_2 经社区分类节点到达 c_3，也可以通过其邻域用户 u_2 和 u_3 到达 c_3。如本章引言部分所述，通过上述两条不同的路径，候选社区和目标用户之间直观上形成"闭环"，利用该闭环可以更完整地衡量候选社区的新颖度。本质上，目标用户通过邻域用户到达候选社区的路径，由用户-用户和用户-社区多阶交互构成，目前尚未有研究将该种路径用于社区推荐；在此基础上，社区-社区多阶交互补充目标用户到达候选社区的另一种路径，可以提高衡量候选社区新颖度的完整性。

仍考虑图 7-1 中 c_3 为 u_q 的候选社区，依托社区分类树，u_q 与 c_3 存在主题距离，同时基于用户邻域，u_q 与 c_3 存在邻域距离。

定义 7-7：用户-社区邻域距离。 用户 u_q 与其候选社区 c_i 的邻域距离 ND_{qi}，定义为 u_q 所有加入社区 c_i 的邻域用户与 u_q 的最短距离，$\mathrm{ND}_{qi} = \min\{h \mid u_k \in N^h(u_q) \wedge R_{ki} \neq 0, h = 1, 2, \cdots, h_{\max}\}$。

其中 $R_{ki} \neq 0$ 表示 u_k 与社区 c_i 存在交互。用户-社区邻域距离由目标用户的邻域用户在候选社区中的行为决定，即由用户-用户以及用户-社区多阶交互构成。以图 7-1 为例，u_q 加入 c_1 的邻域用户为 u_1 且 $u_1 \in N^1(u_q)$，则 $\mathrm{ND}_{qi} = 2$；u_q 加入 c_3 的邻域用户为 u_2 和 u_3 且 $u_2 \in N^2(u_q)$，$u_3 \in N^3(u_q)$，则 $\mathrm{ND}_{qi} = \min\{2, 3\} = 2$。

定义 7-8：用户-社区主题距离。 用户 u_q 与其候选社区 c_i 的主题距离 TD_{qi}，定义为社区 c_i 与 u_q 已加入社区的最小主题距离，$\mathrm{TD}_{qi} = \min\{\mathrm{CD}_{ik} \mid \forall 1 \leq k \leq n, R_{qi} \neq 0\}$。

用户-社区主题距离由社区-社区多阶交互决定，社区-社区主题距离矩阵 CD（见 7.2.2 节）记录 C 中所有社区之间的主题距离。如图 7-1 所示，u_q 加入社区 c_2，则 u_q 与社区 c_1 的主题距离 $\mathrm{TD}_{q1} = \mathrm{CD}_{12} = 1$，$u_q$ 与 c_3 的主题距离 $\mathrm{TD}_{q3} = \mathrm{CD}_{32} = 4$。

目标用户与其候选社区通过社区分类树和用户邻域分别可达（前述"闭环"），即同时存在主题距离与邻域距离，结合社区主题与用户邻域定义用户-社区 UCT（User Community Taxonomy）距离如下。

定义 7-9：用户-社区 UCT 距离。 用户 u_q 与其候选社区 c_i 的 UCT 距离 D_{qi}，定义为两者主题距离与邻域距离的最小值，$D_{qi} = \min\{\mathrm{TD}_{qi}, \mathrm{ND}_{qi}\}$，矩阵 $\boldsymbol{D}$ 记录 U 中所有用户与其候选社区的 UCT 距离。

用户-社区 UCT 距离通过前述两种路径得到，该两种路径由三种多阶交互构成，而三种交互由用户-社区全域关系的传递闭包所蕴含。

仍以图 7-1 为例，对 c_1 而言，如仅考虑邻域关系该社区与 u_q 距离为 2，而 c_1 与 u_q 的主题距离为 1，则 $D_{q1} = \min\{\mathrm{TD}_{q1}, \mathrm{ND}_{q1}\} = 1$。对 c_3 而言，该社区与 u_q 主题距离为 4，而邻域距离为 2，则 $D_{q3} = \min\{\mathrm{TD}_{q3}, \mathrm{ND}_{q3}\} = 2$。

给定通过 h 阶邻域交互计算确定社区 c_j 为用户 u_i 的候选社区，算法 7-1 计算两者之间的 UCT 距离，该算法将被算法 7-2 调用。算法 7-1 第（1）步如果 $D_{ij}=0$，说明 D_{ij} 尚未计算，因为任意用户与社区的 UCT 距离不小于 1，而 0 为 $\boldsymbol{D}$ 在算法 7-2中的初始值；第（2）～（4）步根据定义 7-10 计算 D_{ij}。第（1）步如果 $D_{ij}\neq0$，说明该值在 $h'(h'<h)$ 阶邻域已经计算，且 $D_{ij}=\min\{\mathrm{TD}_{ij},h'\}$，因为 $h'<h$，所以无需再次计算 D_{ij}，跳过第（2）～（4）步，保留已经计算的 D_{ij} 值。

算法 7-1：用户-社区 UCT 距离算法 UCTDistance(u_i,c_j,h)

输入：社区 c_j 为用户 u_i 的候选社区，邻域的阶 h

输出：用户 u_i 与社区 c_j 的 UCT 距离

(1)　　 *If* $D_{ij}=0$

(2)　　　　 *For k where* $R_{ik}\neq0$

(3)　　　　　　 $\mathrm{TD}_{ij}=\min\{\mathrm{CD}_{jk}\}$

(4)　　　　　　 $D_{ij}=\min\{\mathrm{TD}_{ij},h\}$

UCT 距离综合考虑用户与社区之间在邻域和主题上的关联，能客观反映目标用户与候选社区之间的距离。衡量候选社区新颖度的另外两个方面是社区流行度，以及邻域用户在候选社区中的参与度。社区流行度由社区成员数决定。邻域用户在目标用户候选社区中的参与度由矩阵 NH 记录，NH_{qi} 表示加入社区 c_i 的 u_q 的邻域用户数量，即 $\mathrm{NH}_{qi}=|\mathrm{Set}_{qi}|$，而 $\mathrm{Set}_{qi}=\{u_k\mid \mathrm{NS}_{qk}^h\neq0\wedge R_{ki}\neq0,h=1,2,\cdots,h_{\max}\}$，$\mathrm{Set}_{qi}$ 为加入 $c_i(R_{ki}\neq0)$ 且属于 u_q 邻域的用户集合，Set_{qi} 中的用户同时需要保证与 u_q 存在主题关联（$\mathrm{NS}_{qk}^h\neq0$）。

约定参与度矩阵 NH 归一化后的矩阵表示为 $\overline{\mathrm{NH}}$，即 $\forall 1\leq q\leq m,1\leq i\leq n,\overline{\mathrm{NH}}_{qi}=\mathrm{NH}_{qi}/\sum_{k\in[1,n]}\mathrm{NH}_{qk}$；同理 UCT 距离矩阵 $\boldsymbol{D}$ 经过行归一化后的矩阵为 $\overline{\boldsymbol{D}}$，$\overline{D}_{qi}=D_{qi}/\sum_{k\in[1,n]}D_{qk}$；约定 $|c_i|$ 表示该社区成员数，对 $|c_i|$ 归一化得到 $\overline{|c_i|}=c_i/\sum_{k\in[1,n]}c_k$。在前述基础上，本节定义用户-社区新颖度如下。

定义 7-10：用户-社区新颖度。定义候选社区 c_i 对目标用户 u_q 的新颖度 $\mathrm{NR}_{qi}=-\log_2\left(\overline{\mathrm{NH}}_{qi}\cdot\overline{|c_i|}/\overline{D}_{qi}\right)$，用户-社区新颖度矩阵 NR 记录 U 中所有用户与其候选社区之间的推荐新颖度。

因为 NR_{qi}、$|c_i|$ 和 D_{qi} 的取值范围不同，所以对其进行不改变值分布的归一化处理。新颖度公式使用熵的自信息形式（$-\log_2 X$），旨在体现对新颖度的假设：候选社区与目标用户距离越远即 $\overline{D}_{qi}$ 越大、加入社区的邻域用户数量越少即 $\overline{\mathrm{NH}}_{qi}$ 越小、社区越不流行即 $\overline{|c_i|}$ 越小，目标用户不知道候选社区的可能性越大，社区新颖度越高。

在邻域交互计算（矩阵乘法 $\text{NS}^h \cdot \boldsymbol{R}$ ）过程中，增加 1 次加法运算即可得到邻域用户–候选社区参与度；用户–社区 UCT 距离由算法 7-1 得到；社区流行度为已知信息。用户–社区新颖度的计算过程见算法 7-2。

3. 社区推荐度计算

本小节计算候选社区对目标用户的推荐度，该值融合准确度和新颖度，使得候选社区对目标用户新颖的同时保证准确性。该计算强调从数据层面，即利用用户–社区全域关系的传递闭包，深度融合推荐的准确性和新颖性，以达到均衡性推荐的目的。

候选社区的推荐度 NREC 定义如下。

定义 7-11：用户–社区推荐度 NREC。定义候选社区 c_i 对目标用户 u_q 的推荐度 $\text{NREC}_{qi} = \overline{\text{NR}_{qi}} / \overline{\text{AR}_{qi}}$ ，其中 $\overline{\text{AR}_{qi}} = \text{AR}_{qi} / \sum_{k \in [1,n]} \text{AR}_{qk}$ ， $\overline{\text{NR}_{qi}} = \text{NR}_{qi} / \sum_{k \in [1,n]} \text{NR}_{qk}$ ，矩阵 NREC 记录所有用户与其候选社区之间的推荐度。

根据社区推荐度定义，如果 c_i 新颖度较高则 NREC 值较高，准确度较高则 NREC 值较低。该定义使用除法融合准确度和新颖度；此外准确度和新颖度均经过归一化处理，以保证计算在相同数值范围内进行。

NovelRec 在线推荐计算的核心是邻域交互计算 $\text{NS}^h \cdot \boldsymbol{R}$ ，候选社区的确定，候选社区的准确度、新颖度以及推荐度计算都基于该稀疏矩阵乘法。以下给出 NovelRec 在线推荐计算算法，如算法 7-2 所示。该算法分两部分：①第（1）～（8）步为邻域交互计算 $\text{NS}^h \cdot \boldsymbol{R}$ ，即在各阶邻域进行 1 次矩阵乘法；②第（9）～（12）步根据邻域交互计算的结果，计算候选社区的新颖度和推荐度。

算法 7-2：NovelRec 在线推荐算法

输入：邻域用户相似度矩阵 NS^h ，用户社区交互矩阵 $\boldsymbol{R}$
输出：用户–社区推荐度矩阵 UCTR

(1)　*For h=1 to $h_{\max}$*
(2)　矩阵 AR，NR，NH，$\boldsymbol{D}$ 所有元素初始化为 0
(3)　*For i = 1 to m do*
(4)　*For k where $\text{NS}_{ik}^h \neq 0$*
(5)　*For j where $R_{kj} \neq 0 \wedge R_{ij} = 0$*
(6)　$\text{AR}(i, j) = \text{AR}(i, j) + \text{NS}^h(i, k) \cdot R(k, j) / 2^{(h-1)}$
(7)　$\text{NH}(i, j) = \text{NH}(i, j) + 1$
(8)　　　$\text{UCTDistance}(u_i, c_j, h)$
(9)　*For i = 1 to m*
(10)　*For k where $\text{NH}_{ik} \neq 0$*
(11)　$\text{NR}_{ik} = -\log_2 \left(\overline{\text{NH}_{ik} |c_k|} / \bar{D}_{ik} \right)$
(12)　$\text{NREC}_{ik} = \overline{\text{NR}_{ik}} / \overline{\text{AR}_{ik}}$

　　算法第（1）步表示对用户交互网络中 1 到 h_{max} 阶邻域进行邻域交互计算；算法第（3）～（6）步为稀疏矩阵乘法运算；第（3）步按行扫描矩阵 NS^h；第（4）步定位 NS^h 第 i 行中非零元素的列号 k；第（5）步将列号 k 作为矩阵 R 的行号并寻找 R 第 k 行中非零元素；第（6）步为矩阵乘法结果计算。算法第（5）步的判断条件 $R_{ij}=0$ 使得 $NS^h \cdot R$ 可确定用户的候选社区（命题 7-1），并且使得当前用户已加入社区对应的矩阵 AR 元素值必为 0（定义 7-6）；第（6）步累加各阶邻域的 $NS^h(i, k) \cdot R(k, j)/2^{(h-1)}$ 得到 AR_{ij}。算法第（7）～（8）步仍在稀疏矩阵乘法过程中。第（7）步计算 u_i 的 h 阶邻域用户在候选社区 c_j 中的参与度。第（8）步通过最多 $|R_i|$ 次比较运算得到两者之间的 UCT 距离（详见 7.2.4 节复杂度分析）。第（9）～（12）步基于邻域交互计算的结果，计算候选社区的新颖度和推荐度。算法第（9）步按行扫描矩阵 NH 和 D；第 10 步定位 NH 和 D 的第 i 行中的非零元素，如果 $NH_{ik} \neq 0$ 则 c_k 为候选社区；第（11）步计算社区新颖度，其中包括归一化运算；第（12）步计算社区的推荐度。

　　研究表明实际系统中用户和推荐项的数据密度一般小于 1%[108]；本节数据集中 NS^1 密度为 0.013%，NS^2 密度为 0.6%，NS^3 为 9%，R 为 0.79%。算法 7-2 将 NS^h 和 R 处理为稀疏矩阵，使用稀疏矩阵乘法技术 SpGEMM[100][101] 计算 $NS^h \cdot R$，并采用行压缩技术 CRS 进行矩阵存储。

　　算法 7-2 表明了本小节如何利用前述传递闭包，在数据层面对推荐准确性和新颖性进行深度融合。候选社区 c_j 对目标用户 u_i 的准确度和新颖度实际上都在邻域交互计算内部完成：步骤（6）完成准确度计算；虽然步骤（11）完成新颖度计算，但是该步骤需要的 $\overline{NH}_{ik}$ 和 $\overline{D}_{ik}$ 分别由步骤（7）和（8）得到，该两步骤属于邻域交互计算，而 $\overline{|c_k|}$ 为已知信息。更重要的是，邻域交互计算的输入数据都来自于传递闭包所蕴含的三种交互。候选社区的准确度，由各阶邻域用户（用户–用户多阶交互）在候选社区中的行为（用户–社区多阶交互）所决定，且不同阶邻域用户行为所产生的影响不同。候选社区的新颖度计算所需的社区与目标用户的距离，由传递闭包所蕴含的三种多阶交互得到（定义 7-9）；所需的邻域用户在候选社区中的参与度，来源于用户–用户和用户–社区多阶交互。

7.2.4　NovelRec 复杂度分析

　　NovelRec 离线部分的用户邻域建模使用稀疏矩阵乘法技术 SpGEMM 处理邻接矩阵 A（本章数据集中 A 的密度为 0.013%）；$A^{(h)}$ 的计算决定邻域建模的时间复杂度为 $O(flops + nnz(A) + m)$ [101]，其中 flops 指矩阵运算中非零算术运算次数，$nnz(A)$ 为矩阵 A 非零元素数量，m 为 A 的列数量。邻域用户相似度矩阵 NS^h 建模的时间复杂度为 $O(\max\{\max\{nnz(N^h)\}, nnz(R)\})$，其中 $nnz(N^h)$ 和 $nnz(R)$ 表示 N^h 和 R 的非零元素数量；该部分复杂度由 N^h 和 R 的矩阵遍历决定。社区-社区主题距离矩阵 CD 建模的时间复杂度为 $O(n^2)$，n 为社区数量。

在线用户-社区 UCT 距离计算（算法 7-1）最多需要进行 $|R_i|$ 次比较运算，R_i 表示用户-社区交互矩阵 R 的行向量，$|R_i|$ 表示用户 u_i 已加入社区的数量；用户交互社区的数量为常量，因此该算法时间复杂度为 O(1)。算法 7-1 不需要存储中间运算结果，空间复杂度为 O(1)。在线推荐计算（算法 7-2）的时间复杂度为 $O(\text{flops2}+\max\{nnz(NS^h)\}+n)$[101]，其中 flops2 指算法 7-2 中非零算术运算次数，包括该算法第（6）～（8）步中的基本算术运算，$nnz(NS^h)$ 为 h 阶邻域相似度矩阵非零元素数量，n 为社区数量。算法 7-2 需要存储的中间计算结果包括矩阵 AR、NH、NR 和 D。其中 AR、NH、NR 密度相同，非零元素位置严格对应，用 $nnz(AR)$ 表示 AR 的非零元素数量；矩阵 D 的非零元素数量为 $(1+n)n/2$，n 为社区数量。则算法 7-2 的空间复杂度为 $O(nnz(AR)+n^2)$。

算法 7-2 中任意两个用户的在线推荐计算过程相互独立：根据该算法，用户 u_i 候选社区的确定，及其准确度、新颖度以及推荐度在 $NS_i^h \cdot R$ 基础上得到，NS_i^h 表示 NS^h 中 u_i 对应的行向量；换言之 $\forall 1 \leqslant i, j \leqslant m$，$u_i$ 和 u_j 的推荐计算过程相互独立。该独立性质由矩阵乘法性质决定，也因为邻域用户主题相似度矩阵 NS^h 建模了用户之间在邻域、社区以及社区主题上的关联。在线推荐计算的用户间独立性，使得单个用户的推荐计算量与用户数量线性相关。如果实际应用中只需对部分用户（比如 k 个用户）进行计算，则在线部分只需要全局计算量的 k/m。此外，根据矩阵乘法性质，单个用户的推荐计算量与社区数量也线性相关。上述线性相关性质，表明对邻域用户相似度的离线建模，能保证在线推荐计算的低复杂度。

7.2.5　用户冷启动分析

推荐系统向新增加用户推荐社区时会遇到冷启动问题：由于新用户缺乏数据，对其进行推荐难以达到好的效果。冷启动用户可大致分为两类：第一类为无数据的冷启动用户，即新用户与社区和其他用户均无交互；第二类为数据稀疏的冷启动用户，该类新用户与社区和其他用户的交互数据少。针对第一类无数据用户，根据社区流行度（加入社区的成员数量）向其推荐热门社区，因为新用户更有可能对热门流行社区感兴趣。针对第二类冷启动用户，如果 NovelRec 推荐给该类用户的社区不足 k 个（k 为推荐列表长度），提出如下策略补足推荐列表。不妨设 u_q 为第二类用户，且由于缺乏数据 NovelRec 仅向其推荐了 $k'(k'<k)$ 个社区。该策略定位 u_q 已加入社区所属的社区分类集合 $\{T_1, T_2, \cdots, T_a\}$，将属于该分类集合的社区按流行度排序，取出前 $(k-k')$ 个社区补充到 u_q 的推荐列表。7.3.4 节将分析冷启动用户的推荐效果。

7.3　实验及分析

本节由实验数据分析、推荐准确度分析和推荐新颖度分析三部分组成。7.3.1 节对本文使用的豆瓣社区数据进行了展示和分析，包括用户交互网络、用户-社区交互矩阵以及社区成员数等；同时确定用户邻域阶数的上界 h_{max}（定义 7-1）。7.3.2 和 7.3.3 节根据相应度量标准，比较了 NovelRec 与 3 种其他推荐方法[75,79,102]在推荐准确性和推荐新颖性上的表现。本章实验环境如下：Intel(R) Core(TM) i5-2320 3.00GHz 处理器，4GB 内存，Windows 7 旗舰版 64 位操作系统，使用 Java 1.6 语言编写程序，数据库为 MySQL 5.0。

7.3.1　实验数据分析

1. 数据集分析

豆瓣社区是典型的社会网络应用，目前拥有超过 70,000,000 用户和 320,000 社区。本文数据集包括：115,962 个用户，1,041 个社区，949,226 条用户-社区交互记录，1,841,964 条用户-用户交互记录（实验部分使用的用户交互关系为"关注"关系），包含根节点在内共 76 个分类节点，社区分类树 T 中处于 $h(T)$–1 层（定义 7-2），即第 3 层的分类节点数为 67。用户-社区交互记录形式为（Uid, Cid, Rating），Uid 和 Cid 分别为匿名化后用户和社区的标识符，Rating 为用户与社区交互的频度。用户-用户交互记录的形式为（Uid, Uid），即连接用户节点的边。社区记录的形式为（Cid, Pop, Tid），其中 Pop 为社区流行度，Tid 为该社区直属的分类节点。社区分类记录的形式为（Tid, P_Tid），其中 Tid、P_Tid 分布为该分类节点和其父亲分类节点的标识符。

实验部分沿用表 7-1 中的符号描述。用户交互网络的节点数为 115,962，边数为 1,841,964，其中用户最多关注 870 个用户，最少关注 1 个用户。本小节对用户关注的分布进行了统计分析，如图 7-3(a)所示，横轴为用户关注人数，纵轴为拥有相应关注人数的用户数量；在 log-log 标度下其符合幂律（power law）分布，表明用户交互网络具有典型的社会网络特征。图 7-3(b)为用户-社区交互分布，横轴所示的用户加入社区数量即用户交互的社区数量，纵轴为加入相应数量社区的用户数量，用户-社区交互矩阵 R 的密度为 0.79%，其中有 24,746 个用户仅与 1 个社区交互，而单个用户最多与 87 个社区交互；在 log-log 标度下，用户与社区的交互也符合幂律（power law）分布。图 7-3(c)为社区流行度分布，坐标轴为线性标度，横坐标为社区成员数即社区流行度，纵轴为累积分布；社区成员数最大为 349,700，最小为 6。如图所示 80%的社区其成员数不超过 50,000；而成员数超过 100,000 的社区仅占全体社区的 7%，可见本数据集中的社区流行度分布符合帕累托法则，即 80/20 法则。

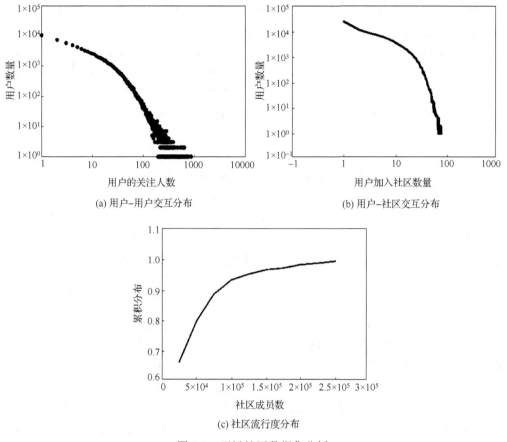

(a) 用户–用户交互分布　　　　　　　　(b) 用户–社区交互分布

(c) 社区流行度分布

图 7-3　豆瓣社区数据集分析

2. 邻域参数确定

用户邻域阶数上界 h_{max}（定义 7-1）的选择对 NovelRec 方法有重要意义：h_{max} 影响用户候选社区集合的大小和在线推荐算法（算法 7-2）的计算量，也对候选社区推荐度计算结果产生影响。本小节根据实验分析选择 h_{max}=3，同时验证了进行高质量均衡性社区推荐需要考虑"三度影响理论"[96]。

定义 7-5 依据社会网络用户行为理论[92,96]，将目标用户 u_q 的 h 阶邻域用户加入且 u_q 未加入的社区 c_i 作为其候选社区：即 c_i 成为候选社区是由于 u_q 受其邻域用户的影响。本小节通过随机抽样和全局统计，分析用户的候选社区集合随邻域阶数上界 h_{max} 的变化，如下表 7-2 所示。表中第 1 列对用户真实 ID 作了匿名处理；第 2～5 列分别为不同 h_{max} 取值下用户候选社区集合 C_q 的大小。

表 7-2　$\left|C_q\right|$ vs $h_{\max}$

目标用户	$\left|C_q\right|(h_{\max}=1)$	$\left|C_q\right|(h_{\max}=2)$	$\left|C_q\right|(h_{\max}=3)$	$\left|C_q\right|(h_{\max}=4)$
u_1	210	747	1003	1019
u_2	340	885	992	1000
u_3	196	788	988	1008
全体用户	9.3%	48.2%	83.5%	84.9%

表 7-2 中前三行为 3 个随机抽取用户的候选社区数量与 $h_{\max}$ 的对应关系，表中数据说明 1 跳至 3 跳关系（$h_{\max}=3$）对用户的候选社区影响明显，同时影响程度随跳数增加而减小。为不失一般性，表 7-2 的第 4 行显示了不同 $h_{\max}$ 下矩阵 AR 密度的变化：AR 的密度变化能反映用户候选社区的变化，因为 AR 非零元素即为用户与其候选社区的准确度（定义 7-6）。数据反映 AR 的密度受 1 跳至 3 跳关系影响较大，而 4 跳关系的影响很小；也反映抽样数据（表 7-2 前三行）与统计数据基本保持一致。以上分析表明均衡性社区推荐需要考虑"三度影响理论"[96]：3 跳以内的邻域关系（$h_{\max}=3$）对推荐影响明显；邻域关系的影响随跳数增加而减小。

7.3.2　推荐准确性分析

本小节比较了 NovelRec 与 3 种对比方法[75,79,102]在推荐准确性上的表现。为便于叙述，实验部分将文献[75]所提方法称为 Orkut，文献[79]称为 Auralist，文献[102]称为 TRelation（Total Relation）。Orkut 为准确性 Web 社区推荐方法，利用 LDA 模型从矩阵 **R** 中计算出用户与社区基于潜在主题的关联，并向目标用户推荐关联度高的社区。Auralist 为新颖性推荐方法，构建以项为节点、项相似度为边的图，则用户已评分的项对应该图的子图；该方法将特定项节点加入目标用户的子图，并以该项的聚集因子作为项对目标用户的新颖度。TRelation 为新颖性推荐方法，通过挖掘用户网络中存在的潜在社团，确定用户的候选新颖性社区，并根据潜在社团中用户的行为计算社区的新颖度。以上 3 种对比方法没有充分利用前述全域关系的传递闭包进行推荐。实验结果表明，NovelRec 方法能保证推荐的准确性。

本小节选择通用的"leave-one-out"[84]方法衡量推荐的准确性。对用户–社区交互矩阵 **R** 中的每个用户，随机从其加入的社区中抽出 1 个（leave one out）作为测试集，**R**_{leave} 为训练集，R_{leave} 表示矩阵 **R** 被抽掉 115,962（**R** 中的用户数）个元素后的矩阵。R_{leave} 的推荐结果中，被抽出的测试社区在对应用户的推荐列表中的排名越高，说明推荐方法越准确。

因为 **R** 中有 24,746 个用户仅交互 1 个社区（7.3.1 节），所以 R_{leave} 中用户数降为 91,216，社区数降为 1,034，则 91,216 个用户的推荐列表中最多出现 1,034 个不同的独立社区。Orkut 和 Auralist 均用到 LDA 模型，为其统一设置 LDA 参数如下：

迭代次数为 1000；主题数 67，与豆瓣数据集保持一致；$\alpha = 2$，$\beta = 0.5$。推荐准确性对比结果如图 7-4 和图 7-5 所示。

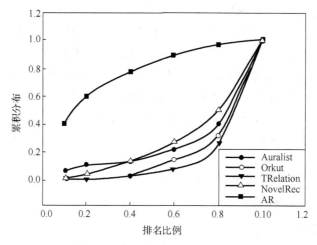

图 7-4　推荐准确性的宏观视图

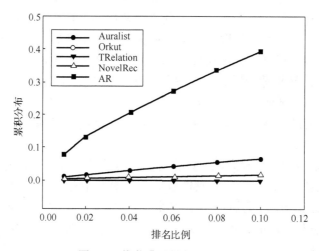

图 7-5　推荐准确性的微观视图

图 7-4 为测试社区排名累积分布的宏观视图，其中 AR 为 7.2.3 节计算的推荐准确度，横坐标 0.1 代表测试社区在对应用户的推荐列表中排名前 10%；100%表示该社区在列表中排名最后。AR 的准确性远高于对比方法，其 40%的测试社区排名比例在前 10%，而 NovelRec 有 1.6%的测试社区排名比例在前 10%，Auralist 有 6.7%的测试社区排名比例在前 10%，Orkut 为 0.46%，TRelation 为 0.42%。宏观视图下排名比例在前 40%时，NovelRec 在准确性上优于 Orkut 和 TRelation，但稍逊于 Auralist；而当排名比例超过 40%时，NovelRec 在准确性上优于所有对比方法。图 7-4 中代表

五种方法的曲线汇聚在点（100%，100%），因为测试社区在所有用户的推荐列表中的排名一定在前 100%（最差情况下排名最后）。图 7-5 为测试社区排名累积分布的微观视图，显示测试社区排名比例在前 1%到 10%的累积分布，其结果与图 7-4 所展示的结果保持一致：排名比例在前 1%到 10%时，NovelRec 在准确性上优于 Orkut 和 TRelation，但稍逊于 Auralist，AR 的准确性远高于所有对比方法。

　　图 7-4 和图 7-5 的结果表明，虽然 NovelRec 在推荐准确性上部分情况（测试社区排名比例在前 40%）下稍逊于 Auralist，但其他情况下均优于 Auralist；且 NovelRec 全局优于 Orkut 和 TRelation。以上说明 NovelRec 能保证推荐的准确性。同时观察到 AR 在准确性上优势明显，说明 7.2.3 节由邻域交互计算确定的社区准确度效果良好。NovelRec 的准确性在部分情况下的劣势，由用户推荐度的计算公式（定义 7-11）造成，即社区的准确性排名被其新颖性排名拉低。虽然 NovelRec 牺牲了一定的推荐准确性，但大大提高了推荐新颖性（详见 7.3.3 节）。

7.3.3　推荐新颖性分析

　　本小节比较上述方法在推荐新颖性上的表现，使用的度量标准为流行度和覆盖率[84]。流行度标准指用户推荐列表中的前 k 个社区的流行度分布，该分布与社区流行度分布（图 7-3(c)）和 k 的取值有关；社区流行度由其成员数衡量。在流行度标准下，如果越多高流行度的社区被推荐，则推荐方法的新颖性越低。覆盖率指进行 top-k 推荐时，用户被推荐的所有社区中独立社区的数量与独立社区总数的比值，该比值越大说明被推荐的独立社区越多。在覆盖率标准下，如果该比值越大，则推荐方法越新颖。实验结果表明在新颖性度量标准，包括覆盖率和流行度上，NovelRec 均明显优于已有方法。

　　在"leave-one-out"比较方法下，推荐用户数为 91,216，社区总数为 1,034；社区流行度分布如图 7-3(c)所示，80%的社区其成员数不超过 50,000；而成员数超过 100,000 的社区仅占全体社区的 7%。图 7-6、图 7-7 和图 7-8 显示了在 top-1、top-5 和 top-10 推荐下，各种方法的推荐结果在社区流行度上的分布，其中 NR 表示 7.2.3 节所计算的社区新颖度。

　　图 7-6 显示，在 top-1 推荐情景下，NovelRec、TRelation 和 NR 在流行度上的表现接近：该 3 种方法推荐的 91,216（被推荐用户数）个社区中 97.7%的流行度不超过 25,000；而全体社区中有 66.6%其流行度不超过 25,000。相比之下 Auralist 所推荐社区中仅 5%其流行度在 25,000 以下；Orkut 相应比例为 0。超过 80%的社区其流行度不超过 50,000，NR 推荐的社区中有 99.4%其流行度在 50,000 以下，NovelRec 有 98.8%在 50,000 以下，TRelation 相应比例为 99.3%；相比之下 Auralist 为 21.3%，而 Orkut 仍为 0。可见在 top-1 推荐情景下，NovelRec、TRelation 和 NR 在流行度上的表现基本接近，且远远好于其他对比方法；Auralist 在流行度上优于 Orkut。图 7-6

同时显示，在进行 top-1 推荐时，Orkut 推荐的社区中有约 15%的社区，其流行度超过 300,000，而这样的社区在全体社区中所占比例小于 0.5%。

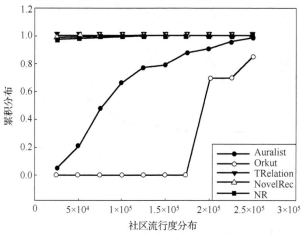

图 7-6　top-1 推荐流行度分布

图 7-7 显示在 top-5 推荐下，各方法在流行度上的表现，此时方法推荐的社区数为 91,216×5=456,080。图 7-7 与图 7-6 显示的情况大体一致，但在 top-5 推荐下，NovelRec 在流行度上稍好于 NR，与 TRelation 接近。NovelRec 推荐的社区中有 97%其流行度在 25,000 以下，NR 为 93.7%；NovelRec 推荐的社区中有 99.2%其流行度在 50,000 以下，NR 为 96.3%。NovelRec、TRelation 和 NR 在流行度上明显优于其他对比方法，Auralist 优于 Orkut。图 7-8 为 top-10 推荐下各方法在流行度上的比较，此时推荐的社区数为 912,160。图 7-8 显示的情况与图 7-7 基本一致，进一步验证了 NovelRec 和 NR 在流行度上优于 Orkut 和 Auralist。

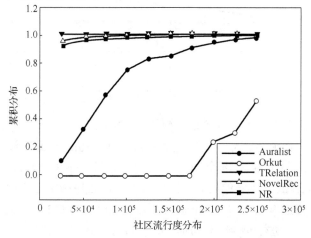

图 7-7　top-5 推荐流行度分布

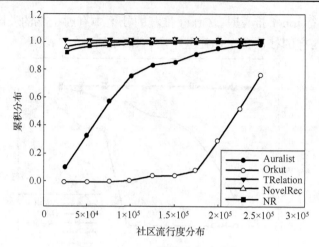

图 7-8　　top-10 推荐流行度分布

图 7-9 显示各方法在覆盖率上的对比结果，横轴的 k 为推荐列表的长度，纵轴为覆盖率的值。NovelRec 在覆盖率上略优于 NR，该两方法在覆盖率上明显优于其他对比方法；Auralist 优于 Orkut 和 TRelation。

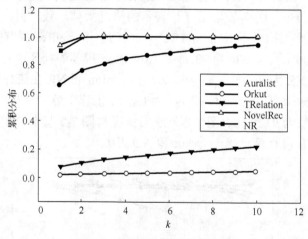

图 7-9　　top-k 推荐覆盖率分布

当进行 top-1 推荐时，91,216 个社区被推荐，NovelRec 推荐了 972 个独立社区，覆盖率为 0.936；NR 推荐独立社区 952 个，覆盖率为 0.921；Auralist 覆盖率为 0.656；TRelation 为 0.0693；Orkut 推荐独立社区 18 个，覆盖率 0.0174。进行 top-3 推荐时，91,216×3=273,648 个社区被推荐，NovelRec 推荐的独立社区数为 1,034，即覆盖率达到 100%；NR 推荐独立社区 1,031 个，覆盖率为 0.997；Auralist 覆盖率 0.81，而 Orkut 覆盖率仍仅为 0.027，推荐独立社区 28 个。进行 top-4 推荐时，364,864 个社区被推荐，NovelRec 覆盖率维持在 100%；NR 的覆盖率达到 100%；Auralist 覆盖率为 0.849。进行 top-10 推荐时，912,160

个社区被推荐，Auralist 覆盖率为 0.95，仍只推荐到 982 个独立社区；而 Orkut 推荐的独立社区仅为 52 个。TRelation 方法虽然有良好的流行度分布，但覆盖率低。

基于以上流行度和覆盖率的对比分析，NovelRec 方法在推荐新颖性上明显优于其他对比方法。根据 7.2.3 节的新颖度定义，该方法推荐在邻域和主题上距离目标用户较远的社区，从而能推荐更多在邻域和主题上较为分散的社区，并得到较高的覆盖率；该方法推荐邻域用户较少参与同时成员数较少的社区，从而能推荐更多相对小众、流行度低的社区。NovelRec 相较于 3 种对比方法能更充分利用 Web 社区特性，从而达到更优的新颖性。

以上对比分析中，部分情况下 NovelRec 在新颖性上甚至优于 NR，如进行 top-5 推荐时，NovelRec 在流行度上稍好于 NR：NovelRec 推荐的社区中有 97%其成员数在 25,000 以下，NR 只有 93.7%的推荐社区其成员数小于 25,000。该情况侧面反映了定义 7-11 会拉低社区的准确度并提高其新颖度，部分解释了 NovelRec 的准确性在部分情况下劣于 Auralist 的现象。

7.3.4　NovelRec 性能分析

本节分析了 NovelRec 方法性能随数据量大小以及数据维度的变化。首先分析了 NovelRec 性能随用户数量的变化，如图 7-10 所示，横轴为用户数量；左纵轴表示 NovelRec 为相应数量用户进行推荐的运行时间，单位为毫秒；右纵轴为相应的社区推荐数量。该部分实验随机取样了 12 组用户，统计了不同用户数量下，NovelRec 的运行时间和推荐社区数量的变化；其中用户数量从 108 逐渐增加到 30,464，对应构成曲线的 12 个数据点。比较两条曲线的变化趋势，社区推荐数量的增幅超过运行时间，说明 NovelRec 可扩展性强，该可扩展性由方法性质决定，即 7.2.4 节所述，单个用户的推荐计算量与用户数量和社区数量均线性相关。

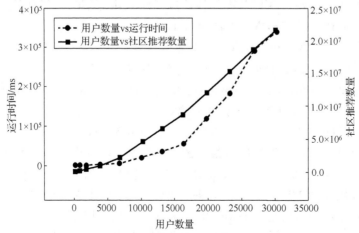

图 7-10　NovelRec vs 用户数量

　　接下来分析 NovelRec 方法性能随不同数据维度的变化。如前文所述 NovelRec 方法利用了 3 个维度的数据，分别为用户-社区交互、用户-用户交互和社区-社区交互维度。应对不同的维度组合，构造 NovelRec 的 4 个基准方法，如表 7-3 所示。NovelRec-CC 方法仅考虑社区-社区交互维度，该方法的推荐度计算公式去除了与用户相关的维度数据。NovelRec-UC 仅考虑用户-社区交互维度，其推荐度计算公式去除了用户-用户交互维度的数据。NovelRec-UUC 不考虑社区-社区交互维度，则计算 AR_{qi} 时去除了用户相似度，计算 NR_{qi} 时去除了主题距离和社区流行度。NovelRec-UCC 不考虑用户-用户交互维度，其推荐度计算公式中去除了邻域和邻域距离。

表 7-3　基于 NovelRec 的基准方法

方法名称	用户-社区交互	用户-用户交互	社区-社区交互	方法描述	推荐度计算公式
NovelRec-CC			✓	仅考虑社区-社区交互维度	$UCTR_{qi} = \overline{\|c_i\|}$
NovelRec-UC	✓			仅考虑用户-社区交互维度	$UCTR_{qi} = AR_{qi} = \sum S_{qk} R_{ki}$
NovelRec-UUC	✓	✓		考虑两种维度的组合	$AR_{qi} = \sum_{h=1}^{h} \sum_{u_s \in N^k(u_s)}^{h} N_{qk}^h R_{ki} / 2^{(h-1)} AR_{qi}$ $NR_{qi} = -\log_2(\overline{NH}_{qi} / \overline{ND}_{qi})$ $UCTR_{qi} = \overline{NR}_{qi} / \overline{AR}_{qi}$
NovelRec-UCC	✓		✓	考虑两种维度的组合	$AR_{qi} = \sum S_{qk} R_{ki}$ $NR_{qi} = \sum -\log_2(\overline{\|c_i\|} / \overline{TD}_{qi})$ $UCTR_{qi} = \overline{NR}_{qi} / \overline{AR}_{qi}$

　　根据 7.3.2 和 7.3.3 节所述度量标准，图 7-11、图 7-13 比较了 NovelRec 及其基准方法的推荐准确性和新颖性。图 7-11 为推荐准确性的宏观视图。因为 NovelRec-UC 退化为准确性推荐方法，所以其准确性最高；NovelRec-UCC 和 NovelRec-UUC 的准确性接近；前述 3 种基准方法在准确性上略优于 NovelRec。NovelRec-CC 缺少用户信息，不能构建测试集和训练集，无法衡量其准确性，因此没有出现在图 7-11 中。7.4.2 节已分析 NovelRec 准确性稍差的原因：社区的准确性排名被其新颖性排名拉低。在流行度和覆盖率标准下，NovelRec 均明显优于其基准方法。NovelRec 能达到更优的推荐新颖性，因其考虑了社区推荐场景下更丰富维度的数据，充分利用了 Web 社区特性。NovelRec-CC 在图 7-12、图 7-13 中对应与横轴"平行"的线条，因为该方法对所有用户均推荐流行度最高的 k 个社区。流行度 top-10 社区的成员数量均超过 300,000，因此图 7-12 中 NovelRec-CC 对应线条的纵坐标均为 0；图 7-13 中当 $k=1$ 时其纵坐标为 1/1034，当 $k=10$ 时其纵坐标为 10/1034=0.97%。

　　本小节同时对冷启动用户的推荐效果进行了实验，构建了由 100 个（实验数据集中用户数量的 0.1%）冷启动用户组成的集合：其中 10 个用户为 7.2.5 节所述第一类无数据的冷启动用户；剩余 90 个为第二类数据稀疏用户。为保证数据稀疏，从本章数据集中随机挑选 90 个用户：保证这些用户仅与 1 个用户存在交互，同时其中 10 个用户仅加入 2 个社区，另外 80 个仅加入 1 个社区。利用 7.2.5 节所述策略对该用户集合进行推荐。

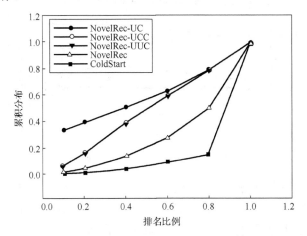

图 7-11　NovelRec 与基准方法宏观准确性比较

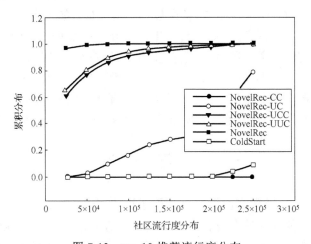

图 7-12　top-10 推荐流行度分布

　　图 7-11、图 7-13 统计了冷启动用户的推荐结果（对应 ColdStart 曲线）。7.3.2 节所述"leave-one-out"方法需要构建测试社区集合，因此准确性衡量只对加入 2 个社区的 10 个用户有效。图 7-11 表明冷启动用户的准确度结果比 NovelRec 和其基准方法差，因为该 10 个用户的数据过于稀疏，导致测试社区的排名很低。图 7-12 表明冷启动用户的推荐社区大多是流行度高的社区，该结果由 7.2.5 节所述推荐策略造成。因为大多数推荐结果集中在流行度高的社区，所以图 7-13 显示新用户推荐结果的覆盖率低。

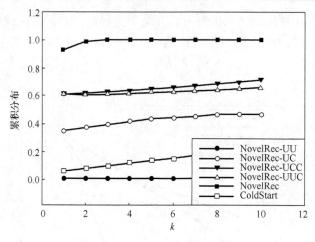

图 7-13　top-*k* 推荐覆盖率分布

　　社区推荐场景下从数据性质的角度，有以下几种特殊用户：①冷启动用户；②仅与社区交互的用户，该类用户仅产生与社区交互的数据，不与其他用户交互；③仅与其他用户交互的用户，该类用户与其他用户进行互动，但不加入社区。针对冷启动用户的推荐策略 7.2.5 节已述；基准方法 NovelRec-UC 仅考虑用户-社区交互维度，NovelRec-UCC 仅考虑用户-社区以及社区-社区交互维度，因此该两种方法可针对上述第 2 种用户进行推荐，用户-用户交互维度数据对该两种方法没有影响；同理 NovelRec-UUC 仅考虑用户-社区以及用户-用户维度数据，可针对上述第 3 种用户进行推荐，该方法不受社区-社区交互维度数据影响。NovelRec 方法集中了上述基准方法的优点，可针对不同的特殊用户进行推荐。同时 NovelRec 方法针对用户数量的变化可扩展性强，如图 7-10 所示。因此 NovelRec 方法拥有良好的鲁棒性。

7.4　结　　论

　　NovelRec 的社区新颖度计算充分利用了用户-社区全域关系传递闭包所蕴含的三种多阶交互，以及社区的自身特性，以提高推荐新颖性；社区准确度计算根据协同过滤和社会化推荐思想，结合用户-用户和用户-社区多阶交互，以保证推荐准确性。NovelRec 通过将用户之间的邻域关系和主题关联，离线建模到邻域用户相似度矩阵中，使得单个用户的推荐计算量分别与用户数量、社区数量线性相关，从而保证方法的低复杂度。实验结果表明 NovelRec 方法在推荐新颖性上优于已有方法：针对不同的推荐列表长度，该方法能提升 5.1% 到 29% 的覆盖率；针对不同的社区流行度，该方法在流行度衡量标准上能提升 1.6% 到 90%。实验结果同时表明该方法能保证推荐结果的准确性。

第 8 章　Web 社区推荐原型系统

8.1　引　　言

Web 社区推荐要建立在有效管理 Web 社区的基础上,社区推荐系统实际上是社区管理系统的一个高级功能,帮助系统用户选择有价值或感兴趣的社区加入。

目前有数个 Web 社区系统研究项目关注 Web 社区中的复杂数据管理。Cimple 是美国威斯康星大学和 Yahoo! Research 联合开展的一个研究项目,其主要解决社区信息管理问题[103]。Cimple 的原型验证系统名为 DBLife,这个系统主要服务于数据库研究者社区,自动从用户指定的数据源中抽取实体和关系,提供实体和关系的查询功能[104]。国内清华大学的 ArnetMiner 主要面向研究学术社会网络的各种特征,提供在线的作者资料检索,是一个研究领域及合作关系挖掘、检索的可视化系统,可以找出领域专家、研究领域、合作伙伴、会议活动和论文发表等语义关系[105]。这些 Web 社区系统能够管理 Web 社区中部分数据,如用户关系和社区主题等,但普遍缺乏对信息共享和协同合作的支持。Web 社区在工业界也得到了重点关注,最具代表性的无疑是 Facebook 的群组功能。Facebook 用户可以自由地加入任何感兴趣的群组,在组内讨论和共享信息等。但 Facebook 不支持 Web 社区的动态特征,不提供修改群组模式的工具。

管理 Web 社区是社区推荐的基础,因此本章首先描述如何用对象代理模型[106,107]建模 Web 社区,然后描述基于对象代理数据库的 Web 社区管理原型系统,最后描述基于该管理系统的 Web 社区推荐原型系统。

8.2　Web 社区建模

8.2.1　对象代理模型概述

对象代理模型[106]是对面向对象模型的扩充。对象代理模型在面向对象模型的类和对象等概念的基础上,通过建立代理类和代理对象来满足 Web 社区复杂数据的管理需求。关系数据模型的灵活性在于关系表可以通过关系代数进行分割和重组,变换其表现形式以满足不同数据库应用的需要。面向对象数据模型将数据和操作封装成对象,对象本身难以分割和重组,因而其柔软性较差。将代理对象引入到面向对象数据模型，使得代理对象间接地分割和重组对象，从而增强对象表示数据的柔软性。在传统面向对象模型中，继承通常表现为子类继承其父类的所有属性和方法，这种继承造成了传统面向对象数据库的模式很僵硬[108]。而在对象代理模型中，代理对象可以继承源对象的部分或者全部属性和方法，同时可以根据应用需要增加源对象没有的属性和方法，这样就增强了数据库模式的灵活性。代理对象既可以作为对象的视图，又可以作为对象的角色。对象的角色随时间的变化可以看成对象的移动。因此，代理对象可将这三个概念统一起来处理。

8.2.2　利用对象代理模型建模 Web 社区

本小节以武汉大学珞珈图腾数据库实验室管理为例，阐述如何利用对象代理模型建模 Web 社区。图 8-1 所示为该实验室的实际架构。实验室由三大部分组成：教学、科研以及文体活动。

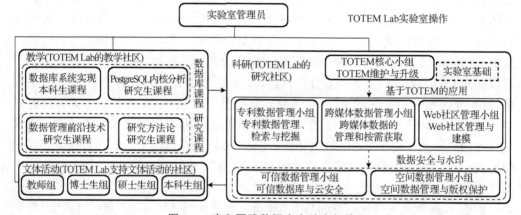

图 8-1　珞珈图腾数据库实验室架构

该实验室提供 4 门专注于"数据管理"的课程：本科生课程"数据库系统实现"、研究生课程"PostgreSQL 数据库内核分析"、"数据管理前沿技术"和"研究方法论"。本科生学习"数据库系统实现"后，在研究生阶段能更好地分析 PostgreSQL 数据库内核；在充分学习了数据库底层原理的基础上，研究生能更好地学习数据管理领域的研究性课程，能更深入地了解数据管理领域的前沿技术，以及更透彻地掌握研究方法论。

该实验室创立了 6 个研究小组，开展 3 个层面 6 个不同领域的研究。对象代理数据库 TOTEM 为该实验室研究的基础，"TOTEM 内核小组"负责 TOTEM 的维护和升级，为其他研究打下基础。在 TOTEM 数据库的应用层面，实验室开展三个不同领域的研究。"专利数据管理小组"负责专利数据的管理、检索和挖掘；"跨媒体数据管理小组"负责跨媒体数据的管理和按需获取；"Web 社区管理小组"负责社区的建模和管理。基于 TOTEM 数据库的应用会产生大量数据，在应用层基础上，实验室开展数据安全和水印层面两个不同领域的研究。"可信数据管理小组"负责可信数据库和云安全；"空间数据管理小组"负责空间数据的管理和版权保护。

　　该实验室细化成员管理，通过将成员分类为教师、本科生、硕士生和博士生，以更方便地组织文体活动。如实验室内部组织羽毛球锦标赛、集体郊游和聚餐等。

　　对象代理模型能灵活方便地以 Web 社区的形式建模该实验室，如图 8-2 所示。User 类为利用对象代理模型建模 Web 社区的出发点，因为社区由一群有相同兴趣或目的的用户组成；User 类为没有源类的基本类，所有 Web 社区为 User 类的直接或间接代理类。

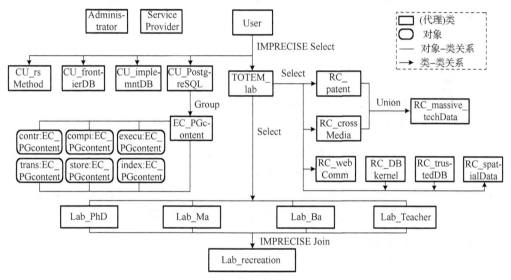

图 8-2　珞珈图腾数据库实验室 Web 社区建模

　　该实验室提供的 4 门课程被建模为教学社区，具体而言为 User 类的非严格选择（IMPRECISE Select）代理类。"数据库系统实现"被建模为 CU_implemntDB 类（CU 为 Curriculum 缩写），"PostgreSQL 数据库内核分析"为 CU_PostgreSQL 类，"数据管理前沿技术"为 CU_frontierDB 类，"研究方法论"为 CU_rsMethod 类。Group 代理类 EC_PGcontent 处理教学社区的演化。实验室 Web 社区建模将在后文通过实例进一步说明。

　　该实验室本身被建模为一个研究社区，即 User 类的非严格选择代理类 TOTEM_lab，创立的 6 个研究小组被建模为 TOTEM_lab 的子社区，即该类的选择代理类。"TOTEM 核心小组"被建模为 RC_DBkernel 类（RC 为 Research Community 缩写），"专利数据管理小组"为 RC_patent 类，"跨媒体数据管理小组"为 RC_ crossMedia 类，"Web 社区管理小组"为 RC_webComm 类，"可信数据管理小组"为 RC_trustedDB

类，"空间数据管理小组"为 RC_spatialData 类。Union 代理类 RC_massive_techData 建模研究社区的演化，即两个小组进行联合研究。

该实验室为组织文体活动，将教师和学生建模为 TOTEM_lab 的选择代理类。教师组被建模为 Lab_Teacher 类，博士生组为 Lab_PhD 类，硕士生组为 Lab_Ma 类，本科生组为 Lab_Ba 类。以上四个代理类和 Join 代理类 Lab_recreation 建模了社区的演化。

```
CREATE CLASS User(userid int, name character, birthday date,gender
boolean, nationality character, status boolean, ... ,education
character, occupation character);
```

以上为 User 类的建模语句，该类是所有社区类的直接或间接源类。TOTEM_lab 类的建模语句如下，该类从 User 类继承了部分属性作为虚属性，增加了一个实属性 research_field。

```
CREATE IMPRECISE SELECTDEPUTYCLASS TOTEM_lab
(research_field character)
AS (SELECT userid, name, birthday, gender, nationality, status,
 education, occupation FROM User);
```

接下来阐述对象代理模型如何处理社区的动态变化，即社区的分割以及合并。社区的分割可以由 Select 和 Group 操作实现。以下建模语句利用 Select 操作将 TOTEM_lab 社区分割为 Lab_PhD 和 Lab_Teacher 社区：通过约束 education 和 occupation 分割出博士生社区；通过约束 occupation 分割出教师社区。

```
CREATE SELECTDEPUTYCLASS Lab_PhD
AS (SELECT * FROM TOTEM_Lab
    WHERE education Like '%PhD%' AND occupation Like '%student%' );
CREATE SELECTDEPUTYCLASS Lab_Teacher
AS (SELECT * FROM TOTEM_Lab
    WHERE occupation Like '%teacher%' );
```

下述 EC_PGcontent 代理类通过 Group 操作，从"PostgreSQL 数据库内核分析"课程社区中分割出多个学习小组，每个组专注于该课程的特定章节。

```
CREATE GROUPDEPUTYCLASS EC_PGcontent
(group name character)
AS (SELECT COUNT(*), chapter FROM CU_PostgreSQL GROUP BY chapter);
```

社区的合并由 Union 和 Join 操作实现。以下建模语句，表示实验室管理者将两个研究小组合并进行联合研究：通过联合专利数据和跨媒体数据管理小组，进行支持技术创新的海量数据管理基础理论与关键技术的研究；RC_massive_techData 是 RC_patent 和 RC_crossMedia 的 Union 代理类。

```
CREATE UNIONDEPUTYCLASS RC_massive_techData
AS (SELECT * FROM RC_patent
    UNION SELECT * FROM RC_crossMedia);
```

Union 操作在一定约束下将多个社区直接合并为一个大的社区。在某些场景下，需要合并多个社区的局部而形成一个新的社区，Join 比 Union 更为适用。

```
CREATE IMPRECISE JOINDEPUTYCLASS Lab_recreation
(team_name character, activity_tag character[],activity_content
character[])
AS (SELECT * FROM Lab_Teacher, Lab_Ma, Lab_PhD, Lab_Ba);
```

Lab_recreation（文体活动）社区被建模为四个类的 Join 代理类，四个源类分别为 Lab_Teacher、Lab_PhD、Lab_Ma 和 Lab_Ba。则 Lab_recreation 类的每个对象为一个"团队"，包含一个老师和三名学生。实验室管理者可以通过建立多个这样的团队，组织实验室内部的活动，如羽毛球锦标赛等。

对象代理建模的优势在于减少冗余和高效处理社区的动态演化，本小节重点阐述建模的方式，该模型优势的解释详见我们之前的研究工作[106,107]。

8.3　Web 社区管理原型系统

8.3.1　对象代理数据库概述

基于对象代理模型，我们开发了对象代理数据库管理系统 TOTEM。相比于传统的基于关系模型或面向对象模型的数据库管理系统，TOTEM 在管理 Web 社区上有以下三个方面独到的优势。

1）灵活的对象视图

用户通常拥有多重角色，因为用户一般会加入多个社区。TOTEM 可以高效支持用户的多角色特性，并且相对传统数据库可以减少冗余。当一个用户对象满足社区类的代理规则，就可以在社区类中拥有相应的代理对象，多个社区类中的不同代理对象即 TOTEM 对用户多角色的支持。TOTEM 的灵活对象视图功能，不仅支持用户多角色，同时还支持用户在不同社区内呈现不同的身份和状态。比如一个用户在 RC_trustedDB 社区内可能是可信数据管理的专家，在 RC_webComm 社区内则可能是 Web 社区管理领域的初学者；一个用户在 RC_DBkernel 社区内需要以严谨的态度进行学术研究，在 Lab_recreation 社区内则可以轻松地参与实验室文体活动。

TOTEM 可以减少冗余。因为对每个代理类，TOTEM 只存储代理类的实属性，而不存储其虚属性（继承自源类的属性）。不妨设一个学生用户加入了 RC_PostgreSQL

社区学习 PostgreSQL 数据库内核分析，同时加入了 TOTEM_lab 开展数据管理方面的研究，那么该学生用户在 User 类（8.1.2 节）中拥有一个源对象，在 CU_PostgreSQL 和 TOTEM_lab 类中分别拥有代理对象。TOTEM 存储该用户在 User 类中源对象的所有属性；对于该用户在 TOTEM_lab 类中的代理对象，其继承自 User 类的包括 userid、name 等属性都没有被存储，仅 TOTEM_lab 类的实属性 research_field 被存储；同理，该用户在 CU_PostgreSQL 类中的代理对象，仅相应实属性 chapter 被 TOTEM 存储。

虽然代理对象继承的虚属性没有被存储，但其属性可以通过 TOTEM 的双向指针访问：相同用户的源对象和代理对象通过双向指针连接。当需要访问 TOTEM_lab 类中代理对象的虚属性（如 userid）时，该访问通过双向指针连接到 User 类中对应的源对象。

2）动态分类

Web 社区场景下通常需要对用户进行分类，而用户分类一般会在应用层进行。TOTEM 的动态分类功能，可以在数据库底层对用户进行高效和灵活的自动分类。

TOTEM 的动态分类分两种情况：用户对象被自动分类到合适的社区类；用户分类可适应用户的动态变化。第一种情况下，考虑 TOTEM_lab 社区的一个成员，该成员被定义为该类的一个对象。动态分类功能会将该成员对象的属性，与 TOTEM_lab 所有代理类的代理规则进行匹配，并将该用户对象自动分类到匹配的代理类（社区）中。如果该成员的 research_field 属性符合 RC_DBkernel 的代理规则，则该成员会被自动分类到该社区。同理该成员会被自动分类到 Lab_PhD 社区，如果其属性符合该社区代理类的代理规则。

Web 用户会加入和离开社区、从一个社区迁移到另一个社区、创建和撤销社会关系等，因此用户和社区都是动态变化的。在动态分类的第二种情况中，该功能会自适应用户属性的动态变化。TOTEM 会检测用户对象的变化，动态分类会对产生变化的用户对象重新进行分类，分类的方法与第一种情况类似，即比较用户变化后的属性和相应代理类的代理规则。仍考虑上述 TOTEM_lab 社区的成员，如果该成员把 research_field 属性从"TOTEM 内核"修改为"专利数据管理"，TOTEM 数据库会检测该变化并将该用户从 RC_DBkernel 社区重新分类到 RC_patent；同理，如果该成员博士毕业后留实验室任教，其 occupation 属性会变为 teacher，TOTEM 会将该成员从 Lab_PhD 重新分类到 Lab_Teacher 社区。

TOTEM 基于切换操作和更新迁移实现上述动态分类功能，切换操作和更新迁移详见我们之前的研究工作[106]。

3）跨类查询

TOTEM 的跨类查询功能保证一个查询可以高效地从多个类查询结果。Web 用户可以加入多个社区并拥有多个角色，所以用户完整的社会关系可能很复杂并且散布到多个社区类中。比如一个用户可能同时加入 CU_PostgreSQL、TOTEM_lab、RC_DBkernel 和 Lab_PhD 等社区进行数据管理领域的学习和研究。在 TOTEM 存储这些 Web 社区的前提下，跨类查询可以方便地查询该用户完整的社会关系。跨类查询功能可以应用到当前大数据的一个研究热点：异构社会网络融合。

异构数据源是大数据 Variety 特性的重要呈现方式，异构社会网络融合[109,110]近些年受到了广泛关注。研究者们认为 Web 用户通常会加入不同的社会网络，每一个社会网络只能体现用户某一方面的特性，因此异构网络融合可以提升对用户的全面理解并拥有广泛的应用前景。身份匹配是异构网络融合的一个难点。身份匹配的挑战性在于用户在加入的不同的社会网络中产生不同的数据，而这些网络之间相互独立。比如一个用户可能同时加入三种类型的社会网络：该用户在类 Facebook 网络中与其他用户形成好友关系，在类 Foursquare 网络中分享 tips 和时空上下文信息，在类 Twitter 网络中分享类 tweet 信息。

跨类查询可以解决身份匹配问题，前提是用对象代理模型建模这些社会网络并将其存储于 TOTEM。基于对象代理模型，用户被定义为 User 类的对象，每个社会网络被定义为 User 类的代理类，或者定义为另一个社区类的代理类，因此每个用户拥有唯一的 OID 作为标识。无论一个用户加入多少不同的异构社会网络，其身份都能通过 OID 得到精确匹配。并且，用户的完整社会关系可以通过跨类查询得到，从而高效地实现身份匹配的最终目标，即提升对用户的全面理解。

8.3.2　基于 TOTEM 的 Web 社区管理系统

基于对象代理数据库管理系统 TOTEM，我们实现了一个 Web 社区管理原型系统。用户可以根据社的兴趣、主题或者其他条件加入和离开社区。在成为成员之后，用户可以展现其日程、状态和其他个人信息，并且能够使用社区提供的服务。当用户不满足社区的条件或者用户失去兴趣的时候，用户会离开某个社区。社区由创建者或者管理员通过一系列的管理功能和操作（如社区的创建和删除、合并和分割）来进行管理。用户可以通过提供社区的描述、成员必须符合的条件和成员可以使用的服务来创建社区。社区的创建者或者管理员可以删除相对应的社区。一些相关的社区可以进行合并，生成一个合成的社区，这个社区有更大的用户或者市场规模。一个社区也可以分割成数个社区。用户可以上传并且共享文本或者多媒体文件然后向公众或者某个特定用户群共享。社区内用户通过 Web 服务的方式进行交互和协同合作。用户只能在加入社区之后才能使用其服务。另外，基于对象代理数据库的高级功能，Web 社区管理系统实现了对用户感兴趣的资源进行个性化组织与管理。

Web 社区管理系统构架如图 8-3 所示。Web 社区管理系统所有社区成员对象数据、社区类模式和作为服务的方法都保存在对象代理数据库 TOTEM 中。在对象代理数据库先进功能的支持下，实现了一系列 Web 社区管理系统的模块，包括社区操作、服务管理、社区组织、信息共享和数据备份等。Web 社区管理系统为每个用户提供了一个相应用户分组的主页，无论是用户、服务提供商还是管理员，都可以通过对应的主页访问与其相关的系统模块。

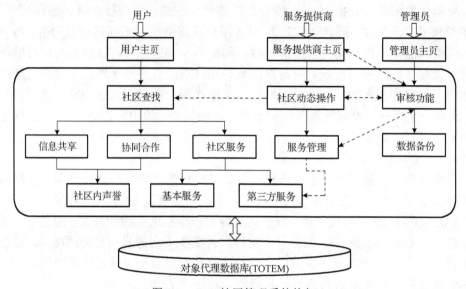

图 8-3　Web 社区管理系统构架

服务提供商主页主要展示了社区动态操作模块和服务管理模块。管理员主页提供了两个主要的系统模块，分别是审核功能和数据备份功能。

用户主页集中体现了与用户相关的好友和社区关系，用户成为社区成员之后，可以在社区中使用服务，共享信息，进行协同合作。一个典型的社区成员使用 Web 社区管理系统的场景可以是如下的一个例子：用户登录后，首先看到的是他自己的用户主页，每一个用户都有一个用户主页。用户主页上显示与具体用户相关的信息和基本社会工具如好友列表、行程活动安排、好友信件等。用户主页上提供了关系推荐和社区推荐功能模块。其中关系推荐模块在前文中已经详细介绍。社区推荐模块可以将社区推荐给潜在的用户，或者是帮助用户推荐其可能感兴趣的社区。用户进入社区之后，会使用社区中的服务，进行共享和协同活动。其中社区服务模块也在前文中有详细的介绍。

信息共享模块提供了用户贡献内容并且将内容进行分享的功能。目前信息共享在 Web 社区管理系统中主要是以论文共享资料库的形式实现。资料库的主要功能包括：资料库创建和管理、资料上传和利用标签分类、资料的查询和评论等。基于对象代理数据库的柔软对象视图，社区管理系统可以为每一个用户提供一个"我的个人资料库"。这个个人资料库可以为该用户保存多媒体数据，同时用户可以将个人资料库与其他同社区内的用户进行分享。用户通过在资料库上创建代理规则用于描述个性化的主题需求。社区成员可以根据其自身不同的兴趣而建立和维护多个这样的个人资料库。每个社区也可以由社区内的管理员建立和维护这样一个社区资料库。

协同合作模块提供了用户集体参与和在线协作的实现。用户可以对社区中共享的内容进行评价。用户在社区内的行为，尤其是信息共享和协同合作方面的行为会影响对用户的评价。对用户的评价是通过社区内声誉模块实现的。

对于服务提供商和管理员而言，他们的活动主要是对社区和服务的基本信息进行维护，对 Web 社区内复杂数据贡献最大的是社区成员用户。因此用户主页上的 Web 社区管理系统模块最为复杂，需要实现个性化的用户资源组织方法，有效地管理用户和相关社区内的内容。

8.4　Web 社区推荐原型系统

8.4.1　推荐系统实现机制

Web 社区推荐系统，作为 Web 社区管理系统的一个高级功能，属于图 8-3 所示框架中的"社区查找"模块。社区查找模块包含两个部分，社区查询和社区推荐，社区查询功能上类似搜索引擎，用户通过关键词可以查找到相关的社区。本节描述社区推荐功能，即 Web 社区推荐原型系统。

首先介绍推荐系统架构，如图 8-4 所示。推荐系统展示准确性、新颖性和均衡性三种推荐结果，由模块 C 负责（虚线框表示）；最终的推荐结果由包含过滤、排名和推荐解释选择等功能的模块 B 输出，该模块的输入为第 5~7 章所提推荐方法所产生的初始推荐结果；模块 A 实现第 5~7 章的推荐方法，为模块 B 提供输入以产生最终的推荐结果。

模块 C 主要负责向用户展示推荐结果。模块 B 中的过滤功能主要负责从推荐结果中去掉用户已经加入的社区，以及质量很低的社区。一般长时间没有发展的社区，即缺少用户、用户交互以及用户贡献内容的社区，会被系统管理员认定为低质量社区，从而在推荐过程中被过滤掉。模块 B 的排名功能提供了良好的可扩展性，该功能支持更新排名策略；注意到用户对推荐结果的反馈会影响排名策略的选择。模块 B 在生成最终推荐结果之前还会生成对推荐结果的解释；解释系统产生推荐的具体原因有助于提高用户对推荐的满意度[111]，如 Amazon 网站利用 Facebook 的好友信息给用户推荐商品时，会解释"你有 x 个好友喜欢该商品"。后文将结合实例说明本系统对推荐的解释（图 8-6）。

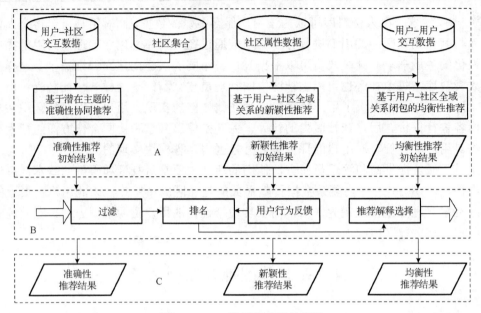

图 8-4　Web 社区推荐系统框架

　　模块 A 实现第 5～7 章的推荐方法。基于潜在主题的准确性 Web 社区推荐方法需要用到的数据，包括用户与社区的交互数据即前文所述用户-社区评分矩阵，以及社区集合信息；该准确性推荐方法用到的数据也会被后两个方法使用。后两个方法使用相同的数据，即用户与用户、用户与社区的交互以及社区属性数据，但使用数据的方法不同：一个从用户-社区全域关系的角度出发，另一个关注用户-社区全域关系的传递闭包，能在推荐准确性和新颖性之间形成更好的平衡。注意到整个 Web 社区管理系统都建立在对象代理数据库基础上，以上推荐方法所用到的数据也都存储于 TOTEM 中。

8.4.2　推荐系统功能效果

　　珞珈图腾数据库实验室（TOTEM Lab）开展教学、科研以及文体活动，Web 社区管理系统通过 Web 社区支持上述活动（8.1.2 节）。图 8-5 为 Web 社区管理系统用户"Justin"的个人首页。每个 TOTEM Lab 社区（实验室）成员都拥有该页面。用户个人首页包含了系统的主要功能，包括社区查找、信息共享和社区内声誉管理：信息共享属于"我的应用"栏，系统支持的其他应用还包括"我的好友"和"我的论文"等；社区成员的声誉值显示为柱状图和数值两种形式；社区查找包括社区查询和社区推荐两个部分，社区查询功能类似搜索引擎，用户通过关键词查询相关的社区。个人首页还显示了用户加入社区的信息以及实验室社区的新鲜事等，用户 Justin 为实验室本科生成员，加入了"本科生社区"。

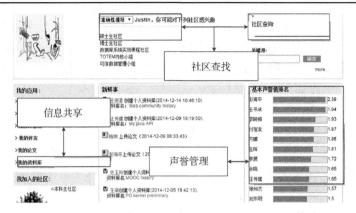

图 8-5　科研社区用户个人首页

　　本节所述的 Web 社区推荐原型系统对应图 8-5 的"社区查找"功能框。图 8-4 的模块 A 和 B 负责后台计算推荐结果，模块 C 负责在该功能框中前端展示推荐结果，用户可以通过下拉菜单选择查看不同的推荐结果，如图 8-6 所示。

(a) 准确性推荐　　　　　　　(b) 新颖性推荐　　　　　　　(c) 均衡性推荐

图 8-6　三种推荐结果示例

　　TOTEM Lab 成员 Justin 为本科生，加入了"本科生社区"（图 8-5），该用户的准确性推荐结果如图 8-6(a)所示。基于潜在主题的准确性推荐方法的top-2结果为"硕士生社区"和"博士生社区"，因为这两个社区均由学生组成且 Justin 也是学生。"数据库系统实现课程社区"为排名第三的结果，因为该课程为本科生课程（图 8-1）。"TOTEM 核心小组"负责对象代理数据库的维护和升级，"可信数据管理小组"研究可信数据库，均与"数据库"联系紧密，排在列表的第四和第五。

　　该用户的新颖性推荐结果如图 8-6(b)所示。基于用户-社区全域关系的新颖性推荐方法综合考虑了 Web 社区中存在的三种交互，结合推荐方法详细解释推荐结果并不现实，因此系统选择从用户-用户交互的角度对推荐结果进行解释。"文体活动社区"为 top-1 结果，其推荐解释为该用户的关注用户中仅 1 个加入了该社区：用户 Justin 所关注的用户较少加入该社区，且"文体活动"在主题上与学习和科研关联不强，因此该社区新颖度高。用户 Justin 所关注的用户较少加入"TOTEM 核心小组"社区，同时该社区在主题上距离本科生较远，因此在列表中排第二。"研究方法论"为研究生课程，主题上与本科生关联较弱，排在第三。"数据库系统实现"虽然为本科生课程，但在新颖性推荐列表中排名靠后，因为"关注用户"在该社区中较活跃。"Web 社区管理小组"主题上距离本科生较远，但较多"关注用户"加入该社区，因此列表中排第五。

8.5　结　　论

Web 社区推荐建立在有效管理社区的基础上，因此本章首先描述了 Web 社区的建模和管理。本章首先概述了对象代理模型，然后在珞珈图腾数据库实验室的实例基础上，描述如何利用对象代理模型建模 Web 社区。接下来描述基于对象代理数据库的 Web 社区管理系统。最后描述建立在社区管理系统基础上的社区推荐系统：先给出推荐系统框架，然后通过系统实际界面展示 Web 社区推荐系统。

第9章　大规模时空图中人类行为模式的实时挖掘方法

9.1　引　　言

感知技术的发展带来了大量的人类活动数据[112]，例如出租车流、地铁刷卡数据、单车旅程数据和 CDR（Call Details Records）等，这些数据都可以用一个时空图（Spatio-Temporal Graph，STG）来进行模拟。STG 是一个直接图，其中顶点和边都表示了具体的地理位置和空间长度，并与时空实体联系。如图 9-1(a)所示，在道路网络中，带有地理位置的关键点（Point of Interests，POI）被视为顶点，POI 间的道路则为边。POI 间的交通流随时间而动态变化，且边可能因为一次交通管制或灾害而从图上移除。同样，图 9-1(b)中线上的单车共享系统也可以用 STG 进行模拟，其中单车站为顶点，站间的连接线为边，单车用户们建立起站间交通流。

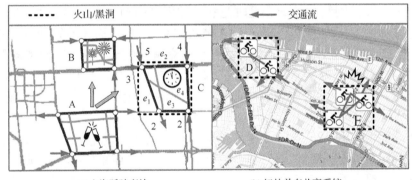

(a) 上海踩踏事故　　　　　　　　(b) 纽约单车共享系统

图 9-1　黑洞和火山的两个示例

在一个 STG 中，可以发现一些有趣的现象，例如黑洞和火山，这些现象可能反映了城市异常或者人们日常的交通模式。黑洞特指 STG 中的一个子图，该图中流入数据大于流出数据，同时火山特指一个流出数据大于流入数据的子图。由于不同的应用通常对黑洞和火山有不同的时空限制条件，因而在黑洞检测过程中时空阈值的存在是必要的。

例 9-1：正如图 9-1(a)所示，基于出租车数据和 CDR 数据，当上海的 2015 新年倒数临近，大部分人开始离开酒吧街前往外滩，从而造成了火山 A；一个小时后他们中的很多人将进入烟花表演的区域和倒计时广场，这两场活动包括一系列街道和分区，从而分别造成黑洞 B 和黑洞 C。一场灾难性的踩踏事故随后发生，主要是由于未预料到的大量人流进入了这两个没有足够空间的黑洞。这次事故原本可以在成为悲剧之前通过黑洞检测而被预知。一旦流入和流出间的增量接近该地区道路网络容量的上限，黑洞信息就可以呈现在路边显示屏上提醒路过司机不要进入外滩。此外，警察也可以考虑围绕黑洞进行交通管制并建议参观者离开该区域。

例 9-2：基于纽约单车共享系统 Citibike 的单车旅程数据，一个单车站的流入、流出数据可以通过计算人们在该站返回和租用单车的数量来得到。当图 9-1(b)中显示的暂时交通管制由于交通事故的发生而被实施时，很多被影响的人选择租用单车作为备选交通工具，从而造成火山 E。根据 E 处的实时信息，Citibike 可以暂时运用卡车将单车送至 E 处的站台以缓和单车短缺情况。正如图 9-1(b)所示，火山 D 往往在每天的高峰期在华尔街附近形成，这是因为很多通勤人员下班后从附近的车站租用单车。火山影响和覆盖的区域在动态 STG 中持续变化。在这个火山模式的帮助下，Citibike 可以通过为华尔街增加更多的单车和泊车口来优化其单车共享系统的设计。

本章从一个 STG 中检测黑洞和火山。由于检测火山的过程被证实是与检测黑洞的过程等同的，因而本章只关注黑洞的检测过程。这个问题是富于挑战性的，因为事实上一个黑洞常常是一个受时空和流的限制的动态图上多个点、边的集合。黑洞检测被证明等同图聚类问题（9.2.2 节将进行详述），而该问题是 NP 复杂的。然而，一个 STG 的时空实体的动态性使得黑洞检测问题比已有的图聚类问题[113-115]更为复杂。此外，因为黑洞影响和覆盖的区域涉及了时间变化的情况，需要进行实时和连续的检测。不幸的是包含时间因素的图挖掘方法[116,117]并不能适用这一问题。

为此，首先提出一个 STG 索引，基于该索引提出一种有效的算法来从 STG 中找出一定时间间隔内的黑洞。然后，将算法运用到一种连续黑洞检测脚本中来减少计算开支。主要有以下三点贡献。

（1）当找出一定时间间隔内的黑洞时，提出了一种候选提取算法来找出候选网格作为起始，并提出一种时空扩展算法，将候选网格中的一条边扩展成一个黑洞。网格实际流量的上限被定义出来用于找出黑洞后帮助选择和剪枝候选网格。

（2）提出一种连续检测算法用于进一步减少多时间间隔下的黑洞检测开支，算法运用了前一时间间隔中的黑洞检测结果和一段时间内的历史黑洞模式。

（3）用北京的道路网络和由超过 33000 辆出租车产生的真实 GPS 轨迹、纽约由 6300 辆单车产生的单车轨道，来对本章方法进行评估。两个案例的研究证明了本章方法可以找出代表了异常事件和人类活动模式的黑洞或火山，从而有助于提高北京市城市规划效率和纽约市单车共享系统的运行效率。方法表现评估证实了本章方法优于其他方法。

9.2　预　备　知　识

9.2.1　定义

定义 9-1：时空图（Spatio-Temporal Graph，STG）。 一个 STG 图 $G = (V, E)$ 是一个直接图，其中 V 和 E 分别代表顶点集和边集，$|E| \geq 1$。每个顶点 $v \in G.V$ 都有一个对应的地理位置，每条边 $e \in G.E$ 对应一段空间长度 $e.l$。每个顶点或边都与随时间变化的属性相联系，例如流入量和流出量。

定义 9-2：流入和流出。 对每条边 $e \in G.E$，其在时间间隔 t 中的流入即为 $f_{in}(e,t) = \sum_{e' \in (G.E - e)} f(e', e, t)$，其中 $f(e', e, t)$ 为从 e' 到 e 在 t 段的流量。同样，其在 t 中的流出为 $f_{out}(e,t) = \sum_{e' \in (G.E - e)} f(e, e', t)$。假定 S 是 G 的一个子图，$S.E \subseteq G.E$ 为 S 中的边集。S 的流入为 $f_{in}(S,t) = \sum_{e \in S.E \wedge e' \in (G.E - S.E)} f(e', e, t)$，流出为 $f_{out}(S,t) = \sum_{e \in S.E \wedge e' \in (G.E - S.E)} f(e, e', t)$。

定义 9-3：实际流量。 在一个 STG 中，边 e 的实际流量 $e.f_a = f_{in}(e,t) - f_{out}(e,t)$，其子图 S 的实际流量为 $S.f_a = f_{in}(S,t) - f_{out}(S,t)$。

定义 9-4：黑洞。 在一个 STG 中，将子图 S 视为黑洞，如果其满足：$S.f_a \geq \tau$，且 $MBB(S) \leq d$，其中 τ 和 d 分别为流量和时空阈值。$MBB(S)$ 表示 S 的时空最小边框。

定义 9-5：火山。 在一个 STG 中，将子图 S 视为火山，如果其满足：$-S.f_a \geq \tau$，且 $MBB(S) \leq d$。

正如图 9-1(a)所示，在黑洞 C 中，$e_1.f_a = 5 - 2 = 3$，$e_4.f_a = 4 + 2 = 6$。由 e_1、e_2、e_3、e_4 组成的子图 S 有实际流量 $S.f_a = 5 + 4 + 3 + 2 - 2 = 12$，且有 MBB 在 1.2km 内。因此，如果有 $\tau = 10$、$d = 1.5$km，则 S 是一个黑洞。

在实际应用中，一个黑洞常常需要一个时空限制 d，因为一个非常大的黑洞无法用于解决问题。例如，如果没有阈值 d 的限制，在单车共享系统中整个城市都可以视为一个黑洞，这种黑洞无法反映任何交通异常或城市人口的通勤模式。本章运用 MBB 来控制一个黑洞的空间范围。其他形状例如圆盘也可以被用在构架中作为一个时空限制的框架。在实际研究中，设置 d 为一个 MBB 的对角线长度，它与 MBB 的尺寸等同。τ 和 d 可以在实际应用中进行调整。尽管不讨论如何选择 τ，但会给出一种设置 τ 的方法。给出一个区域阈值 d，τ 可为区域道路网络的容量，例如，$\tau = \alpha \times \sum_{e \in S.E} e.l \times e.n / L$，其中 $e.n$ 是 e 中车道数量，L 为一辆车的平均长度（一般为 4.5 米），$\alpha \in (0,1)$ 为参数。

9.2.2 问题陈述

给出一个 STG 图 G，一个时间间隔 t，流阈值 τ 和时空阈值 d，G 中的黑洞检测过程即为找到 G 的子图，记作 $\text{BH} = \{S_1, S_2, \cdots, S_n\}$，并满足条件：

（1）对所有 $S \in \text{BH}$，满足定义 9-4；

（2）对所有 $S \in \{G - \text{BH}\}$，不满足定义 9-4；

（3）对 $1 \leqslant i, j \leqslant n$，$i \neq j$，$S_i \bigcap S_j = \varnothing$ 即不相连，且 $S_i \bigcup S_j$ 不满足定义 9-4。

不生成重叠黑洞的原因来源于现实应用。很多重叠的黑洞彼此区别很小，对交通管理者或是终端用户的用处都不大。

定理 9-1：在 STG 中的黑洞检测等同于火山检测。

证明：假定有 $G' = (V', E')$ 为 $G = (V, E)$ 的一个逆图，其中 $V' = V$，且对所有 $e' \in G'.E'$，e' 为与 $G.E$ 中边 e 对应的边，有 $f_{\text{in}}(e', t) = f_{\text{out}}(e, t)$，$f_{\text{out}}(e', t) = f_{\text{in}}(e, t)$。如果 S 是 G 的一个黑洞，则 $f_{\text{in}}(S, t) - f_{\text{out}}(S, t) \geqslant \tau$。因此，对应的 S' 有 $f_{\text{out}}(S', t) - f_{\text{in}}(S', t) \geqslant \tau$，即为火山的定义。因此，在 STG 中检测黑洞即等同于在其逆图中检测火山，相似地，可以证明在 STG 中检测火山等同于在其逆图中检测黑洞。

定理 9-2：在 STG 中进行黑洞检测问题是 NP 复杂的。

证明：在一段时间间隔中，STG 可以被视为一个加权的直接图，其中每条边处的流代表边的权重。考虑下列被证明是 NP 复杂的局部密度图聚类问题[118]，给出一个加权的直接图 $G = (V, E)$，找出 G 的系列子图，使每个子图 S 有 k 个顶点且局部密度 $\delta_{\text{int}}(S) = \dfrac{1}{|S|(|S| - 1)} \sum_{e \in S.E} e.f_a \geqslant r$。黑洞检测问题可以通过仅允许 d 被设置为 k 个顶点组成的最大可能 MBB 且有 $\tau = r \times k(k - 1)$ 的情况而转化为局部密度问题。因此，局部密度问题是黑洞检测问题的一个特例，从而证明黑洞检测问题是 NP 复杂的。

由于定理 9-1 和定理 9-2，本章提出一种黑洞检测问题的近似解决方法。此外，给出相同的 STG 和阈值，如果运用不用的检测策略表现出细微图像差别的黑洞可能在相同的地理区域中被检测出。尽管本章的方法能够通过调整扩展策略来检测出黑洞的不同图像，但仅仅提供一种结果。在实际应用中，在一个区域内提供很多相似的黑洞用处不大。

9.2.3 框架

图 9-2 展现了本章方法的整体架构，它包括两个主要部分：在单个时间间隔中的黑洞检测和从连续时间间隔中进行持续检测。为了更加明确这个过程，接下来运用车辆的 GPS 轨道和道路网络组成一个案例研究。特别地，一个 STG 的一条边及其流入流出

都按照道路分区和经过这些分区的车流实例化。本章方法也可运用在其他数据上，例如城市的单车旅程数据和 Call Details Records，只要这些数据就可以构建 STG。

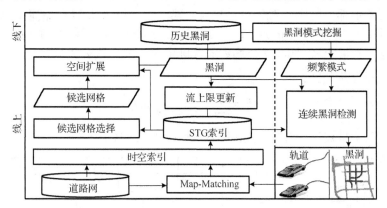

图 9-2　黑洞检测的框架

在单一时间间隔中的黑洞检测中，运用一个 map-matching 算法[119]将在当前时间间隔中搜集到的 GPS 轨道对应到道路网络中，然后计算在间隔内每个道路分区内的流入流出。运用一个时空索引算法，将城市分为多个不相交的网格，每个网格都可能覆盖几个分区，并建立一个 STG 索引，该索引维持了每个网格实际流量的上限，每个分区的实际流量都归属到网格中。基于这个 STG 索引，候选网格选择算法找出可能包含黑洞的候选网格。空间扩展算法从拥有最大实际流量的候选网格开始，将网格中实际流量最大的道路分区扩展为黑洞。附近的分区不断被合并直到空间和流的限制不再被满足。一旦黑洞被找出，就重新计算剩余候选网格实际流量的上限。根据更新的上限，更多的网格将被剪掉。空间扩展算法重复执行直到所有候选网格都被检查完毕。

连续的黑洞检测通过运用历史时间间隔的信息进一步提高了黑洞检测的有效性和效率。这部分基于两项观察结果：其一，一个不包含时间因素的黑洞可能不会在两个连续间隔中或在地理空间内有异常变化；其二，黑洞的产生是有某种模式的。因此，在线下过程中，从那些一段时间里在每天的相同时间中被发现的历史黑洞中检测频繁子图模式。从时间间隔 t 检测出的黑洞和 $t+1$ 时的频繁黑洞模式可能成为空间扩展算法从 $t+1$ 开始的初始图。基于这些黑洞，可以迅速辨别 $t+1$ 时的新的黑洞，而不用重建一个黑洞。

9.3　在单一时间间隔中的黑洞检测

9.3.1　STG 索引

STG 索引保持了 STG 的结构、每条边上的动态流、不同边之间的空间关系。特别地，如图 9-3 所示，将城市分成若干个不相交的均匀的网格。不同网格间的空间关系用一个矩阵表示。例如，给出该矩阵，可以很快分辨出 g_{22} 的邻居为 g_{11} 至 g_{33}，如图 9-3 的左半部分所示。对每个网格 g，建立一个序列 L 来存储属于该网格的道路分区的 ID。G 中每个道路分区 e 都与其当前时间间隔的实际流量 $e.f_a$ 相联系。对每个网格 g，按照公式（9-1）计算正的实际流量 $g.F$，该公式只使用 $g.L$ 中那些实际流量为正的道路分区。

$$g.F = \sum_{e_i \in g.L \wedge e_i.f_a > 0} e_i.f_a \qquad (9\text{-}1)$$

正实际流量将被用于计算候选网格选择步骤中网格的上限。

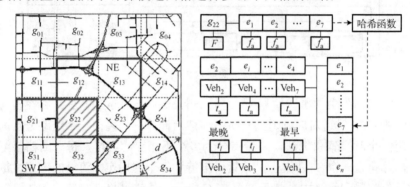

图 9-3　网格化的 STG 和 STG 索引

同时，建立一个管理 STG 结构和动态流的邻接序列。对邻接序列中的每个道路分区 e，维持三个序列：第一个是在道路网络中直接与 e 相联系的道路分区的序列；第二个是在 e 处按到达时间 t_a 排列的车辆 ID 序列；第三个是从 e 处按离开时间 t_l 排列的车辆 ID 序列。第一个序列是静态的，同时后两个序列都会在每一轮 map-matching 后更新。在实际运用中，只需要存储当前时间间隔的汽车 ID。为了计算一条边在一段时间间隔内的实际流量，只需要计算到达时间在时间间隔内而离开时间在间隔外的车辆数量。$g.L$ 中的道路分区 ID 通过一个哈希函数连接至其在邻接序列中的对应记录。

因为一个道路分区可能跨越两个或者更多的网格，所以相对于直接存储所有内容在单一网格中的情况而言，STG 索引可以避免过多的存储量和索引更新。为了应用后一种剪枝方法，网格的对角线可以设为与黑洞空间限制相同的值。

9.3.2　候选网格选择

候选网格选择算法迅速选择那些可能包含黑洞的网格，通过检查每个网格及其邻居的正实际流量 $g.F$。

正如图 9-3 所示，通过将每个网格的规模设为与黑洞空间阈值 d 等同的值，确保了黑洞最多同时兼并四个网格。如果这四个网格的正实际流量都小于给出的流量阈值，则根据定理 9-3，不可能在这四个网格中找到黑洞。给出一个网格，可以检查包含以下四个方向的四网格联合体的正实际流量：西北（NW）、东北（NE）、东南（SE）、西南（SW），如图 9-3 左半部分所示。对每个方向，可以得到一个正实际流量，记为 $F_{NW}(g)$、$F_{NE}(g)$、$F_{SE}(g)$、$F_{SW}(g)$。例如：

$$F_{NE}(g_{22}) = g_{12}.F + g_{13}.F + g_{22}.F + g_{23}.F；$$

$$F_{SW}(g_{22}) = g_{21}.F + g_{22}.F + g_{31}.F + g_{32}.F；$$

定义网格的一个流的上限 $UB(g)$ 为

$$UB(g) = \text{Max}\left(F_{NW}(g), F_{NE}(g), F_{SE}(g), F_{SW}(g)\right) \tag{9-2}$$

如果 $UB(g) < \tau$，则 g 不是候选网格，即不应当从 g 中开始寻找黑洞。基于 STG 索引，可以迅速计算每个 g 的 $UB(g)$，因此剪掉很多不可能的网格。剩下的网格将用作候选网格。尽管不从被剪掉的网格开始，这些网格中的道路分区还是会包含在接下来的空间扩展步骤中。

定理 9-3：一个子图 $S = (V, E)$ 的实际流量等于其所有边的实际流量之和，即 $S.f_a = \sum_{e \in S.E} e.f_a$。

证明：根据定义 9-3，有

$$\sum_{e \in S.E} e.f_a = \sum_{e \in S.E} \left(f_{in}(e) - f_{out}(e)\right) = \sum_{e \in S.E} f_{in}(e) - \sum_{e \in S.E} f_{out}(e)$$
$$= f_{in}(S) - f_{out}(S) = f_a(S) \tag{9-3}$$

例如，如图 9-4(a)所示，S 的实际流量等于 e_1、e_2、e_3 处的实际流量之和。同样，如图 9-4(b)所示，S 中落在 g_1、g_2、g_3、g_4 这四个网格中的子图有实际流量 $S.f_a = \sum_{j=1}^{7} e_j.f_a = 2$。这个值小于 $\sum_{i=1}^{4} g_i.F = (2+1) + (1+1+1) + (0+2+1) + (2+0) = 11$，因为一条边可能属于两个网格，且计算 $g.F$ 时不计算负的实际流量。因此证实对一个网格 g，$F_{NW}(g) \geq \sum_{e \in NW(g)} e.f_a$，$F_{NE}(g) \geq \sum_{e \in NE(g)} e.f_a$，$F_{SW}(g) \geq \sum_{e \in SW(g)} e.f_a$，$F_{SE}(g) \geq \sum_{e \in SE(g)} e.f_a$。如果 $\tau > UB(g)$，则 $\tau > \sum_{e \in NW(g)} e.f_a$。从而由 $e \in NW(g)$ 组成的 S 不是一个黑洞。

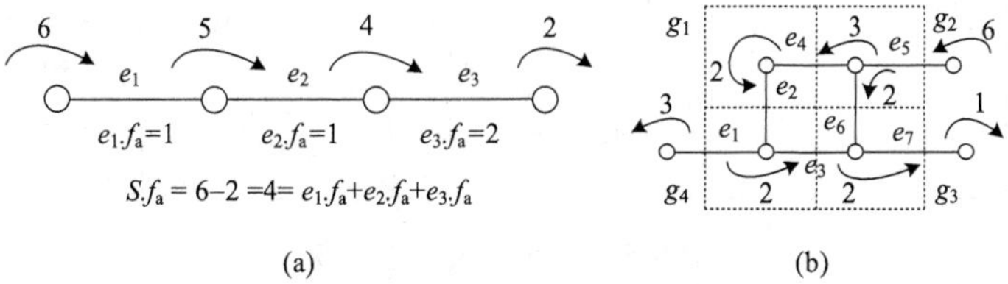

图 9-4　定理 9-3 示例

9.3.3　空间扩展

从拥有最大 $g.F$ 值的候选网格出发，空间扩展算法按照下列方法将网格中的初始边扩展为黑洞。算法选择有最大 $e.f_a$ 的边作为初始边，将 e 的邻近边逐一加入以组成黑洞。为了确定加入顺序，这里根据下列公式计算每条邻近边的优先权值：

$$R(S,e)=\begin{cases} f_a(e)/\Delta & \Delta\neq0, \quad e.f_a\geqslant0 \\ f_a(e)\times\Delta & \Delta\neq0, \quad e.f_a<0 \\ +\infty & \Delta=0, \quad e.f_a\geqslant0 \\ -\infty & \Delta=0, \quad e.f_a<0 \end{cases} \tag{9-4}$$

其中 e 为待加入已有黑洞 S 的边，Δ 由公式（9-5）定义，表示将 e 加入 S 后 $\mathrm{MBB}(S)$ 的增量。如果 S 只有一条边，则 S 对角线设为 0。

$$\Delta=\mathrm{MBB}(S+e).\mathrm{diagonal}-\mathrm{MBB}(S).\mathrm{diagonal} \tag{9-5}$$

优先权值最高的边会被加入到黑洞中。这个权重赋予有最大实际流量的边一个高优先权，并使 MBB 面积只产生一个很小的增量。而不满足流量或空间阈值的边则不能被添加。空间扩展过程一直进行到无边可添加为止。

图 9-5 使用一个示例来显示空间扩展算法，并假定空间阈值为 7、流阈值为 40，从实际流量最大的 e_1 开始，即 $S=\{e_1\}$。事实上，这种边往往更可能形成黑洞。然后，有四条邻近边要添加，分别为 e_2、e_3、e_4、e_6。基于公式（9-4）、公式（9-5），分别计算出四条边的优先权值。实际上不需要考察添加 e_3、e_6 后的 MBB 变化，因为这两条边实际流量为负，从而导致低优先权值。现在需要比较 e_2 和 e_4。如果添加 e_2，那么 S 的最小边框为 MBB_1，因此添加 e_2 造成的空间增量为 $\Delta=\mathrm{MBB}_1.\mathrm{diagonal}-0=3$，且 $R(S,e_2)=\dfrac{21}{3}=7$。相反，如果添加 e_4，S 的最小边框为 MBB_2，从而 $R(S,e_4)=\dfrac{20}{4}=5$。由于 $R(S,e_4)<R(S,e_2)$，e_2 将被优先添加到 S 中。加入 e_2 后，$S=\{e_1,e_2\}$，$S.f_a=e_1.f_a+e_2.f_a=47$，且 $\mathrm{MBB}(S).\mathrm{diagonal}=3$。

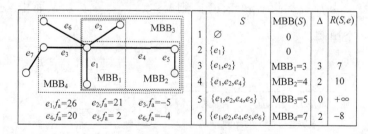

	S	$\mathrm{MBB}(S)$	Δ	$R(S,e)$
1	$\varnothing$	0		
2	$\{e_1\}$	0		
3	$\{e_1,e_2\}$	$\mathrm{MBB}_1=3$	3	7
4	$\{e_1,e_2,e_4\}$	$\mathrm{MBB}_2=4$	2	10
5	$\{e_1,e_2,e_4,e_5\}$	$\mathrm{MBB}_3=5$	0	$+\infty$
6	$\{e_1,e_2,e_4,e_5,e_6\}$	$\mathrm{MBB}_4=7$	2	-8

$e_1.f_a=26$　$e_2.f_a=21$　$e_3.f_a=-5$
$e_4.f_a=20$　$e_5.f_a=2$　$e_6.f_a=-4$

图 9-5　空间扩展算法示例

现在，e_4 可以被添加入 S，因为其优先权值高于 e_3、e_6：添加 e_4 后增量 Δ 为 2，

$R(S,e_4) = 20 / 2 = 10$。此时 $S = \{e_1, e_2, e_4\}$ 且 $\text{MBB}(S) = \text{MBB}_3$；之后 e_5 成为 S 的一条邻近边。由于 e_5 实际流量为正且不会扩大 S 的空间层级，它将得到最大的优先权值而被添加入 S，即公式（9-4）中的 $+\infty$ 情形。尽管 e_3、e_6 实际流量为负，它们仍然可以作为找到有高实际流量的邻近边的桥梁。e_3、e_6 产生了相同的 $\text{MBB}(S)$ 的扩展，同时 e_6 比 e_3 优先权值更大。添加 e_6 不会破坏空间和流的限制条件，但为了控制黑洞质量，需要尽可能少地包含这种边。因此，添加 e_6 后不会再添加 e_3。e_7 不满足空间限制条件从而不能包含在黑洞中。最终，$S = \{e_1, e_2, e_4, e_5, e_6\}$ 为一个黑洞，因为 $S.f_a = 26 + 21 + 20 + 2 - 4 = 65 > 40$，且 $\text{MBB}(S).\text{diagonal} = 7$。

9.3.4　流上限更新

一旦一个基于候选网格且有最高 $g.F$ 值的黑洞被检测出，其他候选网格的一些边可能已经包含在黑洞中了，所以需要通过抽象已含于黑洞中的边的实际流量来更新剩余候选网格的上限。然后根据公式（9-2）计算各个候选网格的 UB 值，并剪掉 $\text{UB} < \tau$ 的网格。之后从剩余网格中选择 $g.F$ 值最大的候选网格，运行空间扩展算法。一旦候选网格集为空，则停止黑洞检测过程。

9.4　连　续　检　测

由于黑洞会随时间变化，需要对其进行连续检测从而帮助交通管理者或终端用户进行实时决策。为了提高本章方法的效率和效果，提出一种在连续时间间隔中检测黑洞的连续检测算法，算法运用了过去时间间隔中找到的黑洞和火山，以及一段时间内的黑洞模式。

连续检测算法的理念是基于以下两条观察结果的：其一，一个黑洞会包含时间因素，但正常情况下不会在地理空间上发生异常变化。可以发现在 $t+1$ 时的一个黑洞可能源于 t 时的一个火山，反之亦然。例如，人们观看一场足球赛可能在运动场上形成一个黑洞，比赛结束后又可能形成一个火山。可以通过运用在 t 时发现为黑洞且在 $t+1$ 时仍为黑洞或火山的地点来减少检测开支。在两个连续时间间隔中改变了很多的黑洞通常数量很少，它们将会从头开始被检测。其二，黑洞的产生是有某种模式的。例如，一个商业地带通常在工作日的早上形成黑洞。基于这一条规律，运用 gSpan 算法[120]来从每天同一时段产生的历史黑洞中挖掘密集频繁子图。如果对图 S 不存在与其拥有相同支撑的超图，则图 S 在图数据库中是密集的。其他频繁子图挖掘算法也可以运用到本方法中。

连续检测算法包括五个步骤，算法 9-1 进行了详细展示。

（1）运用 9.3.2 节中的候选网格选择算法检测出一系列候选网格 C。

（2）检索 t 时的且不与 $t+1$ 时的任何黑洞模式重合的黑洞和火山，然后运用黑洞模式将它们组合为标准集 $\mathrm{BP}_{t+1}\bigcup\mathrm{BV}_t$。

为了促进检索过程，利用 R 树将黑洞模式按照时间间隔进行组织，如图 9-6 所示。给出一个查询黑洞或火山 S_q，首先查找 R 树中 MBB 与 S_q 的最小边框 MBB_q 相交的叶节点，然后迅速考察这些黑洞模式是否包含于 S_q 相同的边，主要通过在黑洞模式和 S_q 的抽象位图间进行 XOR 过程。例如，$V_q=1010000000$ 意味着 S_q 包含 e_1 和 e_3。

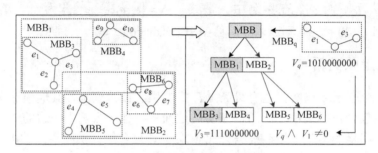

图 9-6　匹配黑洞和黑洞模式示例

（3）检查标准集中的每个黑洞或火山 S 的正实际流量。如果 $S.f_a\geq\tau$，S 将被视为 $t+1$ 时的一个新的黑洞，如果 $0<S.f_a<\tau$，尝试通过添加具有正实际流量的邻近边到 S 中或从 S 中移除具有负实际流量的非支撑边来找出黑洞。支撑边是指在一个图中，其缺失将增加相连要素数量的边。找出图 $G=(V,E)$ 支撑边的方法很常用且有效，其时间复杂度是 $\mathrm{O}(|V|+|E|)$，其中 $|V|$ 和 $|E|$ 分别是 STG 图 G 中顶点和边的数量。此外，当向 S 中添加边时，从有最高优先权值的邻近边开始。相对地，从优先权值最低的边开始移除。这一步骤减少了本方法的计算负担，因为不需要再建立基础黑洞。

（4）一旦找出黑洞，更新每个候选网格的流上限，因此从 C 中剪掉一些网格。

（5）如果 C 依然不为空，则调用空间扩展算法来基于 C 找出更多的黑洞。

算法 9-1：ContDetection

输入：BV_t 为 t 时的黑洞和火山，BP_{t+1} 为 $t+1$ 时的黑洞模式，一个 STG 图 G，空间阈值 d，流阈值 τ

输出：BH_{t+1} 为 $t+1$ 时检测出的黑洞

(1)　$C\leftarrow$ 候选项(G,d,τ)；$\mathrm{BH}_{t+1}\leftarrow\varnothing$；

(2)　对所有 $S\in\mathrm{BV}_t$ 开始循环

(3)　　　如果 $\exists S'\in\mathrm{BP}_{t+1}$, $S\cap S'\neq\varnothing$

(4)　　　　则 $\mathrm{BV}_t\leftarrow\mathrm{BV}_t-S$；

(5)　结束循环；

(6)　对所有 $S\in\mathrm{BP}_{t+1}\bigcup\mathrm{BV}_t$

---

(7)　　　　如果在 $t+1$ 时有 $S.f_a \geq \tau$

(8)　　　　　则 $BH_{t+1} \leftarrow BH_{t+1} + S$ ；

(9)　　　　若否，如果在 t 时有 $0 < S.f_a < \tau$

(10)　　　　　当 $MBB(S) < d$

(11)　　　　　　如果 S 有一实际流量为正的邻边

(12)　　　　　　　则根据公式（9-4）将邻边添加入 S；

(13)　　　　　　若否，如果 S 有实际流量为负的非关键边

(14)　　　　　　　则根据公式（9-4）将边从 S 中移除；

(15)　　　　　　如果 $S.f_a \geq \tau$

(16)　　　　　　　则 $BH_{t+1} \leftarrow BH_{t+1} + S$ ；

(17)　　　　　　$C \leftarrow$ 上限更新(S, G)；

(18)　　　　　　继续循环该过程；

(19)　　　　结束循环；

(20)　　$BH_{t+1} \leftarrow$ 空间扩展(C, G)；

(21)　　返回 BH_{t+1}；

9.5　实 验 评 估

本节首先进行两个粗放的案例研究来评估本文方法的有效性，然后评估本文方法在单一时间间隔的检测和连续检测过程中的表现。

9.5.1　数据

（1）北京出租车数据：使用了包含 148,110 个道路节点和 96,307 个道路分区的北京道路网数据。所有道路分区的总长为 21,895 公里，道路网覆盖区域达 2507 平方公里。另外使用了由 33,000 辆出租车在 2012 年 11 月的 30 天内的 GPS 轨道。出租车轨道全长超过了 18,000,000 公里，节点数量达到 8,000,000 个。运用 map-matching 算法将出租车轨道对应到道路网络上。由于北京 25% 的道路交通由出租车组成，出租车轨道数据在北京的交通流和道路网方面很有代表性。

（2）单车旅程数据：运用了曼哈顿 Citibike 单车共享系统的单车旅程数据。该数据由 6376 辆单车和 330 个车站在 2013 年 10 月产生的 1,037,712 趟旅程组成。每个旅程都有始、到时间和始、到站。带有地理位置的单车站和连接它们的线构成了一个 STG 图 G。一个车站的流入流出可以分别通过计算人们在站点的返还和租赁数量来得到。由于纽约人每天要进行约 113,000 趟单车旅程，单车旅程数据可以很好地反映纽约市的交通流。

当使用北京出租车数据和单车旅程数据时，本章方法也包容其他数据，例如地铁刷卡数据、Call Details Records，只要这些数据能够反映交通流。图 9-7(a) 和图 9-7(b) 显示了两个数据集分别建立的 STG 图。

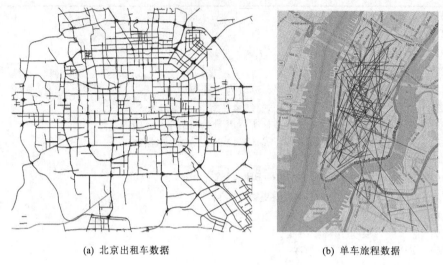

(a) 北京出租车数据　　　　　　　　　　　　　　(b) 单车旅程数据

图 9-7　两个数据集形成的 STG

9.5.2　北京市案例研究

　　如图 9-8 所示,北京市在 2012 年 11 月 3 日 14:30～15:00 产生了 10 个黑洞和 9 个火山,它们位于北京工人体育场(A)、北京南站(B)、北京西站、三里屯、西直门等地。在北京,这些地方吸引了大量人群去观看体育赛事、乘车、购物、娱乐。乘出租车进入或离开这些地区的人们组成了上述黑洞和火山。

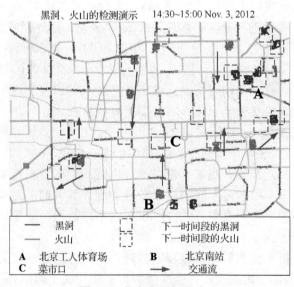

图 9-8　北京市黑洞和火山

1. 代表异常情况的黑洞和火山

异常出现的黑洞和火山代表着城市的异常。如图 9-9 所示，北京工人体育场处的两个黑洞代表了异常情况，即北京和广州足球队之间的一场重要赛事在 15:30 开始。此外，2012 年 11 月 24 日有一个黑洞在 22:00～22:30 形成，两个火山在 22:30～23:00 形成，22:30 在体育场举行的一场音乐会对此给出了合理解释。很多出租车聚集过来等待散后从体育场出来的乘客，并在音乐会结束后离开体育场。

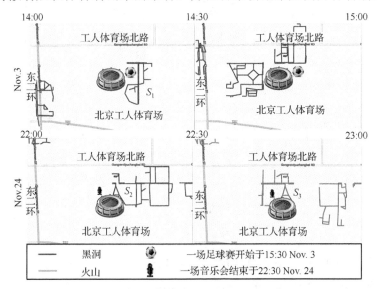

图 9-9　北京工人体育场附近的黑洞和火山

检测到的异常在很多应用例如交通管制、事件控制等中都很有用。例如 2012 年 11 月 3 日 14:30～15:00 出现的黑洞 S_1。S_1 中有 56 条边，当用于决定交通是否可被 S_1 吸收的参数 α 设为 0.7 时，S_1 的道路网容量为 988。一旦发现 S_1 的实际流量接近容量 988，交通管理部门则可以实施交通管制。黑洞的信息也可以展示在路旁显示屏上提醒司机在即将到来的交通堵塞之前变换路线。

2012 年 11 月 24 日，在 22:00～22:30 形成黑洞 S_2 和下一时间段形成的火山 S_3 有 24 条重合的边。因此，连续检测算法将通过扩展 S_2 至 S_3 减少至少 24 条边的输入。

2. 黑洞和火山的固定模式

定期的黑洞和火山可被视为黑洞和火山的固定模式，它反映了人类活动模式。

图 9-10 显示了 2012 年 11 月 5 日和 11 月 12 日从 21:30～23:59 围绕北京南站形成的黑洞和火山。每天有超过 260 列火车出发或抵达北京南站，其中大多数正常情况下都严格遵守列车时间表。此外，大多数巴士和地铁在 21:30～23:59 都停止服务

了，因此，由出租车组成的黑洞和火山反映了这一时间段围绕车站的人类活动模式。四列火车都应该在 11 月 12 日 22:00 抵达车站，由图 9-10(a)～图 9-10(d)所示，22:00 后离开的出租车形成了 4 个火山。这样的火山时常在 22:00 后出现，从而成为了一种火山模式。注意到即使这些模式经常出现，依然需要对其进行连续检测，因为在 STG 中黑洞和火山的影响范围和覆盖区域是动态变化的。

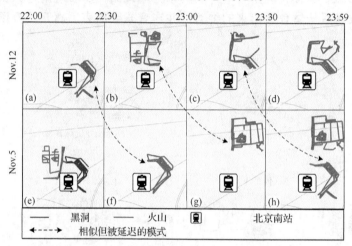

图 9-10　北京南站的黑洞和火山

　　然而，如图 9-10(e)～图 9-10(h)所示，2012 年 11 月 5 日模式延迟了 30 分钟。而根据当天新闻报道，中国北方的一场大雪使从上海到北京的所有列车晚点了 30 分钟，这证明了本方法的有效性。

　　给出这样的模式，交通管理部门可以推迟巴士或地铁的停止时间至 22:30 以方便 22:30 抵达北京南站的旅客。未来城市规划人员可以扩大车站周边的道路容量来减缓交通压力。他们可以通过研究这些模式来发现道路网设计中的缺陷、改进车站计划。

3. 黑洞和火山间的关系

　　值得注意的是黑洞和火山可能相互转化。如图 9-8 所示，在下一时段 6 个黑洞变成了火山，3 个火山变成了黑洞。特别地，两个围绕北京工人体育场形成的黑洞在下一时间段变成了火山，这是因为北京队对广州队的足球比赛在 2012 年 11 月 3 日 15:30 开始，出租车载着球迷入场形成了黑洞，离开时又形成了火山。

　　此外，我们发现很多人离开一个火山进入了另一个黑洞，即在两个连续的时间段里火山和黑洞之间有大量的交通流。例如图 9-8 所示，9.8%的出租车在 15:00～15:30 离开北京南站（B）前往菜市口（C），后者是一个著名的旅游景点。

　　黑洞和火山的关系可以帮助人们更好地理解城市动态，从而优化交通设计和城市规划。例如，公共交通管理者可以增加北京南站和菜市口间的车次以缓和交通压力，城市设计者甚至可以设计连接这两个地点的新的道路或地铁线路。

9.5.3　纽约市案例研究

由于人们通常在附近的单车站租赁或返回单车，检测在一个由多个车站组成的区域而不是单一车站中形成的黑洞或火山是必要的。图 9-11 显示了纽约市曼哈顿区在 2013 年 10 月 8 日和 10 月 17 日的 16:00～20:00 形成的黑洞和火山。例如，10 月 8 日 17:00～18:00 有一个火山位于华尔街（C）附近，10 月 17 日 17:00～18:00 有一个黑洞位于时代广场（A）附近。注意到，所有时间段内 17:00～18:00 间形成的黑洞和火山数量是最多的，这是因为此时的交通流是工作日中的高峰。

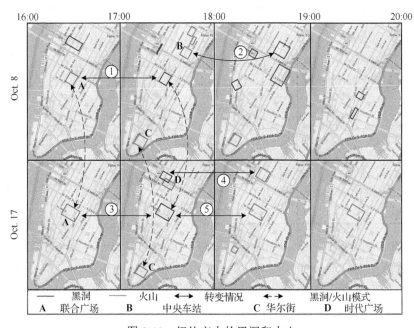

图 9-11　纽约市内的黑洞和火山

1. 代表异常情况的黑洞和火山

如图 9-11 所示，10 月 17 日 17:00～18:00 位于联合广场附近的火山转变为黑洞③，而在接下来的两个时间段内转变为火山⑤，其原因是这一天从 8:00～18:00 发生在联合广场的 Greenmarket 活动。在 Greenmarket 过后，人们骑车离开了联合广场从而形成两个火山。

表 9-1 记录了 10 月 17 日 16:00～20:00 围绕点 A 的单车站流入流出情况。例如，382 号和 497 号车站在 16:00～17:00 的实际流出量为 18 和 16。

表 9-1　联合广场的流入流出

时间间隔			车站 ID	流入	流出
16:00~17:00	Oct.17	火山	382	24	42
			253	15	20
			497	24	40
			285	12	0
			合计	75	102
17:00~18:00	Oct.17	黑洞	253	14	9
			382	37	22
			497	56	50
			285	19	23
			合计	126	104
18:00~19:00	Oct.17	火山	382	45	63
			253	22	25
			497	53	59
			285	19	23
			合计	139	170
19:00~20:00	Oct.17	火山	382	30	36
			497	28	32
			253	8	9
			285	22	21
			合计	88	98

　　基于实时的黑洞和火山，Citibike 可以从 16:00~17:00 和 18:00~20:00 运用卡车将单车运送至 382 和 497 号车站，同时在 17:00~18:00 从 253、382、497 号车站移走单车。这样，通过补充单车的短缺可以提升用户体验。

　　2. 黑洞和火山的模式

　　如图 9-11 所示，2013 年 10 月 8 日和 17 日，火山和黑洞通常在 16:00~17:00 和 17:00~18:00 围绕联合广场形成。火山通常是由来自联合广场附近的著名购物街——第五大道的购物者组成，同时黑洞是由从附近下班的人们组成。相似地，在 10 月 8 日和 17 日的 17:00~18:00 都有由从华尔街下班的公司雇员形成的黑洞。注意到这些模式通常是不为当地大众所知的。

　　基于以上的模式，Citibike 可以固定在 16:00~17:00 向联合广场附近的车站输送单车，而在 17:00~18:00 移走单车。Citibike 甚至可以优化这些车站的设计来协调单车短缺。例如，应当在 253、285、382、497 号车站增加单车和泊车口，因为这些站的实际流入流出量很大。但仅需要向高峰时段常形成火山的华尔街附近的车站增加单车。未来这些模式将帮助 Citibike 选择车站址，从而提高该单车共享系统的运行效率。直观上看，Citibike 应当在黑洞和火山高发地安排更多的车站。

3．黑洞和火山间的关系

如图 9-11 所示，在 2013 年 10 月 8 日和 17 日有 3 个火山变成了黑洞、2 个黑洞变成了火山。例如，10 月 8 日 17:00～18:00，中央车站（B）附近的火山在下一时段变成了黑洞②。这个转变可能是由于车手进入和离开车站导致的。同样可以发现在高峰时段很多通勤人员离开华尔街前往中央车站，这是一条热门单车路线。此外，在 10 月 17 日，时代广场（D）附近 17:00～18:00 形成的黑洞在 18:00～19:00变为了火山。

黑洞和火山间显现出的以上关系可以帮助纽约市的规划部门设计出能更好缓解交通压力的单车道。

9.5.4　在单一时段内的表现

1．比较方法

本方法 BH_ALL 将和以下几种方法进行比较。

（1）MCL 图聚类算法[115]使用随机矩阵基于图上的随机游走来聚类密集图。随机游走是利用马尔科夫链进行计算的。由于 MCL 不是一个连续的算法，我们将重复应用 MCL 来在每个时间段对 STG 进行聚类。一个时间段内的 STG 可以被视为每条边的流量代表着边权重的加权图。由于 MCL 不考虑 STG 的时空属性，检查 MCL过程后每个聚类是否满足空间阈值和流阈值，并输出得到的黑洞。

（2）BL 方法选择 STG 中一条实际流量最大的初始边 e，然后通过随机添加选中邻近边将 e 扩展为黑洞。这些步骤将被重复进行直到 STG 中不能再找到更多的黑洞。

（3）BH_P 方法运用候选网格选择方法结合流上限更新方法来进行网格剪枝，并运用 BL 方法在候选网格中找出黑洞。

（4）BH_E 方法运用空间扩展算法来在所有未被剪掉的网格中检测黑洞。该方法与 BL 方法的主要区别在于 BH_E 方法根据优先权值选择邻近边，而后者是随机选择的。

（5）BH_PE 方法运用候选网格选择、流上限更新、空间扩展几种方法的结合。

对北京出租车数据，空间阈值被设为 $\{0.5, \mathbf{1.1}\} \times \sqrt{2}$ 公里，流阈值 τ 设为 $\{20, \mathbf{40}\}$，时间间隔设为 $\{\mathbf{0.5h}, 1h, 1.5h, 2h, 2.5h, 3h\}$。粗体表示默认值。对单车旅程数据，$d$ 被设为 $0.4 \times \sqrt{2}$ 公里，τ 被设为 3，时间间隔设为 1h。

　　所有实验用 C++实现，在装载 3.4GHz 核心处理器和 16GB 内存的机器上进行。操作系统为 64 位 Windows 8 系统。

　　2. 结果

　　如表 9-2 所示，在两种参数设置下，BH_ALL 方法在运行时间和找出的黑洞和火山的平均数量上都要优于其他方法。当更多的算法被应用，运行时间也节省得更多，有更多的黑洞和火山可以被发现。尽管 τ 值可以基于 MBB 中的平均道路容量来决定，但这里仍然分析一下不同的 τ 值会造成的影响。

表 9-2　在每个时间间隔下检测黑洞和火山的运行时间和检测数量

方法	$d=0.5\times\sqrt{2}\text{km},\tau=20$		$d=1.1\times\sqrt{2}\text{km},\tau=40$	
	运行时间/s	检测数量	运行时间/s	检测数量
MCL	10.94	0	10.94	0
BL	24.91	3.56（黑洞）	84.95	1.81（黑洞）
		3.79（火山）		2.16（火山）
BH_E	20.73	14.22（黑洞）	131.49	26.19（黑洞）
		13.04（火山）		16.07（火山）
BH_P	5.79	3.51（黑洞）	39.29	3.81（黑洞）
		3.62（火山）		4.1（火山）
BH_PE	4.78	12.44（黑洞）	29.48	22.91（黑洞）
		11.53（火山）		14.21（火山）
BH_ALL	4.37	19.31（黑洞）	27.18	26.77（黑洞）
		17.97（火山）		21.20（火山）

　　第一，由于空间扩展算法通过基于优先权值添加邻近边来将初始边扩展为黑洞，黑洞检测失败的可能性将会被降低，并因此检测出更多的黑洞。从表 9-2 可以看出 BH_E 方法比 BL 方法检测到的黑洞和火山更多，这也是为什么当 d 和 τ 增加时 BH_E 方法比 BL 方法更耗时。第二，候选网格选择算法迅速选择出那些可能与黑洞相交的网格。此外，流上限更新算法在空间扩展过程中进行了网格剪枝，这些剪枝算法减少了黑洞检测的搜索空间，也因此大大节省了运行时间。表 9-2 显示了 BH_P 的运行时间比 BH_E 方法短得多。注意到 BH_P 方法检测到很少的黑洞和火山，因为它没有运用空间扩展算法。第三，连续检测算法通过从最新的黑洞、火山或者是黑洞模式出发，同时提高了黑洞检测的效率和质量。如表 9-2 所示，BH_ALL 方法与 BH_PE 相比，多检测到至少 16.8%的黑洞和 49.2%的火山，并最多节省了 9.4%的运行时间。

　　当 d 增加时，所有方法的运行时间都增加了，因为随着空间阈值的增加更多的边需要被输入。注意到 BH_ALL 方法的运行时间关于黑洞和火山数量增加得很缓慢，这也证实了其可延展性。

　　由于 MCL 忽略了流和空间的限制条件，其运行时间不会发生改变。在各种设置情况下，MCL 都无法找到任何黑洞，因为 MCL 方法得到的所有聚类的实际流量都不能满足 τ。这一结果是有理可循的，因为 MCL 在聚类过程中忽略了 STG 的时空属性，以及黑洞的流和空间的限制条件。

　　如表 9-3 所示，BH_ALL 的全部运行时间在时间间隔为 0.5h 时为 27.18 秒。特别地，空间扩展过程组成了线上运行时间的主体，因为算法需要逐边扩展，而同时候选网格选择和流上限剪枝都只需要很短的时间。当 d 和 τ 增加时，候选网格选择和流上限剪枝的运行时间比空间扩展增加得更为缓慢，这是因为 STG 索引中总体网格数是随之减少的。表 9-3 标示出了 map-matching 的运行时间。

表 9-3　各个部分的运行时间

阈值设置	候选网格选择/s	空间扩展/s	流上限更新/s	Map Matching/min
$d=0.5\times\sqrt{2}\mathrm{km}, \tau=20$	0.21	4.14	0.02	14.82
$d=1.1\times\sqrt{2}\mathrm{km}, \tau=40$	0.39	26.72	0.07	

9.5.5　连续检测的表现

　　本节将评估连续黑洞检测的重复率和回报率。重复率被定义为从黑洞模式（用 Pattern 表示）、上一时间段的最新黑洞（用 Black Hole 表示）、最新火山（用 Volcano 表示）或以上三种的子图（用 BH_ALL 表示）发展而来的黑洞的数量与检测出的黑洞总数的百分比。火山重复率有相似的定义，并对应表示为 Pattern$_V$、Black Hole$_V$、Volcano$_V$ 和 BH_ALL$_V$。回报率被定义为 BH_ALL 的平均获取时间与 BH_PE 的运行时间的百分比。

　　如图 9-12 所示，BH_ALL 的重复率从 59%～74% 不等，这比 Pattern、Black Hole、Volcano 的重复率要高。Pattern$_V$、Black Hole$_V$、Volcano$_V$、BH_ALL$_V$ 的重复率也显现出相似的规律。当时间间隔从 0.5h 变化到 3h 时，所有方法的重复率都下降了，因为在更长的时间内有更少的黑洞或火山重复出现。特别地，27.5%～53.6% 和 32.8%～43.3% 的黑洞分别被从最新黑洞和黑洞模式中检测出来，36.9%～76.3% 和 17.5%～23.4% 的火山分别被从最新火山和火山模式中检测出来。注意到一些黑洞和火山会互相转化：5.1%～20.6% 的火山变成了黑洞，25.7%～63.2% 的火山在下一时间段变成了黑洞。以上这些结果证实了连续黑洞检测应该运用在上一时间段内检测出的黑洞和火山以及黑洞模式。图 9-13 显示了连续检测算法在一天内的回报率。如

图 9-13 所示，当时间间隔变长时，回报率从 9.1% 下降到了 3.3%，这其中有两个原因：其一，当时间段长度变化时，较长的时间间隔会导致更少的时间段数和勘查结果；其二，时间间隔越长，重复率越低。

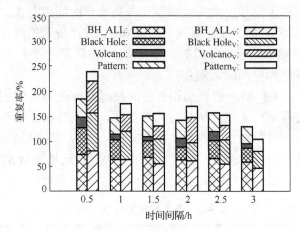

图 9-12　重复率

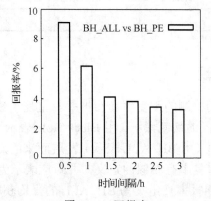

图 9-13　回报率

　　在一个涉及时间的 STG 中很难减少连续黑洞检测的开支。当实际流量动态变化时，一个黑洞可能在下一个时间段就不是黑洞了，这将会导致空间扩展的失败。这样的失败带来了额外的开支，也因此减少了回报率。事实上，可以在连续检测算法中使用 $S.f_a$ 动态下限 φ 而不是 0，即如果在上一时间段内黑洞、火山或者黑洞模式的实际流量低于 φ，则不用从 S 开始进行黑洞扩展，因为空间扩展失败的可能性很大。然而，动态下限会减少检测出的黑洞和火山的数量是因为抛弃了一些最新的实际流量较小的黑洞、火山和黑洞模式。确定 φ 是回报率和结果质量之间进行博弈和均衡的过程，可以在实际应用中根据具体需要进行设置。

9.6　结　　论

本章中，利用 STG 模拟了人类活动数据，并从中检测出城市黑洞。关于北京出租车数据的案例研究显示本章的方法可以发现城市异常情况，从而帮助进行交通堵塞预警和短时间交通管制，同时可以发现人类活动模式从而帮助改进北京市政规划。关于单车旅程数据的案例分析显示检测出的黑洞和火山有助于实时的单车调配，黑洞模式则有助于优化车站的部署和选址。此外，本章方法与其他方法相比，至少节省了 68% 的运行时间，同时多检测出 10 倍有余的黑洞。相较于单一时间间隔内的黑洞检测，本章提出的连续检测算法节省了至少 9% 的计算开支。

在未来的研究中，将在 Call Details Records 数据上应用本方法。检测出的黑洞将反映出各类突发事件，帮助避免公共危机。

第 10 章　基于潜在引用图数据的专利价值评估方法

10.1　引　　言

图挖掘方法不仅可以用于社交网络、感知技术的分析，还可以基于文本之间的关联对文本数据进行分析，如基于专利之间的关联对专利文本数据的分析。

专利数据中包含了丰富的科技信息，通过对专利的分析，可以帮助企业了解领域知识、发现领域中的技术空白点、进行专利侵权判断等。专利价值评估是专利分析中最常见的分析之一。通过对专利价值的评估，不仅可以帮助投资人评估企业的技术实力，还可以帮助企业用户在专利的购买、转让、许可中做出合理决策，有利于市场双方形成市场对价及合作基础。

给定专利文档的集合 $D=\{d_1, d_2, \cdots, d_n\}$，专利价值评估需要计算任意一个专利 d_i 的价值。目前的专利价值评估方法一般可以分为 2 种：一种是基于训练的方法；另一种是基于引用的方法。

基于训练的专利价值评估方法首先利用经验找出影响专利价值的因素。然后，在专家已判定好专利价值的训练数据集合中，通过训练确定各个因素在专利价值中所占的权重，得到价值评估公式。最后，利用该公式计算测试集中各个专利的价值。通过这种基于训练的专利价值评估方法，已有许多文献提出从专利的授权状态、专利授权的速度、同族专利数量、专利续费、专利授权时间和专利权人的重要性等多种因素来评估专利的价值[121-123]。但由于影响专利价值的因素通过经验得到，具有很强的主观性，且价值评估公式过度依赖于训练数据集，导致最终的专利价值评估结果的可信度较低。

专利价值也可以通过专利之间的引用关联进行评估。与训练的方法相比，基于引用关联的评估方法更为客观，且不依赖于训练集的优劣，具有更高的可信度。在 CHI 公司提出的指标评价体系中，就采用引用关联来评估专利的价值。根据专利之间的引用关联，专利集合可以被映射到一个有向图中。

例 10-1：图 10-1 中表示了一个专利集合 $D=\{a, b, c, d, e, f, g\}$ 对应的专利引用图 $G=(V, E)$，在该图中，节点表示所对应的专利文档，节点之间的边表示专利文档之间的引用关联，节点的横轴坐标表示专利发表的时间。例如，节点 a 表示对应的专利文档 a，其发表时间为 2001 年，节点 b 指向 a 的边表示专利 b 引用了专利 a。

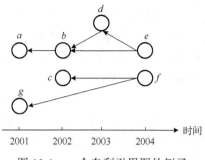

图 10-1　一个专利引用图的例子

在 CHI 的指标体系中，专利被引用的次数被用来评估专利的价值，在引用图中表示为节点的入度。在图 10-1 中，专利 a 只被一个专利所引用，因此其专利价值 pvalue(a)=1。类似地，pvalue(b)=3，pvalue(c)=pvalue(d)=pvalue(g)=1，pvalue(e)=pvalue(f)=0。

CHI 指标虽然在一定程度上反映了专利的价值，但也存在一定的缺陷，具体分析如下。

（1）不仅专利的直接引用会对专利价值产生影响，间接引用也会对专利价值产生影响。而 CHI 指数只考虑了专利间的直接引用关联，忽略了专利间的间接引用关联。例如，在图 10-1 中计算专利 a 的价值时，CHI 指标只考虑专利 b 对专利 a 的直接引用。然而，对于专利 d、e 和 f，尽管它们并没有直接引用 a，但都通过专利 b 对专利 a 进行了间接引用，因此专利 d、e 和 f 也应该对专利 a 的价值产生影响。

（2）专利的发表时间是影响专利价值的一个重要因素。一般来说，由于专利中所述技术会随时间的变化而逐渐变得落后，导致其专利价值也会相应地衰减。而在 CHI 指标中忽略了专利的发表时间对专利价值的影响。例如，在图 10-1 中，专利 c 和专利 g 都被专利 f 所引用，但由于专利 g 发表的时间比专利 c 早，因此其价值应该比专利 c 低，而在 CHI 指标中，专利 c 和专利 g 具有相同的专利价值。

（3）尽管有些专利并未被其他专利所引用，但也具有一定的专利价值。而在 CHI 指标中，未被引用的专利的价值为零，如图 10-1 中的专利 e 和 f。

（4）中文专利中不存在专利间的引用信息，导致基于引用的专利价值评估方法不能被应用。

由于 CHI 指标存在一定的缺陷，因此很难直接采用 CHI 指标来评估专利的价值。PageRank 算法是度量节点重要性的经典算法，它通常用于网页的评分或者科技文献的重要性评估，该方法考虑了节点间的直接和间接引用，在节点重要性评估方面具有较高的价值。PageRank 算法目前已有多种改进方法，包括面向个性化的 P-PageRank 算法[123]、面向垃圾网站检测的 TrustRank 算法[124]和针对主题敏感性的 TS-PageRank 算法[124]等。然而，尽管可以根据专利之间的相互影响，利用 PageRank 及其改进算法或异构图上的共排序方法来度量各个专利的重要性，但由于专利具有的一些独特的属性，如专利发表时间及引用的时间间隔等，导致这些方法并不能直接被应用。另外，中文专利中引证关系的缺失也给这种方法带来了困难。

针对已有专利价值评估方法的缺陷，本章提出了一种基于潜在引用图的专利价值评估方法。首先利用专利间的相似度建立专利潜在引用关联，将专利之间的关联建模为图数据结构。在此基础上同时考虑直接引用关联和间接引用关联及专利的发表时间对专利价值的影响，提出了专利价值评估基本算法，该算法可以有效地评估专利的价值。针对基本算法时间花费较高的问题，本章提出了专利价值评估改进算法，提高了算法的效率。在此基础上，当新的专利加入专利集合时，提出了专利价值评估动态更新算法，可以快速地更新各个专利的价值。

10.2　潜在引用关联

由于中文专利中不存在引用信息，导致基于引用的方法很难应用到中文专利的价值评估中。此外，跟相似度关联相比，引用关联很少考虑专利之间的潜在语义关系，并且由于专利申请者的知识面有限，可能会存在一些误引用或缺少引用的情况，导致基于引用关联的分析方法往往得不到良好的效果。基于以上原因，本章根据专利间的相似度及发表时间提出了专利间的潜在引用关联，即如果两个专利文档的相似度大于给定的相似度阈值，那么后申请的专利潜在引用先申请的专利。与引用关联相比，基于相似度关联的潜在引用关联不仅可以很好地模拟专利引用关联，而且考虑了专利之间的潜在语义关系。

定义 10-1：潜在引用关联（latent citation）。给定专利集合 $D=\{d_1, d_2, \cdots, d_n\}$，对应的专利发表时间的集合 $T=\{t_1, t_2, \cdots, t_n\}$，对于任意两个专利文档 d_i 和 d_j，如果 d_i 和 d_j 之间的相似度 $\text{sim}(d_i, d_j)$ 大于等于给定的相似度阈值 α，且专利 d_i 的发表时间大于专利 d_j 的发表时间，则存在专利 d_i 到专利 d_j 的潜在引用关联；否则不存在专利 d_i 到专利 d_j 的潜在引用关联。用公式表示为

$$\text{lc}<d_i,d_j>=\begin{cases}1, & \text{if } \text{sim}(d_i,d_j)\geqslant\alpha \text{ and } t_i>t_j \\ 0, & \text{else}\end{cases} \tag{10-1}$$

其中，$\text{lc}<d_i,d_j>=1$ 表示专利 d_i 潜在引用专利 d_j，$\text{lc}<d_i,d_j>=0$ 表示不存在专利 d_i 到专利 d_j 的潜在引用关联。

例 10-2： 专利文档集合 $D=\{a, b, c\}$，对应的专利发表年份分别为 2005、2007 和 2001。给定相似度阈值为 0.5，专利文档之间的相似度分别为 $\text{sim}(a,b)=0.6$，$\text{sim}(a,c)=0.7$，$\text{sim}(b,c)=0.3$。根据式（10-1），因为 $\text{sim}(a, b)>0.5$，且专利 b 的发表时间 2007 大于专利 a 的发表时间 2005，则专利 b 到专利 a 的潜在引用关联 $\text{lc}<b,a>=1$。类似地，$\text{lc}<a, c>=1$，$\text{lc}<b, c>=0$。

　　根据定义 10-1，要计算专利之间的潜在引用关系，首先需要计算专利文档之间的相似度。常用的文档之间的相似度计算方法包括 Jaccard 系数、余弦相似度等，本章中采用余弦相似度来度量专利文档之间的相似度，其具体步骤如下。

　　（1）用一组关键词的空间向量来表示专利集合 D 中的每一篇专利文档。

　　采用现有的中文分词软件，如中科院分词软件 ICTCLAS[①]对所有的专利文档进行分词；根据公用的停用词词库去除文档中的停用词，其中停用词为没有实际含义的功能词，如"和"、"一个"、"的"等；对于剩余的词项，根据 TF-IDF[142]公式计算每个词项在各个专利文档中的权重，其计算公式为

$$w_{ik} = \frac{\text{tf}(t_k, d_i) \times \log(N / n_{t_k})}{\sqrt{\sum_{t_k \in d_i}\left[\text{tf}(t_k, d_i) \times \log(N / n_{t_k})\right]^2}} \tag{10-2}$$

其中，w_{ik} 为词项 t_k 在专利文档 d_i 中的权重，$\text{tf}(t_k, d_i)$ 为词项 t_k 在专利 d_i 中的词频，N 为专利集合 D 的大小，n_{t_k} 为专利集合 D 中出现词项 t_k 的专利文档数。

　　得到各个词项的 TF-IDF 权重后，采用空间向量表示每一篇专利文档 d_i，记作 $d_i =\ <w_{i1}, w_{i2}, \cdots, w_{in}>$，其中 n 为关键词的数目。

　　（2）采用余弦相似度[143]计算公式计算两两专利文档之间的相似度。其计算公式为

$$\text{sim}(d_i, d_j) = \frac{\left(\sum_{k=1}^{n} w_{ik} \times w_{jk}\right)}{\sqrt{\left(\sum_{k=1}^{n} w_{ik}^2\right) \times \left(\sum_{k=1}^{n} w_{jk}^2\right)}} \tag{10-3}$$

其中，w_{ik} 为第 k 个词项在专利文档 d_i 中的权重，w_{jk} 为第 k 个词项在专利文档 d_j 中的权重。

10.3　专利价值评估基本算法

　　获得专利间的潜在引用关联之后，可以建立专利集合的潜在引用图。对于专利集合 $D=\{d_1, d_2, \cdots, d_n\}$，建立潜在引用图 $G=(V, E)$，在该图中，任意节点 v_i 对应于 D 中的专利文档 d_i，节点之间的边表示专利文档之间的潜在引用关联，边上的权重表示专利之间的相似度。即对于任意两个专利文档 d_i 和 d_j，如果 d_i 到 d_j 的潜在引用关联 $\text{lc}<d_i, d_j>=1$，则在 G 中建立 v_i 到 v_j 的有向边，边上的权重为 d_i 与 d_j 的相似度，其公式表示为

$$w<v_i, v_j> = \begin{cases} \text{sim}(d_i, d_j), & \text{if lc} < d_i, d_j > = 1 \\ 0, & \text{else} \end{cases} \tag{10-4}$$

① http://ictclas.nlpir.org/downloads

其中 $w<v_i, v_j>=\mathrm{sim}(d_i, d_j)$ 表示存在 v_i 指向 v_j 的边，且边上的权重为 d_i 与 d_j 之间的相似度；$w<v_i,v_j>=0$ 表示不存在 v_i 到 v_j 的边。可知，边上的权重代表专利之间的潜在引用关联的强度，即两个专利文档的相似度越高，它们之间的潜在引用关联越强。

例 10-3：图 10-2 表示了一个潜在引用图 $G=(V, E)$，每一个节点代表相应的专利文档，边表示专利间的潜在引用关联，边上的权重为专利文档之间的相似度，其中相似度阈值 $\alpha=0.3$。例如，v_1 对应于专利文档 d_1，v_2 指向 v_1 的边表示专利文档 d_2 潜在引用 d_1，且专利文档 d_1 与 d_2 的相似度为 0.5。

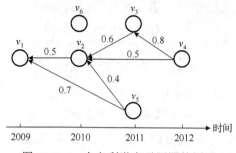

图 10-2 一个专利潜在引用图的例子

对于建立好的潜在引用图，考虑从直接和间接潜在引用关联、专利发表时间、潜在引用关联的强度 4 个方面衡量每一个专利的价值。提出的专利价值评估方法基于以下 4 个经验结论：

（1）专利被直接和间接引用的越多，该专利的价值越高。

（2）专利的发表时间距离当前时间的间隔越长，其专利价值会相应地降低。

（3）专利之间的相似度越高，则潜在引用关联越强。

（4）所有专利的专利价值都不为零。

基于以上结论，首先定义了专利的初始价值，以保证当专利不被其他专利直接或间接引用时，其专利价值仍不为 0。然后，对于每一个对其进行直接或间接潜在引用的专利，计算它们对该专利的价值的贡献度。最后，综合考虑专利的初始价值及其他专利对该专利的价值的贡献度来计算各个专利的价值。其具体方法如下。

假设专利价值随时间指数衰减，首先初始化各个专利的初始价值，其计算如下。

$$\mathrm{Ipv}(v_i) = 1 \times \mathrm{e}^{-\beta \Delta t_i} \tag{10-5}$$

其中，$\mathrm{Ipv}(v_i)$ 为 v_i 在当前时间的初始价值，"1"表示发表时间相同的各个专利的初始价值相同，β 为给定的价值衰减因子且 $\beta \in [0,+\infty)$，Δt_i 为专利 d_i 从发表时间到当前时间的间隔。Δt_i 的计算公式为

$$\Delta t_i = t_i - t_{\mathrm{now}} \tag{10-6}$$

其中，t_i 为专利 d_i 的发表时间，t_{now} 为当前时间。

例 10-3 中，假设当前的时间为 2012 年，给定价值衰减因子 $\beta=0.5$，则初始化 v_4

的专利价值 $\mathrm{Ipv}(v_4) = 1 \times \mathrm{e}^{-0.5 \times (2012-2012)} = 1$。类似地，$\mathrm{Ipv}(v_3) = \mathrm{e}^{-0.5}$，$\mathrm{Ipv}(v_5) = \mathrm{e}^{-0.5}$，$\mathrm{Ipv}(v_2) = \mathrm{e}^{-1}$，$\mathrm{Ipv}(v_6) = \mathrm{e}^{-1}$，$\mathrm{Ipv}(v_1) = \mathrm{e}^{-1.5}$。

从图 10-2 中可以看出，任意两个节点 v_j 和 v_i 之间的直接和间接潜在引用关联在图中反映为一条从 v_j 到 v_i 的路径，且可能存在多条 v_j 到 v_i 的路径。例如，v_4 到 v_2 存在两条路径，其中路径$<v_4, v_2>$为 v_4 到 v_2 的直接引用关联，路径$<v_4, v_3, v_2>$为 v_4 到 v_2 的间接引用关联。根据专利间的关联，定义了专利贡献度。

定义 10-2：专利贡献度（patent contribution）。 对于潜在引用图中的任意节点 v_i 和 v_j，如果存在 v_j 到 v_i 的路径，则 v_j 对 v_i 的专利贡献度为 v_j 到 v_i 的所有路径对 v_i 的专利价值的影响之和，记作 $\mathrm{pc}(v_j, v_i)$。其计算公式为

$$\mathrm{pc}(v_j, v_i) = \sum_{p_m \in P(v_j, v_i)} \mathrm{pvc}(v_j, v_i \mid p_m) \tag{10-7}$$

其中，$P(v_j, v_i)$ 为 v_j 到 v_i 的所有路径的集合，p_m 表示 $P(v_j, v_i)$ 中的任意一条路径；$\mathrm{pvc}(v_j, v_i \mid p_m)$ 为在路径 p_m 上 v_j 对 v_i 的路径价值贡献度，其定义如下。

定义 10-3：路径价值贡献度（path value contribution）。 对于潜在引用图中的任意节点 v_i 和 v_j，如果存在一条路径 $p_m = <v_j, v_{j+1}, v_{j+2}, \cdots, v_{i-1}, v_i>$（假设 $j<i$），那么 v_j 在路径 p_m 上对 v_i 的专利价值造成的影响称为 v_j 在路径 p_m 上对 v_i 的路径价值贡献度，记作 $\mathrm{pvc}(v_j, v_i \mid p_m)$。其计算公式为

$$\mathrm{pvc}(v_j, v_i \mid p_m) = \mathrm{Ipv}(v_j) \times \mathrm{e}^{-\beta(t_j - t_i)} \times \prod_{k=j}^{i-1} \frac{\mathrm{sim}(d_k, d_{k+1})}{\deg(v_k)} \tag{10-8}$$

其中，$\deg(v_k)$ 为节点 v_k 的出度，$(t_j - t_i)$ 为专利 v_i 和 v_j 的专利发表时间的间隔。

路径价值贡献度的定义采用随机游走模型的原理，$1/\deg(v_k)$ 表示当前节点具有相等的概率将其影响度转移到它相邻的节点。此外，$\mathrm{e}^{-\beta(t_j - t_i)}$ 反映了专利 v_j 与 v_i 的发表时间的间隔对路径价值贡献度的影响，时间间隔越大则表示 v_i 对 v_j 的影响传播速度越慢，路径价值贡献度越小；$\mathrm{sim}(d_k, d_{k+1})$ 反映了专利间的语义关联对路径价值贡献度的影响，专利间的语义相似度越高，则路径价值贡献度越大。

例 10-3 中，v_4 在路径 $p_1 = <v_4, v_3, v_2>$上对专利节点 v_2 的路径价值贡献度 $\mathrm{pvc}(v_4, v_2 \mid p_1) = 1 \times \mathrm{e}^{-0.5(2012-2010)} \times 0.4 \times 0.6 = 0.24\mathrm{e}^{-1}$。类似地，$v_4$ 在路径 $p_2 = <v_4, v_2>$上对 v_2 的路径价值贡献度 $\mathrm{pvc}(v_4, v_2 \mid p_2) = 0.25\mathrm{e}^{-1}$。根据定义 10-2，$v_4$ 对 v_2 的专利贡献度 $\mathrm{pc}(v_4, v_2) = 0.24\mathrm{e}^{-1} + 0.25\mathrm{e}^{-1} = 0.49\mathrm{e}^{-1}$。同理，$v_3$ 对 v_2 的专利贡献度 $\mathrm{pc}(v_3, v_2) = 0.6\mathrm{e}^{-1}$，$v_5$ 对 v_2 的专利贡献度 $\mathrm{pc}(v_5, v_2) = 0.2\mathrm{e}^{-1}$。

定义 10-4：专利价值（patent value）。 对于潜在引用图中的任意节点 v_i，其专利价值为 v_i 的初始专利价值与所有与 v_i 存在直接和间接潜在引用关联的节点对 v_i 的专利贡献度之和，记作 $\mathrm{pvalue}(v_i)$。其计算公式为

$$\mathrm{pvalue}(v_i) = \mathrm{Ipv}(v_i) + \sum_{\{v_j \mid |P(v_j, v_i)| \neq 0\}} \mathrm{pc}(v_j, v_i) \tag{10-9}$$

其中，$P(v_j, v_i)$ 为 v_j 到 v_i 的所有路径的集合。

根据专利价值的定义，任意专利 v_i 的价值由 v_i 的初始价值及其他专利对 v_i 的专利价值贡献度决定，其中 v_i 的初始价值保证了在不存在直接和间接潜在引用 v_i 的专利时，v_i 的专利价值不为 0。

例 10-3 中，专利节点 v_2 的专利价值为 v_2 的初始价值与 v_3、v_4 和 v_5 对 v_2 的专利贡献度之和，即 $\mathrm{pvalue}(v_2)=e^{-1}+0.6e^{-1}+0.49e^{-1}+0.2e^{-1}=2.29e^{-1}$。类似地，$\mathrm{pvalue}(v_1)=2.495e^{-1.5}$，$\mathrm{pvalue}(v_3)=1.4e^{-0.5}$，$\mathrm{pvalue}(v_4)=1$，$\mathrm{pvalue}(v_5)=e^{-0.5}$，$\mathrm{pvalue}(v_6)=e^{-1}$。

根据定义 10-2 和定义 10-4，任意节点 v_i 的专利价值等于 v_i 的初始价值 $\mathrm{Ipv}(v_i)$ 与所有和 v_i 存在关联的节点到 v_i 的路径对 v_i 的路径价值贡献度之和，即

$$\mathrm{pvalue}(v_i) = \mathrm{Ipv}(v_i) + \sum_{\{v_j \| P(v_j, v_i)\| \neq 0\}} \sum_{p_m \in P(v_j, v_i)} \mathrm{pvc}(v_j, v_i \mid p_m)$$

由于和 v_i 没有关联的节点不存在到 v_i 的路径，所以和 v_i 存在关联的节点到 v_i 的所有路径即潜在引用图中所有可以抵达 v_i 的路径的集合。因此 v_i 的专利价值也可以表示为 v_i 的初始专利价值与所有可以抵达 v_i 的路径对 v_i 的路径价值贡献度之和，即

$$\mathrm{pvalue}(v_i) = \mathrm{Ipv}(v_i) + \sum_{p_m \in P(v_i)} \mathrm{pvc}(v_i \mid p_m) \qquad （10\text{-}10）$$

其中，$P(v_i)$ 表示可以抵达 v_i 的所有路径的集合，p_m 为 $P(v_i)$ 中的任意一条路径，$\mathrm{pvc}(v_i \mid p_m)$ 为可以抵达 v_i 的任意路径对 v_i 的路径价值贡献度。

根据式（10-10），例 10-3 中节点 v_2 的专利价值为 v_2 的初始价值与路径 $<v_4, v_3, v_2>$，$<v_4, v_2>$，$<v_3, v_2>$，$<v_5, v_2>$ 对 v_2 的路径价值贡献度之和，即 $\mathrm{pvalue}(v_2)=e^{-1}+0.24e^{-1}+0.25e^{-1}+0.6e^{-1}+0.2e^{-1}=2.29e^{-1}$。

根据以上定义，基于潜在引用图的专利价值评估基本算法首先根据专利发表时间计算专利的初始价值，然后在潜在引用图中找到其他专利节点到该专利节点的所有路径，并计算每条路径对该专利的路径价值贡献度。最后，累加专利的初始价值和所有的路径价值贡献度来得到专利的价值。其具体算法如算法 10-1 所示。

算法 10-1：专利价值评估基本算法（basic patent value evaluation，BPVE）

输入：潜在引用图 $G=(V,E)$，专利发表的时间集合 $T=\{t_1, t_2, \cdots, t_n\}$；
输出：各个专利的价值
根据式（10-5）和式（10-6）初始化各个专利的价值；
(1)　for 每一个专利 v_i：
(2)　　找出所有可以抵达 v_i 的路径的集合 $P(v_i)$；
(3)　　for $P(v_i)$ 中的每一条路径 p_m：
(4)　　　根据式(10-8)计算 p_m 对 v_i 的路径价值贡献度；
(5)　　根据式（10-10）计算专利 v_i 的专利价值；
(6)　输出各个专利的价值

10.4　专利价值评估改进算法

尽管 BPVE 算法可以有效地评估专利的价值，但该算法首先要在潜在图中找出可以抵达目标专利节点的所有路径，因此需要耗费大量的时间。实际上，可以通过专利价值的特性对算法进行改进。

从图 10-2 中可以看出，对于任意专利节点 v_i，路径 p_m 对该专利的路径价值贡献度通过 v_i 的邻接节点传递给 v_i，因此定义传递价值度。

定义 10-5：传递价值度（transmitted patent value）。对于潜在引用图中的任意两个专利节点 v_i 和 v_j，所有可以抵达 v_i 且以 v_j 为倒数第 2 跳节点的路径的集合为 P_j，那么 v_j 对 v_i 的传递价值度 tpv(v_j, v_i) 定义为 P_j 中的所有路径对 v_i 的路径价值贡献度之和。其计算公式为

$$\text{tpv}(v_j, v_i) = \sum_{k=1}^{|P_j|} \text{pvc}(v_j \mid p_{jk}) \tag{10-11}$$

其中，p_{jk} 为 P_j 中的第 k 条路径，$|P_j|$ 表示集合 P_j 中的路径数目。

根据传递价值度的定义，证明了下面两个定理。

定理 10-1： 对于潜在引用图 $G=(V, E)$，v_i 是 G 中的任意一个专利节点，假设专利节点集合 C 为指向 v_i 的所有邻接节点的集合，那么专利节点 v_i 的专利价值等于 v_i 的初始专利价值与 C 中所有节点对 v_i 的传递价值度之和。

证明： 根据式（10-10），专利节点 v_i 的专利价值等于 v_i 的初始专利价值与所有可以抵达 v_i 的路径对 v_i 的路径价值贡献度之和。假设 $P=\{p_1, p_2, \cdots, p_n\}$ 为所有可以抵达 v_i 的路径的集合，$C=\{v_1, \cdots, v_k\}$ 是指向 v_i 的所有邻接节点的集合，那么 P 中所有路径的倒数第 2 跳节点一定属于 C。按路径的倒数第 2 跳节点划分，P 可以划分 k 个不相交的集合 $P_1, P_2, \cdots, P_k$，其中 P_j 表示以 v_j 为倒数第 2 个节点的路径的集合。根据定义 10-5，P_j 中所有路径对 v_i 的路径价值贡献度之和即为 v_j 对 v_i 的传递价值度。那么 C 中所有节点对 v_i 的传递价值度之和等于 $P_1, P_2, \cdots, P_k$ 中所有路径对 v_i 的路径价值贡献度之和。因此，节点 v_i 的专利价值等于 v_i 的初始专利价值与 C 中所有节点对 v_i 的传递价值度之和。证毕。

根据定理 10-1，对于潜在图中的任意专利节点 v_i，其专利价值的计算公式为

$$\text{pvalue}(v_i) = \text{Ipv}(v_i) + \sum_{j=1}^{|C|} \text{tpv}(v_j, v_i) \tag{10-12}$$

其中，C 为指向 v_i 的所有邻接节点的集合，$|C|$ 表示集合 C 的大小。

根据式（10-12），例 10-3 中专利节点 v_1 的专利价值也可以表示为 pvalue$(v_1)=$ Ipv(v_1)+tpv(v_2, v_1)+tpv(v_5, v_1)。

定理 10-2： 对于潜在引用图 $G=(V, E)$ 中的任意专利节点 v_i，v_{i-1} 是指向 v_i 的任

意邻接节点，那么 v_{i-1} 对 v_i 的传递价值度 $\text{tpv}(v_{i-1}, v_i)$ 等于节点 v_{i-1} 的专利价值 $\text{pvalue}(v_{i-1})$ 与 $\dfrac{\text{sim}(d_{i-1}, d_i) \times \text{e}^{-\beta(t_i - t_i)}}{\deg(v_{i-1})}$ 的乘积；其中 $\text{sim}(d_{i-1}, d_i)$ 为专利节点 v_{i-1} 与 v_i 的文本相似度，$\deg(v_{i-1})$ 为节点 v_{i-1} 的出度，t_i 和 t_{i-1} 分别为专利 v_i 和 v_{i-1} 的发表时间。

　　证明： 假设可以抵达 v_{i-1} 的路径的集合为 P'，可以抵达 v_i 且以 v_{i-1} 为倒数第 2 跳节点的所有路径的集合为 P_{i-1}，那么如果 P' 中存在一条路径 $p'_I = <v_1, v_2, \cdots, v_{i-1}>$，则在 P_{i-1} 中必定存在相应的路径 $p_{(i-1,I)} = <v_1, v_2, \cdots, v_{i-1}, v_i>$。但由于路径 $<v_{i-1}, v_i>$ 属于 P_{i-1}，且在 P' 中不存在对应的路径，因此 $|P_{i-1}| = |P'| + 1$。除路径 $<v_{i-1}, v_i>$ 外，P_{i-1} 中任意一条路径 $p_{(i-1,I)}$ 对 v_i 的路径价值贡献度为

$$\text{pvc}(v_i \mid P_{(i-1,I)}) = \text{Ipv}(v_1) \times \text{e}^{-\beta(t_1 - t_i)} \times \prod_{k=1}^{i-1} \frac{\text{sim}(d_k, d_{k+1})}{\deg(v_k)}$$

$$= \frac{\text{sim}(d_{i-1}, d_i) \times \text{e}^{-\beta(t_i - t_i)}}{\deg(v_{i-1})} \times \text{Ipv}(v_1) \times \text{e}^{-\beta(t_1 - t_{i-1})} \times \prod_{k=1}^{i-2} \frac{\text{sim}(d_k, d_{k+1})}{\deg(v_k)}$$

$$= \frac{\text{sim}(d_{i-1}, d_i) \times \text{e}^{-\beta(t_i - t_i)}}{\deg(v_{i-1})} \times \text{pvc}(v_{i-1} \mid P'_I)$$

路径 $<v_{i-1}, v_i>$ 对 v_i 的路径价值贡献度为 $\text{pvc}(v_i \mid <v_{i-1}, v_i>) = \text{Ipv}(v_{i-1}) \times \text{e}^{-\beta(t_{i-1} - t_i)} \times \dfrac{\text{sim}(d_{i-1}, d_i)}{\deg(v_{i-1})}$。那么 v_{i-1} 对 v_i 的传递价值度为

$$\text{tpv}(v_j, v_i) = \sum_{I=1}^{|P_{i-1}|} \text{pvc}(v_i \mid P_{(i-1,I)})$$

$$= \text{Ipv}(v_{i-1}) \times \frac{\text{sim}(d_{i-1}, d_i)}{\deg(v_{i-1})} \times \text{e}^{-\beta(t_{i-1} - t_i)} + \sum_{I=1}^{|P'|} \frac{\text{sim}(d_{i-1}, d_i) \times \text{e}^{-\beta(t_{i-1} - t_i)}}{\deg(v_{i-1})} \times \text{pvc}(v_{i-1} \mid P'_I)$$

$$= \frac{\text{sim}(d_{i-1}, d_i)}{\deg(v_{i-1})} \times \text{e}^{-\beta(t_{i-1} - t_i)} \times \left(\text{Ipv}(v_{i-1}) + \sum_{I=1}^{|P'|} \text{pvc}(v_{i-1} \mid P') \right)$$

可知，$\text{Ipv}(v_{i-1}) + \sum_{I=1}^{|P'|} \text{pvc}(v_{i-1} \mid P') = \text{pvalue}(v_{i-1})$，则

$$\text{tpv}(v_{i-1}, v_i) = \frac{\text{sim}(d_{i-1}, d_i)}{\deg(v_{i-1})} \times \text{e}^{-\beta(t_{i-1} - t_i)} \times \text{pvalue}(v_{i-1})$$

证毕。

　　根据定理 10-1 和定理 10-2，对于潜在图中的任意专利节点 v_i，假设 $C = \{v_1, \cdots, v_m\}$ 是指向 v_i 的所有邻接节点的集合，那么专利 v_i 的专利价值可以直接根据 v_i 的邻接节点来计算，其计算公式表示为

$$\text{pvalue}(v_i) = \text{Ipv}(v_i) + \sum_{k=1}^{m} \frac{\text{sim}(d_i, d_k) \times e^{-\beta(t_k - t_i)}}{\deg(v_k)} \times \text{pvalue}(v_k) \qquad （10\text{-}13）$$

根据潜在引用图的构建方法，对于图中的任意两个节点 v_i 和 v_j，如果 v_i 的发表时间 t_i 小于 v_j 的发表时间 t_j，那么一定不会存在从 v_i 到 v_j 的路径，即 v_i 不会影响 v_j 的专利价值。因此，在计算潜在图中所有节点的专利价值时，可以首先对专利节点按其发表时间从大到小排序，然后根据式（10-13）依次计算各个专利的价值。其算法如下。

算法 10-2：专利价值评估改进算法（improved patent value evaluation，IPVE）

输入：潜在引用图 $G=(V, E)$，发表时间集合 $T=\{t_1, t_2, \cdots, t_n\}$；
输出：各个专利的价值
(1)　根据式（10-5）和式（10-6）初始化各个专利的价值；
(2)　将所有专利节点按专利的发表时间从大到小排序；
(3)　for 排序后的每一个节点 v_i:
(4)　　根据式（10-13）依次计算 v_i 的专利价值；
(5)　输出各个专利的价值

如算法 10-2，对于图 10-2 中的潜在引用图，首先根据式（10-5）和式（10-6）初始化 v_1、v_2、v_3、v_4、v_5、v_6 的价值分别为 $e^{-1.5}$、e^{-1}、$e^{-0.5}$、1、$e^{-0.5}$、e^{-1}。之后，将专利节点按专利的发表时间从大到小进行排序，得到的次序为 v_4、v_3、v_5、v_2、v_6、v_1。最后，根据式（10-13）依次计算各个专利的价值，得到 $\text{pvalue}(v_4)=1$，$\text{pvalue}(v_3)=1.4e^{-0.5}$，$\text{pvalue}(v_5)=e^{-0.5}$，$\text{pvalue}(v_2)=2.29e^{-1}$，$\text{pvalue}(v_6)=e^{-1}$，$\text{pvalue}(v_1)=2.495e^{-1.5}$。

从算法 10-2 中可以看出，IPVE 算法只需要对专利文档按发表时间进行排序，然后依次计算各个专利节点的价值。假设潜在图中的专利节点数目为 V，边的数目为 E，m 为专利节点的平均入度，则 $E=mV$。使用快速排序的方法对所有专利文档进行排序的时间复杂度为 $O(V\log V)$，计算所有专利节点价值的复杂度为 $O(mV)=O(E)$，因此 IPVE 算法的时间复杂度为 $O(V\log V+E)$。

10.5　专利价值评估更新算法

IPVE 算法可以评估在当前时间 t 下专利集合中各个专利的价值。然而，当有新的专利在时间（$t+1$）加入专利集合时，各个专利的价值将发生改变。尽管可以在时间（$t+1$）将新的专利加入潜在引用图，并使用 IPVE 算法重新计算时间（$t+1$）下各个专利的价值，但这种方法存在大量重复的计算。因此，需要提出一种专利价值评估的动态更新算法，快速地更新时间（$t+1$）下各个专利的价值。

由 10.3 节的分析可知，专利的价值与该专利的潜在引用关联以及发表时间和当前时间的间隔有关。因此，当新的专利在时间（$t+1$）加入时，各个专利的价值会受到两方面的影响：

（1）专利的价值随其发表时间与当前时间的间隔的增加而衰减。

（2）新专利对其的直接和间接引用造成其专利价值的变化。

基于以上分析，可以在时间（$t+1$）不重新建立潜在引用图，而是采用动态更新的方法计算时间（$t+1$）下的每一个专利的价值。

当专利 v_j 在时间（$t+1$）加入时，首先依据式（10-5）和式（10-6）初始化 v_j 的专利价值为 $\mathrm{Ipv}^{(t+1)}(v_j)=1\times\mathrm{e}^{-\beta(t_j-t_0)}$，其中 t_0 为时间（$t+1$）的当前时间，t_j 为专利 v_j 的发表时间。因为 $t_0=t_j$，所以 v_j 的初始价值为 1。之后，将 v_j 加入到潜在引用图中，其步骤为：计算专利 v_j 与时间 t 的专利集合中所有专利的相似度，如果两者的相似度大于等于给定的相似度阈值，则在潜在引用图中建立 v_j 到该专利节点的边。

将 v_j 加入到潜在引用图后，首先找出与 v_j 存在路径的节点的集合 V_j。根据上述经验结论，对不属于 V_j 的节点，其专利价值只受到价值随时间衰减的影响，它在时间（$t+1$）的专利价值为时间 t 的专利价值与 $\mathrm{e}^{-\beta}$ 的乘积。其公式为

$$\mathrm{pvalue}^{t+1}(v_i)=\mathrm{pvalue}^t(v_i)\times\mathrm{e}^{-\beta}\qquad(10\text{-}14)$$

对于 V_j 中的节点，新加入的专利 v_j 会对其造成影响。因此，同 IPVE 算法，根据式（10-5）和式（10-6）初始化各个节点在时间（$t+1$）的初始价值，并将 V_j 中所有专利按发表时间从大到小排序，然后根据式（10-13）按序依次计算 V_j 中各个专利的价值。

由以上步骤可知，任意节点 v_i 在时间（$t+1$）的专利价值的计算公式可表示为

$$\mathrm{pvalue}^{t+1}(v_i)=\begin{cases}\mathrm{pvalue}^t(v_i)\times\mathrm{e}^{-\beta}, & \text{if }v_i\in V_j\\[2mm]\mathrm{Ipv}^{t+1}(v_i)+\sum_{k=1}^m\dfrac{\mathrm{sim}(d_i,d_k)\times\mathrm{e}^{-\beta(t_k-t_i)}}{\mathrm{deg}^{t+1}(v_k)}\times\mathrm{pvalue}^{(t+1)}(v_k), & \text{else}\end{cases}\qquad(10\text{-}15)$$

其中，$\mathrm{deg}^{(t+1)}(v_k)$ 为时间（$t+1$）专利节点 v_k 在潜在引用图中的出度，$\mathrm{Ipv}^{(t+1)}(v_i)$ 为时间（$t+1$）时 v_i 的专利初始价值。

基于以上步骤，专利价值评估动态更新算法的描述如算法 10-3 所示。

算法 10-3：专利价值评估动态更新算法（dynamic patent value evaluation，DPVE）

输入：专利集合 D，时间 t 各个专利的价值的集合 $\mathrm{Value}=\{\mathrm{pvalue}^{(t)}(v_1),\cdots,\mathrm{pvalue}^{(t)}(v_n)\}$，潜在引用图 $G=(V,E)$，发表时间集合 $T=\{t_1,t_2,\cdots,t_n\}$，时间（$t+1$）新加入的专利 v_j；

输出：（$t+1$）时间下各个专利的价值。

(1)　初始化 v_j 的专利价值为 1；

(2)　for 专利集合 D 中的每一个专利 v_i：

(3)　　　计算专利节点 v_i 与 v_j 的文本相似度 $\mathrm{sim}(d_i,d_j)$；

(4)　　　if $\mathrm{sim}(d_i,d_j)\geqslant$ 给定的相似度阈值：

(5)　　　　则建立 v_j 到 v_i 的边；

(6)　找出专利节点集合中与 v_j 存在路径的节点的集合 V_j；

(7)　for 不属于 V_j 的每一个节点 v_l：

(8)　　　根据式（10-14）计算 v_l 的价值；

(9)　对 V_j 中的专利节点按发表时间从大到小排序；

(10)　根据式（10-5）和式（10-6）初始化 V_j 中各个专利 v_k 在时间（$t+1$）的初始价值；

(11)　for V_j 中的每一个节点 v_k：

(12)　　　根据式（10-13）依次计算 v_k 的专利价值。

(13)　输出各个专利的价值。

定理 10-3：对于专利集合中的任意专利 v_i，采用 DPVE 算法得到的专利价值与在时间（$t+1$）采用 BPVE 算法计算得到的专利价值相同。

证明：对于潜在引用图 $G=(V, E)$，假设时间（$t+1$）加入的专利为 v_j，其初始专利价值为 1。根据 DPVE 算法，找出与 v_j 存在直接或间接引用关联的节点集合 V_j。

对于不属于 V_j 的任意节点 v_i，若采用 BPVE 算法分别计算时间 t 和时间（$t+1$）时 v_i 的专利价值，由于时间（$t+1$）加入的专利 v_j 与 v_i 不存在潜在直接或间接引用关联，因此时间 t 可以抵达 v_i 的路径与时间（$t+1$）可以抵达 v_i 的路径相同。但由于时间（$t+1$）专利的初始专利价值等于时间 t 的初始专利价值与 $e^{-\beta}$ 的乘积，即 $\mathrm{Ipv}^{(t+1)}(v_i)=\mathrm{Ipv}^{(t)}(v_i)\times e^{-\beta}$，因此根据式（10-8），任意一条路径 p_m 对 v_i 在时间（$t+1$）的路径价值贡献度等于时间 t 的路径价值贡献度与 $e^{-\beta}$ 的乘积，即 $\mathrm{pvc}^{(t+1)}(v_i\,|\,p_m)=\mathrm{pvc}^{(t)}(v_i\,|\,p_m)\times e^{-\beta}$。之后，根据式（10-10）可得，$v_i$ 在时间（$t+1$）的专利价值等于时间 t 的专利价值与 $e^{-\beta}$ 的乘积，即 $\mathrm{pvalue}^{(t+1)}(v_i)=\mathrm{pvalue}^{(t)}(v_i)\times e^{-\beta}$。根据式（10-14）可知，该结果与在时间（$t+1$）采用 DPVE 算法得到的 v_i 的专利价值相同。因此，对于不属于 V_j 的节点，定理 10-3 成立。

对于 V_j 中的任意节点 v_i，直接采用 IPVE 算法重新计算时间（$t+1$）时 v_i 的专利价值。因此，对于 V_j 中的任意节点 v_i，定理 10-3 成立。

证毕。

如图 10-3 是图 10-2 在时间（$t+1$）的潜在引用图，v_7 是在时间（$t+1$）新加入的专利。由于 v_7 在时间（$t+1$）不会被直接或间接引用，根据式（10-13），$\mathrm{pvalue}^{(t+1)}(v_7)=\mathrm{Ipv}^{(t+1)}(v_7)+0=1$。根据算法 10-3，将 v_7 加入潜在图，其中虚线为时间（$t+1$）建立的边。之后，找出 v_7 直接或间接引用的节点集合 $V_7=\{v_1, v_2, v_5\}$。

对于不属于 V_7 的节点 v_3、v_4 和 v_6，按式（10-13）计算其专利价值得 $\mathrm{pvalue}^{(t+1)}(v_3)=\mathrm{pvalue}^{(t)}(v_3)\times e^{-0.5}=1.4e^{-1}$，$\mathrm{pvalue}^{(t+1)}(v_4)=e^{-0.5}$，$\mathrm{pvalue}^{(t+1)}(v_6)=e^{-1.5}$。对 V_7 中的节点，首先按专利的发表时间从大到小排序，得 $V_7=\{v_5, v_2, v_1\}$。之后，根据式（10-5）和式（10-6）分别初始化 v_5、v_2、v_1 的初始专利价值为 e^{-1}、$e^{-1.5}$、e^{-2}，并按式（10-13）依次计算 v_5、v_2 和 v_1 的专利价值，得 $\mathrm{pvalue}^{(t+1)}(v_5)=\mathrm{Ipv}^{(t+1)}(v_5)+\mathrm{pvalue}^{(t+1)}(v_7)\times e^{-1}\times 0.5=1.5e^{-1}$，$\mathrm{pvalue}^{(t+1)}(v_2)=2.39e^{-1.5}$，$\mathrm{pvalue}^{(t+1)}(v_1)=2.72e^{-2}$。

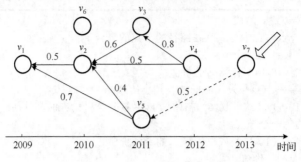

图 10-3　时间（t+1）的潜在引用图

如上面的例子所示，DPVE 算法不需要在新专利加入时根据 IPVE 算法重新计算每一个专利的价值，而是只重新计算那些与新加入专利存在直接或间接潜在引用关联的专利的价值，对不存在关联的专利进行简单的基于时间衰减的价值更新。因此与在时间（t+1）重新计算所有节点的专利价值的 IPVE 算法相比，DPVE 算法降低了专利价值评估的时间复杂度。

10.6　实 验 评 估

为了验证本章提出的方法的有效性和效率，本章在真实数据集上分别实现了 BPVE、IPVE 和 DPVE 算法，对算法的效果进行了评估，并测试了算法的运行效率。使用的数据为从中国知识产权局[①]爬取的 2003—2012 年期间专利分类号 G06T 下的 14582 条专利数据。

10.6.1　实验设置

为了验证提出的专利价值评估方法的有效性，将提出的方法与文献[126]和文献[127]中使用的 CHI 引证指数（Citation Index）及经典的网页重要性度量的 PageRank 算法进行对比，以验证提出的方法的有效性。

CHI 引证指数是美国知识产权咨询公司 CHI 提出的关于专利的重要性和影响力的重要指标，它使用专利被引用的次数来评估目标专利的价值。该指标已经成为判断专利价值的主要指标之一，并被学者们广泛采用。PageRank 算法则是经典的基于链接分析来度量网页重要性的方法,它被 Google 公司用于衡量特定网页相对于搜索引擎索引中的其他网页而言的重要程度。通常来说，一个网页被链接的次数越多，其重要性越高。在使用 CHI 引证指数和 PageRank 算法对专利价值评估时，由于中

---
① http://www.sipo.gov.cn/

文专利中缺乏引文信息，无法直接应用这两种方法来计算专利的价值。因此，对于书中采用的中文专利数据集，首先构建了专利之间的潜在引用关联，之后采用引证指数和 PageRank 算法分别计算各个专利的价值。而对于我们的方法，直接采用书中提出的 BPVE 算法和 IPVE 算法来计算专利的价值。

10.6.2　评估方法

一般来说，曾被购买或转让的专利具有较高的专利价值。因此，通过比较引证指数、PageRank 算法与 BPVE 算法的实验结果中曾被转让专利所占的比例来评估 3 种方法的有效性。本节分别采用 3 种方法计算了各个专利的价值，并对专利按照其价值从大到小排序，通过排序列表前 k 个价值最高的专利中曾被转让的专利占所有被转让专利的比例来评估 3 种方法的专利价值评估效果，前 k 个价值最高的专利中曾被转让专利的比例越高，则价值评估的效果越好。该比例用公式表示为

$$\text{Rec}_k = \frac{\sum_{d_i \in D} \text{Bool}(d_i)}{N_{\text{trade}}} \tag{10-16}$$

其中，Rec_k 为前 k 个价值最高的专利中曾被转让专利的比例，N_{trade} 为集合中被转让或交易的专利总数；$\text{Bool}(d_i)$ 表示 d_i 是否曾被转让或交易。如果 d_i 曾被转让或交易，则 $\text{Bool}(d_i)=1$；否则，$\text{Bool}(d_i)=0$。

10.6.3　结果与分析

本节首先比较了 BPVE 算法、文献[126]和文献[127]中使用的 CHI 引证指数（Citation Index）及 PageRank 算法 3 种方法的专利价值评估效果。

图 10-4 反映了在测试集上引证指数、PageRank 算法和 BPVE 算法的运行结果中价值最高的前 k 个专利中被转让专利所占的比例（其中衰减因子 β 设置为 0.01）。可以看到，在 $k=1000,2000,3000,4000,5000,6000$ 时，BPVE 算法中被转让专利所占的比例都高于引证指数和 PageRank 算法，即 BPVE 算法具有比引证指数和 PageRank 算法更好的价值评估效果。

另外，本节比较了 BPVE 算法和 IPVE 算法的运行效率以及 DPVE 算法与 IPVE 算法在新专利加入时进行价值更新的运行效率。从两个算法的步骤可知，β 并不会对算法的运行时间造成影响。因此，在以下的实验对比中，只比较了不同的数据量和相似度阈值下算法的时间效率。

图 10-5 首先比较了 BPVE 算法和 IPVE 算法的运行效率。图 10-5(a)是在相似度阈值 $\alpha=0.3$ 时 BPVE 算法和 IPVE 算法的时间效率对比。可以看到，BPVE 算法和 IPVE 算法的运行时间都随专利集合的增大而单调递增，但 IPVE 算法的运行时间的

增长较为缓慢，而 BPVE 算法的运行时间急剧增长，且 IPVE 算法总比 BPVE 算法具有更小的时间花费。图 10-5(b)比较了在专利数据集大小 N=6000 时 BPVE 算法和 IPVE 算法的时间效率。可以看到，当取不同的相似度阈值 α 时，BPVE 算法和 IPVE 算法的运行时间都随相似度阈值的减小而单调递增，且 IPVE 算法的运行时间总小于 BPVE 的运行时间。通过对图 10-5 中各图的观察，可以看到 IPVE 算法具有比 BPVE 算法更小的时间花费。

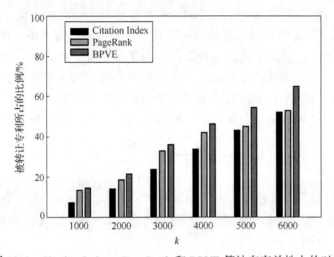

图 10-4　Citation Index、PageRank 和 BPVE 算法在有效性上的对比

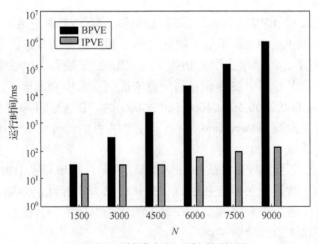

(a) 在不同数据集大小上运行时间的对比

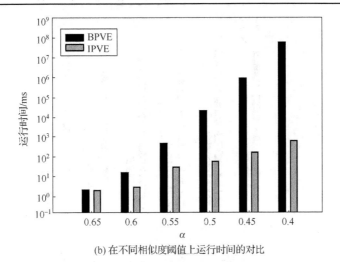

(b) 在不同相似度阈值上运行时间的对比

图 10-5　BPVE 算法和 IPVE 算法在时间效率上的对比

　　图 10-6 是在时间（t+1）使用 IPVE 算法和 DPVE 算法在时间效率的比较。图 10-6(a)
比较了在相同的相似度阈值下 IPVE 算法和 DPVE 算法的时间效率，其中相似度阈
值为α=0.3。可以看到，当有较少的专利在时间（t+1）加入时，DPVE 算法的运行
时间随新加入专利数量 n 的减少而单调递减，而 IPVE 算法的运行时间基本保持不
变。图 10-6(b)比较了时间（t+1）新加入专利的数量相同的情况下 IPVE 算法和 DPVE
算法的运行效率，其中 n=60。当给定的相似度阈值增大时，IPVE 算法和 DPVE 算
法的运行时间都单调递减，尽管在某些相似度阈值上 DPVE 算法的运行时间略高于
IPVE 算法，但随着相似度阈值的增大，DPVE 算法具有更高的运行效率。从图 10-6
可知，时间（t+1）新加入的专利数量与潜在引用图的稀疏程度都会对 DPVE 算法的
运行效率产生影响。当潜在引用图过于稠密时，新加入的专利会与已有专利集合中
较多的专利存在潜在引用关联，它需要找出这些专利并重新计算它们的价值，此时
DPVE 算法的运行效率相对较低；而当潜在图较为稀疏时，与新加入的专利存在引
用关联的专利数目较少，即需要重新计算价值的专利数量较少，此时 DPVE 算法比
IPVE 算法具有更高的时间效率。另外，时间（t+1）新加入专利的数量也会对 DPVE
算法产生影响。当新加入的专利数量较多时，DPVE 算法进行价值更新的效率优势
并不明显，而当新加入的专利数量较少时，DPVE 算法的运行效率远高于 IPVE 算
法。由以上分析可以看出，在时间（t+1）新加入的专利数量较少或潜在引用图较为
稀疏时，DPVE 算法比 IPVE 算法具有更小的时间花费。一般来说，相对于时间 t 已
有的专利数据集合的大小，时间（t+1）新加入的专利数量较少，且新加入专利与已
有专利数据集中较少的专利存在潜在引用关联。因此，在一般情况下，DPVE 算法
比 IPVE 算法具有更小的时间花费。

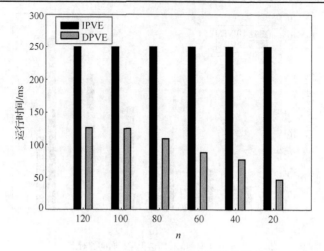

(a) 在不同的新增专利数量上运行时间的对比

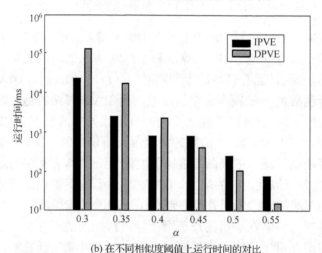

(b) 在不同相似度阈值上运行时间的对比

图 10-6　IPVE 算法和 DPVE 算法在时间效率上的对比

10.7　结　　论

　　本章针对已有专利价值评估方法中存在的缺陷，提出了一种基于潜在引用图的专利价值评估方法，并设计了相应的算法对专利的价值进行评估。新的方法考虑了专利之间潜在的直接和间接引用以及专利的发表时间和潜在引用强度对专利价值的影响，可以有效地评估各个专利的价值。针对基本算法效率较低的问题，本章提出了改进算法，极大提高了算法的效率。最后，针对新专利加入专利集合时各个专利的价值会发生变化的情况，提出了专利价值评估的动态更新算法，可以快速地更新专利的价值。

第 11 章　基于专利关联的新颖专利查找方法

11.1　引　　言

除了基于专利的关联利用图挖掘方法对专利价值进行评估外，还可以对专利的新颖度进行分析，以查找当前最新的科技信息。

给定专利集合 $D=\{d_1, d_2, \cdots, d_n\}$，新颖专利查找问题意在评估各个专利的新颖度，并按新颖度对专利文档进行排序。

传统的专利检索方法通常集中在如何查找到与给定查询语义最相关的 top-k 个专利，而没有考虑搜索结果中专利的新颖性。这样导致的结果是，一些过时的甚至无效的专利可能会出现在搜索结果的前列。然而，科研人员和企业往往只对于特定领域中最新的科研技术成果感兴趣，过时的科技信息对他们来说是毫无意义的。因此，需要一种新颖专利查找方法来找出与给定查询相关的且较为新颖的专利。

尽管存在一些新颖文档的检索或新颖性推荐方法，但普通文档的新颖度含义与专利新颖度不同，其更关注检索结果中文档的相异性[87,128]。Carterette 等[128]提出的新颖文档检索更接近多样性检索，检索结果集中 top-k 个文档包含的主题数目越多，检索方法的效果越好。不同于普通文档的新颖性，专利的新颖度目的是找出包含最新技术的专利文档，即关注专利的创新性。特别的，Baron 等[129]提出了一种 COA 方法来查找新颖专利，根据专利所包含的词的新颖度来度量专利的新颖度。专利中包含的词项越新颖，则表示该专利中所采用的技术越新颖，专利的新颖度越高，其中，每一个词项对整个专利的新颖贡献度根据该词项在专利中的词频及词项在整个专利集合中第一次出现的时间来进行度量。词频越高，表示该词项在专利中越重要。词项第一次出现的时间距离当前时间的间隔越小，则该词项所表示的技术越新颖。

例 11-1：图 11-1 给出了一个使用 COA 方法来评估专利新颖度的例子。在该图中，给定的专利包含"Protocol Address"、"World Wide Web"、"File Transfer Protocol"、"Private Internal"和"Regular Information"等 5 个关键词，且每个关键词都标明了它在整个专利集合中第一次出现的年份（如图 11-1(a)中各个关键词的横轴所示），以及各个关键词的词频（如图 11-1(b)所示）。例如，可以看到，"Protocol Address"在给定的专利中出现的词频为 10，且该关键词在整个专利集合中第一次出现的时间为 2012 年。假设当前的时间为 2015 年，则该关键词所表示的技术已经出现了 3 年，相对于其他关键词来说，该关键词所表示的技术较为落后。而对于"Regular Information",它第一次出现的时间为 2015 年,即刚刚在专利集合中出现,因此该关键词所表示技术较为新颖。基于关键词的词频(表示了技术在专利中的重要性)和在专利集合中第一次出现的时间(表示技术的新颖性),可以计算出各个关键词的新颖贡献度。累加以上 5 个关键词的新颖贡献度,即可得到整个专利的新颖度。

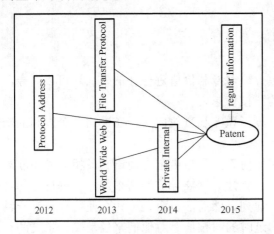

关键词	词频
"Protocol Address"	10
"World Wide Web"	2
"File Transfer Protocol"	7
"Private Internal"	8
"Regular Information"	5

(a) 专利包含的关键词　　　　　　　　　　(b) 关键词出现的频度

图 11-1　一个使用 COA 方法度量新颖度的例子

从上面的例子可以看出,COA 方法将专利文档视为孤立的个体,利用文档中包含的关键词来度量专利的新颖度。然而,专利中所包含技术的新颖与否与当前该研究课题的研究现状有关,即对于一个研究课题,当有新的技术方法被提出时,当前技术的新颖性才会降低,如果某个研究课题一直没有新的解决方案被提出,那么即使该专利不包含新颖的关键词,但仍为解决当前该研究课题的最新技术。而在 COA 方法中,仅仅通过分析单个专利来度量专利的新颖度,专利中重要的语义和结构关联[130,131]并没有被考虑到。

本章根据专利间的关联定义了专利的新颖度,即对于一个特定的研究问题,如果一个专利具有越多比该专利更新颖的专利,那么该专利将具有较低的新颖度。反之,如果比该专利更新颖的专利较少,则该专利将具有较高的新颖度。根据这种方法,首先度量了专利间的相对新颖度,根据相对新颖度将专利数据构建为一个专利相对新颖图。之后在图上定义专利的新颖度,并提出新颖度排序算法对专利按照新颖度进行排序。此外,针对新专利在下一时间到来时专利的新颖度排序会发生变化的情况,提出了高效的新颖度更新算法来对专利按照新颖度进行重新排序。

11.2　相对新颖图

由于一个专利的新颖度与其存在关联的专利有关，因此首先需要找出专利之间的关联，将专利数据构建为一个图结构，然后基于对该图结构的分析来定义专利的新颖度。语义相似度和引用关联是专利之间最常用的两种关联，在本节中，同时利用语义相似度和引用关联定义了专利间的技术关联及技术重叠。其中，引用关联常常暗示着两个专利具有技术相关性，引用的专利通常是被引用专利在同一研究问题上的改进方案。而相似度通常用来度量专利文档间的关联强度，专利间的相似度越高，则他们之间的关联越强。基于语义相似度和引用关联的特性，定义了专利间的技术关联和技术重叠度。

定义 11-1：技术关联（technical association）。 给定专利集合 $D=\{d_1, d_2, \cdots, d_n\}$，$d_i$ 和 d_j 是 D 中的任意两篇专利文档，如果 d_j 引用 d_i，那么存在 d_j 到 d_i 的技术关联，用公式表示为

$$\text{TA}(d_j, d_i) = \begin{cases} 1, & \text{if } d_j \text{ cites } d_i \\ 0, & \text{else} \end{cases} \tag{11-1}$$

其中，$\text{TA}(d_j, d_i)=1$ 存在 d_j 到 d_i 的技术关联，0 表示不存在 d_j 到 d_i 的技术关联。

例 11-2： 给定专利集合 $D=\{d_1, d_2, d_3\}$，d_2 引用 d_1，d_3 引用 d_2，d_1 和 d_2，d_2 和 d_3，d_1 和 d_3 之间的相似度分别为 0.3，0.4，0.6。基于定义 11-1，因为 d_2 引用 d_1，所以存在 d_2 到 d_1 的技术关联，即 $\text{TA}(d_2, d_1)=1$。同样地，$\text{TA}(d_3, d_2)=1$，$\text{TA}(d_3, d_1)=0$。

定义 11-2：技术重叠度（strength of technical overlap）。 给定专利文档集合 D，对于任意 $d_i, d_j \in D$，如果存在 d_j 到 d_i 的技术关联，那么 d_i 和 d_j 之间的关联强度，定义为它们之间的语义相似度。其公式表示如下：

$$\text{STO}(d_j, d_i) = \begin{cases} \text{sim}(d_i, d_j), & \text{if } \text{TA}(d_j, d_i) = 1 \\ 0, & \text{else} \end{cases} \tag{11-2}$$

其中，$\text{STO}(d_j, d_i)$ 表示 d_i 和 d_j 之间的技术重叠度，$\text{sim}(d_i, d_j)$ 为 d_i 和 d_j 之间的语义相似度。

在例 11-2 中，d_1 和 d_2 之间的技术重叠度为它们之间的相似度，即 $\text{STO}(d_2, d_1)=0.3$。同样地，$\text{STO}(d_3, d_2)=0.4$，$\text{STO}(d_3, d_1)=0$。

基于专利之间的技术重叠度，文中定义了相对新颖度。

定义 11-3：相对新颖度（comparative novelty rate）。 给定专利文档集合 D，d_i 和 d_j 为 D 中的任意两篇专利文档，如果 d_j 引用 d_i，那么 d_i 到 d_j 的相对新颖度定义为 d_i 相对于 d_j 的相对新颖度。

可以看到，相对新颖度度量了较不新颖的专利相对于较新颖专利的一个新颖度相对值。对于 D 中的任意两篇专利文档 d_i 和 d_j，如果 d_j 比 d_i 新颖，那么较低的技术

重叠度表示 d_j 从 d_i 中借鉴了较少的技术知识，d_j 相对于 d_i 的改进较大。因此，d_i 相对于 d_j 的新颖度较小，即 d_i 到 d_j 的相对新颖度与它们之间的技术重叠度正相关。基于此原因，使用下式来计算 d_i 到 d_j 的相对新颖度。

$$\mathrm{CNR}(d_i, d_j) = \begin{cases} \dfrac{\mathrm{STO}(d_j, d_i)}{2 - \mathrm{STO}(d_j, d_i)}, & \text{if } \mathrm{TA}(d_j, d_i) = 1 \\ 0, & \text{else} \end{cases} \tag{11-3}$$

其中，$\mathrm{CNR}(d_i, d_j)$ 表示 d_i 到 d_j 的相对新颖度。

在相对新颖度的计算公式中，分子表示专利文档 d_i 和 d_j 的技术重叠度，而分母则为两个专利文档包含的技术信息的叠加。图 11-2 给出了相对新颖度计算公式的含义，假设图中的两个圆分别表示专利文档 d_i 和 d_j 所包含的技术信息，而两个圆交叠的部分表示两个专利采用的相同的技术信息。可以看到，该公式的分子部分即两个专利的技术重叠度，而分母则表示两个专利所采用的技术信息的并集。利用专利中包含的技术信息的交集与技术信息的并集的比值来计算专利之间的相对新颖度。

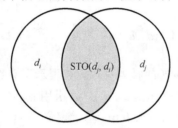

图 11-2　相对新颖度计算的表示实例

如公式（11-3）所示，对于 D 中的任意文档 d_i 和 d_j，如果 d_i 引用 d_j，那么 $\mathrm{CNR}(d_i, d_j) \in [0, 1]$。特别地，如果 d_i 和 d_j 之间不存在技术关联，则 $\mathrm{CNR}(d_i, d_j) = 0$。如果 d_i 和 d_j 相同，则 $\mathrm{CNR}(d_i, d_j) = 1$。

在例 11-2 中，d_1 到 d_2 的相对新颖度 $\mathrm{CNR}(d_1, d_2) = 0.3/(2-0.3) = 0.176$，同理，$\mathrm{CNR}(d_2, d_3) = 0.25$，$\mathrm{CNR}(d_1, d_3) = 0$。

根据专利间的相对新颖度，建立了相对新颖图，其定义如下。

定义 11-4：相对新颖图（novelty-association network）。 给定专利集合 $D = \{d_1, d_2, \cdots, d_n\}$，相对新颖图定义为一个有向带权图 $G = \{V, E, T\}$，其中图中的每一个节点表示 D 中的专利文档，$T = \{t_1, t_2, \cdots, t_n\}$ 表示各个专利的发表时间。对 V 中任意节点 v_i 和 v_j，存在 v_j 到 v_i 的边，其中该边上的权重为 d_i 到 d_j 的相对新颖度。用公式表示为

$$w(v_i, v_j) = \mathrm{CNR}(d_i, d_j) \tag{11-4}$$

其中，$w(v_i, v_j)$ 表示边 (v_i, v_j) 上的权重。

例 11-3： 图 11-3 表示一个关于专利集合 D 的相对新颖图 $G = \{V, E, T\}$，v_1、v_2、

v_3、v_4、v_5 分别表示 D 中的专利文档 d_1、d_2、d_3、d_4、d_5。横轴表示对应的每一篇专利文档的发表时间，边表示专利之间的引用关联，边上的权重表示对应的专利文档之间的相对新颖度。例如，v_1 和 v_2 分别表示专利文档 d_1 和 d_2，其中发表时间分别为 2010 年和 2011 年。此外，边(v_2, v_1)表示 d_2 引用 d_1，且 d_1 到 d_2 的相对新颖度为 0.5。

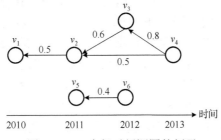

图 11-3　一个相对新颖图的例子

基于专利之间的相对新颖度，建立了相对新颖图，其构建过程如算法 11-1 所示。

算法 11-1：相对新颖图建立算法

输入：专利集合 $D=\{d_1, d_2, \cdots, d_n\}$。
输出：相对新颖图 $G=(V, E, T)$。
(1)　初始化 $V=\varnothing$，$E=\varnothing$；
(2)　for D 中的每一篇专利文档 d_i：
(3)　　　将 v_i 加入顶点集合 V；
(4)　for　$i = 1$ 到 n：
(5)　　for　$j = 1$ 到 n：
(6)　　　if　d_i 引用 d_j：
(7)　　　　将(v_i, v_j)加入边的集合 E；
(8)　　　　根据式（11-1）、式（11-2）和式（11-3）计算 v_i 到 v_j 的相对新颖度；
(9)　输出相对新颖图 $G=(V, E, T)$。

11.3　专利新颖度排序算法

根据专利相对新颖图，定义了专利的新颖度。可知，一个专利的新颖度与它发表时间之后的且和它相关的专利有关。如果一个专利没有被其他专利引用，即没有与其相关的更新颖的专利发表，那么该专利的新颖度只与它的发表时间相关，发表时间距离当前时间的间隔越长，新颖度越低。否则，一个专利的新颖度与引用该专利的专利的新颖度相关，引用专利的新颖度越高，则被引用专利的新颖度越高。因此，基于专利的发表时间和专利之间的关联定义了专利新颖度。

定义 11-5：专利新颖度（patent novelty）。给定专利相对新颖图 $G=\{V, E, T\}$，v_i 为 V 中的任意节点，V_i 是引用 v_i 的专利节点的集合，那么 v_i 的专利新颖度定义为

$$\text{PNovelty}(v_i) = \begin{cases} \min_{\{v_j|v_j \in V_i\}} \left\{ \text{PNovelty}(v_j) \times \text{CNR}(v_i,v_j) \times e^{-\beta \times \Delta t_{ji}} \right\}, & \text{if } |V_i| \neq 0 \\ 1 \times e^{-\beta(t_{\text{current}} - t_i)}, & \text{else} \end{cases} \quad (11\text{-}5)$$

其中，$\text{PNovelty}(v_i)$专利 v_i 的新颖度，Δt_{ji} 是专利 v_i 与专利 v_j 的发表时间的间隔，t_i 是专利 v_i 的发表时间，t_{current} 是当前时间，β 为时间衰减因子且 $\beta \in [0, +\infty]$。

如定义 11-5 所示，对于图中的任意节点 v_i，如果 v_i 没有在其后发表的且与其相关的专利存在，那么它的专利新颖度 $\text{PNovelty}(v_i)$只与它的发表时间有关。专利发表的时间距离当前时间的间隔越长，则专利的新颖度越低。否则，v_i 的专利新颖度 $\text{PNovelty}(v_i)$基于引用它的专利的新颖度进行计算，引用的专利的新颖度越低，则被引用的专利的新颖度越低。此外，$e^{-\beta \times t_{ji}}$ 考虑了引用与被引用专利的发表时间的间隔对专利新颖度的影响，该时间间隔越长，则 v_i 的专利新颖度越低。

在图 11-3 中，假设当前的时间为 2013 年，时间衰减因子 β 设为 0.5，由于图中不存在引用 v_6 的节点，那么 v_6 的专利新颖度基于它的发表时间进行计算，即 $\text{PNovelty}(v_6) = e^{-0.5(2013-2012)} = e^{-0.5}$。而对于 v_2，由于 v_2 被多个节点所引用，则其新颖度基于引用它的节点进行计算，即 $\text{PNovelty}(v_2) = \min\{\text{PNovelty}(v_3) \times \text{CNR}(v_2, v_3) \times e^{-\beta(2012-2011)}$，$\text{PNovelty}(v_4) \times \text{CNR}(v_2, v_4) \times e^{-\beta(2013-2011)}\} = \min\{0.6e^{-0.5} \times \text{PNovelty}(v_3), 0.5e^{-1} \times \text{PNovelty}(v_4)\}$。可以看到，只有先知道 v_3 和 v_4 的专利新颖度，才可以计算出 v_2 的专利新颖度。因此，在计算各个专利的新颖度并按新颖度排序之前，必须首先找出节点计算的顺序。

根据专利新颖度的定义，可以很容易得到以下的引理。

引理 11-1：对于相对新颖图 G 中任意节点 v_i，其专利新颖度和在 v_i 的发表时间之前发表的专利节点的新颖度无关。

证明：对于 G 中的任意节点 v_i，假设引用 v_i 的节点集合为 V_i，则其专利新颖度 $\text{PNovelty}(v_i) = \text{Ipn}(v_i) \times \min_{v_j \in V_i} \left(\text{PNovelty}(v_j) \times \text{CNR}(v_i, v_j) \right)$。对于 V_i 中的任意专利节点 v_j，可知 v_j 的发表时间晚于 v_i。同样地，假设引用 v_j 的节点集合为 V_j，v_j 的专利新颖度与 V_j 中的节点的新颖度有关，且 V_j 中的专利节点的发表时间都晚于 v_j，也晚于 v_i，因此 v_i 的新颖度只与晚于 v_i 发表时间的专利节点相关，而与 v_i 发表时间之前发表的专利节点无关，引理得证。

根据引理 11-1，可以首先对专利按照其发表时间从大到小排序，然后依次计算各个专利的新颖度并按照新颖度进行排序，其算法如算法 11-2 所示。

算法 11-2：新颖度排序算法（Novelty-Rank）

输入：相对新颖图 $G = (V, E, T)$。

输出：新颖度排序列表 L。

(1)　初始化 $L = \varnothing$；

(2)　对 V 中的专利节点按照发表时间进行排序；

(3)　for V 中的每一个专利节点 v_i：

(4)　　　　根据式（11-5）计算 v_i 的新颖度；

(5)　　　　将 v_i 加入新颖度排序列表 L；

(6)　　对 L 中的专利节点按照新颖度进行排序；

(7)　　输出新颖度排序列表 L。

基于算法 11-2，对例 11-3 中的各个专利的新颖度进行计算。首先对相对新颖图中的专利节点按照其发表时间进行排序，得到 $\{v_4, v_3, v_6, v_2, v_5, v_1\}$。然后，按以上顺序依次计算各个专利的新颖度，得到 $\mathrm{PNovelty}(v_4)=1$，$\mathrm{PNovelty}(v_3)=0.8\times e^{-0.5}=0.49$，$\mathrm{PNovelty}(v_6)=e^{-0.5}=0.61$，$\mathrm{PNovelty}(v_2)=0.48e^{-1}=0.18$，$\mathrm{PNovelty}(v_5)=0.4e^{-1}=0.15$，$\mathrm{PNovelty}(v_1)=0.24e^{-1.5}=0.05$。因此，最终的专利新颖度排序列表为 $\{v_4, v_6, v_3, v_2, v_5, v_1\}$。

11.4　专利新颖度更新算法

Novelty-Rank 算法可以在特定的时间 t 上度量各个专利的新颖度，并按照新颖度进行排序。然而，当有新的专利在 $t+1$ 时间被发表时（即新的专利节点加入相对新颖图时），各个专利的新颖度及排序将发生变化。例如，在图 11-4 中，当 v_7 在 $t+1$ 时间加入相对新颖图时，各个专利节点的新颖度都将发生改变。

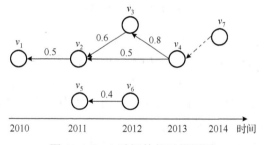

图 11-4　$t+1$ 时间的相对新颖图

尽管可以在（$t+1$）时间重新计算各个专利的新颖度并排序，但当节点和边的数目很大时，使用 Novelty-Rank 算法将花费大量的时间，因此需要一种更新算法来快速更新新颖度排序列表。

一个直观的想法是利用 t 时间的排序来计算 $t+1$ 时间的排序，如果 $t+1$ 时间大部分节点之间的排序与 t 时间节点之间的排序相同，那么基于 t 时间的排序列表对 $t+1$ 时间排序列表进行更新的时间将大大缩短。

因此，首先研究了节点之间的新颖度计算的关联，以便用来在下一步发现专利节点新颖度排序的特性。如算法 11-2 中所示，节点的专利新颖度总是受到引用它的节点的新颖度所影响，因此定义了节点的层次来反映节点与节点在新颖度计算上的关联。

定义 11-6：节点的层次（the level of node）。给定相对新颖图 $G=(V, E, T)$，对

于其中的任意节点 $v_i \in V$，假设存在到 v_i 的边的节点集合为 V_i，如果 $|V_i|=0$，即不存在任何其他节点到 v_i 的边，则称 v_i 位于层次 1；否则，v_i 属于层次 $k(k>1)$，当且仅当 V_i 中节点最大的层次为 $k-1$。其公式表示为

$$\text{level}(v_i) = \begin{cases} 1, & \text{if } |V_i| = 0 \\ k, & \text{if } |V_i| \neq 0 \text{ and } \max_{v_j \in V_i}\left\{\text{level}(v_j)\right\} = k-1 \end{cases} \tag{11-6}$$

如图 11-5 所示，v_5、v_6 和 v_7 为层次 1 的节点，v_3 和 v_4 为层次 2 的节点，v_2 为层次 3 的节点，v_1 为层次 4 的节点，表示为 $\text{level}(v_5)=\text{level}(v_6)=\text{level}(v_7)=1$，$\text{level}(v_3)=\text{level}(v_4)=2$，$\text{level}(v_2)=3$，$\text{level}(v_1)=4$。

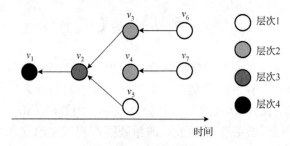

图 11-5　节点的层次

基于节点的层次的定义，证明了以下定理和引理。

引理 11-2：给定 $t+1$ 时间新节点加入后的相对新颖图 $G=(V, E, T)$，V_{add} 为 $t+1$ 时间新加入的节点集合，V_{add} 中节点不可达的节点的集合为 V_{unreach}，假设 v_i 为 V_{unreach} 中的任意节点，$\text{PNovelty}^{(t)}(v_i)$、$\text{PNovelty}^{(t+1)}(v_i)$ 分别为 v_i 在 t 时间和 $t+1$ 时间的专利新颖度，则 $\text{PNovelty}^{(t+1)}(v_i)=\text{PNovelty}^{(t)}(v_i)\times e^{-\beta}$。

证明：对于位于任意层次 k 的节点 v_i，假设在 t 和 $t+1$ 时间存在到 v_i 的边的节点集合分别为 V_i 和 V_i'，由于 v_i 属于 V_{unreach}，因此 $V_i = V_i'$。

当 $k=1$，v_i 位于层次 1，则 $\text{PNovelty}^{t+1}(v_i) = e^{-\beta(t_{\text{current}}^{t+1} - t_i)} = e^{-\beta(t_{\text{current}}^{t} - t_i + 1)} = \text{PNovelty}^{t}(v_i) \times e^{-\beta}$。

当 $k=2$，v_i 位于层次 2，则

$$\text{PNovelty}^{t+1}(v_i) = \min_{(v_j \in V_i' \text{ and } \text{level}(v_j)<2)}\left\{\text{PNovelty}^{t+1}(v_j) \times \text{CNR}(v_i, v_j) \times e^{-\beta \times \Delta t_{ji}}\right\}$$

$$= \min_{(v_j \in V_i' \text{ and } \text{level}(v_j)<2)}\left\{e^{-\beta} \times \text{PNovelty}^{t}(v_j) \times \text{CNR}(v_i, v_j) \times e^{-\beta \times \Delta t_{ji}}\right\}$$

$$= e^{-\beta} \times \text{PNovelty}^{t}(v_i)$$

$$\cdots$$

当 $k=n$，则

$$\text{PNovelty}^{t+1}(v_i) = \min_{(v_j \in V_i' \text{ and level}(v_j)<n)} \left\{ \text{PNovelty}^{t+1}(v_j) \times \text{CNR}(v_i, v_j) \times e^{-\beta \times \Delta t_{ji}} \right\}$$

$$= \min_{(v_j \in V_i' \text{ and level}(v_j)<n)} \left\{ e^{-\beta} \times \text{PNovelty}^t(v_j) \times \text{CNR}(v_i, v_j) \times e^{-\beta \times \Delta t_{ji}} \right\}$$

$$= e^{-\beta} \times \text{PNovelty}^t(v_i)$$

引理得证。

根据引理 11-2，对于任意节点 v_i，如果 $v_i \in V_{\text{unreach}}$，那么

$$\text{PNovelty}^{t+1}(v_i) = e^{-\beta} \times \text{PNovelty}^t(v_i)$$

引理 11-3：给定 $t+1$ 时间的相对新颖图 $G=(V, E, T)$，V_{add} 为 $t+1$ 时间新加入图的节点的集合，V_{add} 中节点可达的所有节点的集合为 V_{reach}。假设 v_i 为 V_{reach} 中的任意节点，$\text{PNovelty}^{(t)}(v_i)$、$\text{PNovelty}^{(t+1)}(v_i)$ 分别为 v_i 在 t 时间和 $t+1$ 时间的专利新颖度，那么 $\text{PNovelty}^{(t+1)}(v_i) \leqslant e^{-\beta} \times \text{PNovelty}^{(t)}(v_i)$。

证明：对于 V_{reach} 中的任意节点 v_i，其位于层次 k，由于 $v_i \in V_{\text{reach}}$，则 $k \geqslant 2$。假设 V_i 和 V_i' 分别是 t 和 $t+1$ 时间存在到 v_i 的边的邻接节点的集合，那么 $V_i \subseteq V_i'$。

当 $k=2$，v_i 属于层次 2，则

$$\text{PNovelty}^{t+1}(v_i) = \min_{(v_j \in V_i' \text{ and level}(v_j)<2)} \left\{ \text{PNovelty}^{t+1}(v_j) \times \text{CNR}(v_i, v_j) \times e^{-\beta \times \Delta t_{ji}} \right\}$$

对于 $v_j \notin V_{\text{add}}$，因为 level$(v_j)=1$，所以 $\text{PNovelty}^{(t+1)}(v_j) = \text{PNovelty}^{(t)}(v_j) \times e^{-\beta}$。由于 $V_i \subseteq V_i'$，则

$$\text{PNovelty}^{t+1}(v_i) \leqslant \min_{(v_j \in V_i \text{ and level}(v_j)<2)} \left\{ e^{-\beta} \times \text{PNovelty}^{t+1}(v_j) \times \text{CNR}(v_i, v_j) \times e^{-\beta \times \Delta t_{ji}} \right\}$$

也即 $\text{PNovelty}^{(t+1)}(v_i) \leqslant e^{-\beta} \times \text{PNovelty}^{(t)}(v_i)$。

……

假设 $k=n$，则

$$\text{PNovelty}^{t+1}(v_i) = \min_{(v_j \in V_i' \text{ and level}(v_j)<2)} \left\{ \text{PNovelty}^{t+1}(v_j) \times \text{CNR}(v_i, v_j) \times e^{-\beta \times \Delta t_{ji}} \right\}$$

$$\leqslant e^{-\beta} \times \min_{(v_j \in V_i \text{ and level}(v_j)<n)} \left\{ \text{PNovelty}^{t+1}(v_j) \times \text{CNR}(v_i, v_j) \times e^{-\beta \times \Delta t_{ji}} \right\}$$

$$= e^{-\beta} \times \text{PNovelty}^t(v_i)$$

引理得证。

定理 11-1：给定 $t+1$ 时间的相对新颖图 $G=(V, E, T)$，V_{add} 为 $t+1$ 时间新加入的节点的集合，与 V_{add} 中节点可达的节点的集合为 V_{reach}，不可达的节点的集合为 V_{unreach}，对于 V 中任意节点 v_i 和 v_j，$v_i \in V_{\text{reach}}$，$v_j \in V_{\text{unreach}}$。如果在 t 时间的新颖度 $\text{PNovelty}^{(t)}(v_i) < \text{PNovelty}^{(t)}(v_j)$，那么在 $(t+1)$ 时间有 $\text{PNovelty}^{(t+1)}(v_i) < \text{PNovelty}^{(t+1)}(v_j)$。

证明：由于 $v_j \in V_{\text{unreach}}$，则根据引理 11-2 和引理 11-3，$\text{PNovelty}^{(t+1)}(v_j) = \text{PNovelty}^{(t)}(v_j)$

$\times \mathrm{e}^{-\beta}$。由于 $v_i \in V_{\mathrm{reach}}$，则根据引理 11-3，$\mathrm{PNovelty}^{(t+1)}(v_i) < \mathrm{PNovelty}^{(t+1)}(v_i) \times \mathrm{e}^{-\beta}$。因此 $\mathrm{PNovelty}^{(t+1)}(v_i) < \mathrm{PNovelty}^{(t+1)}(v_j)$，定理得证。

定理 11-2：给定相对新颖图 $G=(V,E,T)$，对于任意节点 v_i 和 v_j，如果图中存在 v_j 到 v_i 的边，假设 v_i、v_j 在同一时刻的专利新颖度分别为 $\mathrm{PNovelty}(v_i)$ 和 $\mathrm{PNovelty}(v_j)$，则 $\mathrm{PNovelty}(v_i) \leqslant \mathrm{PNovelty}(v_j)$。

证明：如果在相对新颖图 $G=(V,E,T)$ 中存在 v_i 到 v_j 的边，那么

$$\mathrm{PNovelty}(v_i) = \min_{(v_k \in V_i)} \left\{ \mathrm{PNovelty}(v_k) \times \mathrm{CNR}(v_i, v_k) \times \mathrm{e}^{-\beta \times \Delta t_{ji}} \right\}$$

因为 $v_j \in V_i$ 且 $\mathrm{CNR}(v_i, v_j) \times \mathrm{e}^{-\beta \times \Delta t_{ji}} < 1$，所以 $\mathrm{PNovelty}(v_i) \leqslant \mathrm{PNovelty}(v_j)$，定理得证。

根据定理 11-1 和定理 11-2 可知，对于 t 时间的排序列表，其中的大多数节点之间的排序关系与在 $t+1$ 时间节点之间的排序关系相同，因此考虑利用插入排序来生成 $t+1$ 时间的排序列表，以提高算法的运行效率。其更新算法如算法 11-3 所示。

算法 11-3：新颖度排序列表更新算法（Novelty-Update）

输入：相对新颖图 $G=(V, E, T)$，t 时间的专利新颖度排序列表 L，
　　　$(t+1)$ 时间新增的专利节点 V_{add}；
输出：$(t+1)$ 时间的新颖度排序列表 L'；
(1)　初始化 $L'=\Phi$；
(2)　for V_{add} 中的每一个专利节点 v_i：
(3)　　将 v_i 加入顶点集合 V；
(4)　　根据式（11-5）计算 v_i 的专利新颖度 $\mathrm{PNovelty}(v_i)=1$；
(5)　　将 v_i 加入 $(t+1)$ 时间的新颖度排序列表 L'；
(6)　　　for 引用 v_i 的每一个专利节点 v_j：
(7)　　　　将 (v_i, v_j) 加入边的集合 E；
(8)　　　　根据式（11-1）、式（11-2）和式（11-3）计算 v_i 到 v_j 的相对新颖度；
(9)　找到与 V_{add} 中的节点可达的专利节点的集合 V_{reach}；
(10) for V_{reach} 中的每一个节点 v_j：
(11)　　根据式（11-5）计算 v_i 在 $(t+1)$ 时间的新颖度；
(12) 通过 $(V-V_{\mathrm{add}}-V_{\mathrm{reach}})$ 计算得到 V_{add} 中的节点不可达的专利节点的集合 V_{unreach}；
(13) for V_{unreach} 中的每一个节点 v_k：
(14)　　根据式（11-6）计算 v_k 在 $(t+1)$ 时间的新颖度；
(15) for $m=1$ 到 L 的长度：
(16)　　将 $L[m]$ 放入 $(t+1)$ 的排序列表 L' 末尾；
(17)　　令 n 为当前 L' 中节点的数目；
(18)　　while($n>0$ 且 $\mathrm{PNovelty}(L'[n]) > \mathrm{PNovelty}(L'[n-1])$)：
(19)　　　　交换 $L'[n]$ 和 $L'[n-1]$ 的位置；
(20)　　　　n--；
(21) 输出 $(t+1)$ 时间的新颖度排序列表 L'。

如算法 11-3 所示，当每个节点插入 L' 时，需要与当前列表中的专利节点的新颖

度进行比较（步骤（18）～（20）），且算法的运行时间主要消耗在专利节点的新颖度比较上。在推论 11-1 中，证明了当使用插入排序时，节点插入 L' 时需要比较的次数通常较少，以便下一步分析更新算法的性能。

推论 11-1：假设 L 和 L' 分别是 t 时间 $t+1$ 时间的新颖度排序列表。对于 L 中的任意节点 v_i、v_j 和 v_k，v_j 和 v_k 在 v_i 之前插入到 L' 中。v_j 是上一个插入 L' 且属于 V_{unreach} 的节点，v_k 是上一个插入到 L' 且引用了 v_i 的节点。假设 $\text{Pos}^{(t+1)}(v_i)$、$\text{Pos}^{(t+1)}(v_j)$、$\text{Pos}^{(t+1)}(v_k)$ 分别为 v_i 插入 L' 完成后，v_i、v_j 和 v_k 在 L' 中的最终位置，那么当 v_i 插入 L' 时，比较的次数最多为 $\min\{\text{Pos}^{(t+1)}(v_i)-\text{Pos}^{(t+1)}(v_j), \text{Pos}^{(t+1)}(v_i)-\text{Pos}^{(t+1)}(v_k)\}$。

证明：因为 v_j 是在 v_i 之前插入 L' 的节点，那么，基于定理 11-1，$\text{PNovelty}^{(t)}(v_j)\geqslant\text{PNovelty}^{(t)}(v_i)$，基于定理 11-2，$\text{PNovelty}^{(t+1)}(v_k)\geqslant\text{PNovelty}^{(t+1)}(v_i)$。因此，$v_i$ 在 L' 中的最终排序一定在 v_j 和 v_k 之后。因此，当 v_i 插入 L' 时，v_i 一定要和在 v_i 之前插入 L' 的节点依次做比较。如果 v_i 的新颖度比当前作比较的节点的新颖度大，那么交换 v_i 与当前节点的位置，否则比较停止，将 v_i 插入当前节点之后。而当 v_i 与 v_j 或 v_k 做比较时，由于 v_i 的新颖度一定比 v_j 和 v_k 的新颖度小，那么 v_i 的比较操作一定会停止。因此，当 v_i 插入 L' 时，其比较次数最多为 $\min\{\text{Pos}^{(t+1)}(v_i)-\text{Pos}^{(t+1)}(v_j), \text{Pos}^{(t+1)}(v_i)-\text{Pos}^{(t+1)}(v_k)\}$。推论得证。

图 11-6 是例 11-3 中的节点 v_3 在 $t+1$ 时间插入到排序列表 L' 的过程描述。因为 $v_6\in V_{\text{unreach}}$ 且 $\text{PNovelty}^{(t)}(v_6)\geqslant\text{PNovelty}^{(t)}(v_3)$，那么 $\text{PNovelty}^{(t+1)}(v_6)\geqslant\text{PNovelty}^{(t+1)}(v_3)$。因为 $<v_4, v_3>$ 是图中的边，那么 $\text{PNovelty}^{(t+1)}(v_4)\geqslant\text{PNovelty}^{(t+1)}(v_3)$。因此，在 v_3 插入到 L' 中时，新颖度比较的次数最多为 1。实际上，最终计算出的 $t+1$ 时间 v_3、v_4 和 v_6 的新颖度分别为 $\text{PNovelty}^{(t+1)}(v_3)=0.15$，$\text{PNovelty}^{(t+1)}(v_4)=0.31$，$\text{PNovelty}^{(t+1)}(v_6)=0.37$，因此比较的次数恰好为 1。

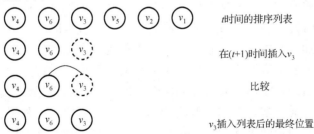

图 11-6　v_3 插入 L' 的过程示意图

时间复杂度分析：从图 11-6 中可以看到，当一个节点在 $t+1$ 时间插入的新排序列表时，只需要比较较少的次数即可将节点插入，即比较操作的开销为 O(1)。因此，使用插入排序将所有节点插入排序列表的时间复杂度为 O(N)。然而，如果采用算法 11-2 中使用的普通排序方法，则排序的时间复杂度为 O($N\log N$)。鉴于在相对新颖图建立完成后，计算每个专利新颖度的时间复杂度为 O(N)，在 $t+1$ 时间上更新新颖度排序列表的时间开销主要花费在排序上。因此，与 Novelty-Rank 算法相比，Update-Rank 算法可以大大减少运行时间的开销。

11.5　实　验　评　估

为了验证本章提出的方法的有效性，使用美国专利数据库（USPTO）中的专利作为实验数据集，其中选取的专利集合为国际专利分类号（IPC）G06J 下 2001 年到 2008 年期间发表的发明专利文档。

在本节中，使用从美国知识产权局 USPTO（http://www.uspto.gov）爬取的两个专利集合来评估我们提出的方法的有效性和高效性。使用的数据集的名称、专利数量和发表时间等信息如表 11-1 所示。

表 11-1　使用的数据集合的描述

数据集	专利数量	发表时间
Phone	25,245	2001—2008
Image Processing	23,628	2001—2008

11.5.1　实验设置

为了验证提出的新颖专利查找方法的有效性，将提出的方法和文献[129]提出的 COA 方法进行了对比。

COA 方法是一种基于专利所包含的词的新颖度来度量专利的新颖度的方法，即专利中包含的词项越新颖，则专利的新颖度越高。COA 方法首先提取专利文档的关键词并统计每个关键词在专利文档中的词频，然后统计每个关键词在整个专利集合中第一次出现的时间，并用关键词的词频和第一次出现的时间计算关键词的新颖贡献度。最后，累加各个关键词的新颖贡献度来得到整个专利的新颖度。在实验中，基于这样的步骤来度量专利集合中每一个专利的新颖度，并按照新颖度进行了排序。

对于我们提出的方法，首先对专利集合中的专利文档进行预处理，包括溯源、停用词移除、关键词提取、文本相似度计算等。对于给定的专利集合，首先进行溯源处理，即将同一词项的不同词性、单复数形式等表示为其基本形式，如将"are"转换为"be"，"computers"转换为"computer"。之后，根据公用的停用词词库去除文档中的停用词；对于剩余的词项，根据 TF-IDF 公式计算每个词项在各个专利文档中的权重，选取权重最大的 *top-k* 个词项作为各个专利文档的关键词，最后，使用 Jaccard 指数来计算两两专利文档之间的相似度。基于得到的相似度和专利间的引用关联计算了专利之间的相对新颖度，建立了新颖度图，并度量了图中各个专利的新颖度，同样地，最后对专利按照新颖度进行了排序。

11.5.2　评估方法

专利是一种有偿的保护的知识产权，专利权人为了保证自己能够具有独占专利中所记载的技术的权利，每年都要向国家知识产权局支付一定的费用。由于专利续费的价格通常较高，当专利权人认为当前拥有的专利中所包含的技术变得落后且不再新颖时，往往不会再对该专利进行续费，导致专利失效。因此，我们使用提出的新颖专利查找方法首先对专利按照新颖度进行排序，然后根据新颖度最高的 top-k 个专利中有效专利所占的比例 VRate 来度量验证本章中提出的方法的有效性。该比例的计算公式表示为

$$\text{VRate} = \frac{N_{\text{valid},k}}{k} \qquad (11\text{-}7)$$

其中，VRate 为前 k 个新颖度最高的专利中有效专利所占的比例，$N_{\text{valid},k}$ 是排序列表的前 k 个专利中有效专利的数量。

11.5.3　结果与分析

基于以上提出的新颖度评估方法，验证了提出的方法的有效性和高效性。将本章提出的方法与 COA 方法进行了对比，以评估 Novelty-Rank 算法的有效性。

在图 11-7 中，验证了提出的 Novelty-Rank 算法在"Phone"和"Image Processing"两个专利数据集上的有效性（其中，衰减因子 β 设置为 0.1）。从图 11-7(a)中可以看到，在"Phone"集合中，当 k=20, 40, 60, 80, 100 和 120 时，Novelty-Rank 算法的 VRate 的值均大于 COA 算法，即 Novelty-Rank 算法计算所得的排名前 k 个专利中有效专利的比例大于 COA 算法。因此，在"Phone"专利集合中，Novelty-Rank 算法评估专利新颖度的效果要好于 COA 算法。类似的，也比较了 Novelty-Rank 算法和 COA 算法在"Image Processing"数据集上的有效性（如图 11-7(b)所示）。可以看到，在大多数选定的 k 值下（当 k = 20, 40, 60, 100 和 120 时），Novelty-Rank 算法得到的排名前 k 个专利中有效专利的比例都要大于 COA 算法，即在"Image Processing"数据集上，Novelty-Rank 算法评估专利新颖度的效果也要好于 COA 算法。

从这两个数据集上的实验结果可以看出，本章提出的 Novelty-Rank 算法的效果均要好于 COA 算法，即 Novelty-Rank 算法相对于 COA 算法来说，能更好地度量专利的新颖度，并查找到当前较为新颖的技术信息。

由于 COA 算法并没有提供相应的更新算法对（t+1）时间的专利的新颖度排序进行更新，因此本节只对提出的 Novelty-Rank 算法和 Update-Rank 算法的运行效率进行了对比。"Phone"和"Image Processing"等两个测试集合都被分成两个部分：2001 年到 2007 年发表的专利以及 2008 年发表的专利。对于前一部分专利，预先使

用 Novelty-Rank 算法计算了各个专利在当前时间（t 时间）的新颖度，并对它们进行了排序。对于后一部分专利，将其作为在下一时间（$t+1$ 时间）新加入的专利的集合，分别使用 Novelty-Rank 算法和 Update-Rank 算法计算了各个专利在 $t+1$ 时间的新颖度，并按照新颖度进行重排序。

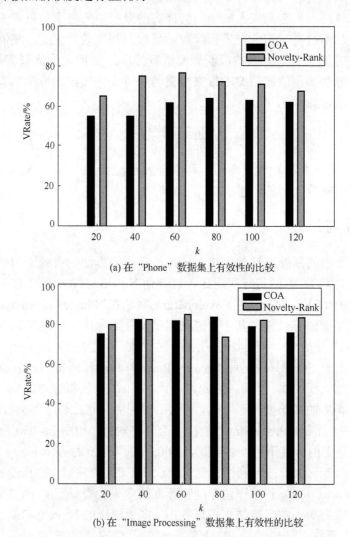

(a) 在"Phone"数据集上有效性的比较

(b) 在"Image Processing"数据集上有效性的比较

图 11-7　Novelty-Rank 算法和 COA 算法在有效性上的对比

在图 11-8 中，比较了 Novelty-Rank 算法和 Update-Rank 算法在专利新颖度计算和新颖度排序上的运行时间。从图 11-8(a)中可以看出，在"phone"专利集合中，当新加入专利的数量减小时，Novelty-Rank 算法和 Update-Rank 算法的运行时间都随之下降，而 Update-Rank 算法的运行时间明显地低于 Novelty-Rank 算法的运行时间，即 Update-Rank 算法具有比 Novelty-Rank 算法更好的时间效率。也比较了 Novelty-Rank 算法和 Update-Rank 算法在"Image Processing"专利集合上的时间效率。同样的，可以看到，当新加入的专利的数量 k=1800, 1500, 1200, 900, 600, 300 时，Update-Rank 算法的运行时间均低于 Novelty-Rank 算法的运行时间，即在"Image Processing"专利集合上，Update-Rank 算法依然具有比 Novelty-Rank 算法更好的时间效率。因此，从图 11-8 中可以看出，当新的专利到来时，Update-Rank 算法可以更加快速的更新专利的新颖度排序。

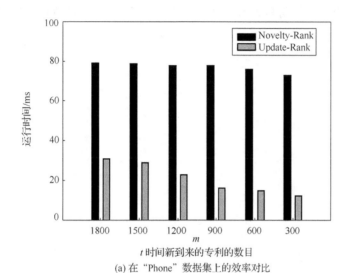

(a) 在"Phone"数据集上的效率对比

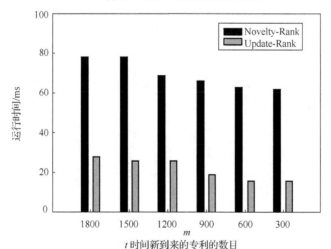

(b) 在"Image Processing"数据集上的效率对比

图 11-8　Update-Rank 与 Novelty-Rank 算法在运行效率上的对比

11.6　结　　论

　　在本章中，首先基于专利之间的关联提出了新的专利新颖度的定义，并设计了专利新颖度排序算法（Novelty-Rank 算法）来对专利按照新颖度进行排序。然后，为了处理当新的专利到来时专利新颖度排序会发生变化的情况，设计了新颖度更新算法（Update-Rank 算法）来对专利按照新颖度重新排序。最后，设计了一系列实验来说明提出的算法的有效性和高效性。值得一提的是，本章提出的更新算法在更新专利新颖度排序时，具有很高的运行效率。

第 12 章　异构专利网络中的竞争对手主题预测方法

12.1　引　　言

在以上两章中，介绍了如何基于专利之间的关联来评估专利的价值和查找最新的科技信息。在上述两种方法中，都将专利数据建模为图结构，并基于图结构对专利数据进行分析。在建立的图结构中，是基于专利之间的关联来建立图结构，将专利作为节点，专利之间的关联作为边，然后对专利的价值和新颖度进行分析。实际上，除了专利文本之间的关联外，还存在着其他关联，如发明人之间的合作关联、关键词之间的共现关联等，这些关联可以将专利数据中的信息构建为异构网络图，利用该异构网络图对专利数据进行分析。

在本章中，重点研究怎样使用专利数据中的多种关联来构建异构图模型，并基于异构网络图来预测竞争对手的未来研究主题，以帮助用户了解他们的竞争对手的研究趋势，从而提前应对可能的竞争风险，提供研发方向上的决策支持，最终实现专利预警。

例 12-1：图 12-1 描述了基于专利数据来预测竞争对手未来研究主题的问题，图中包括 3 个企业和 4 个研究主题。从图 12-1 中，可以看到在$[t_0, t]$时间内企业、专利和研究主题之间的各种关联。例如，企业 c_2 发表了专利 d_2 和专利 d_3，且专利 d_2 的研究主题为"classification"。此外，也可以发现更为复杂的关联，如企业 c_1 和 c_2 共同发表了专利 d_2。研究主题"Topic Discovery"和"Clustering"可能是相关的，因为它们共同出现在专利 d_4 中。竞争对手的主题预测问题是，基于$[t_0, t]$时间内企业、专利与研究主题之间的关联，怎样预测哪些主题会成为 c_2 在下一个时间段（记作$[t, t_1]$）的研究主题？

该问题可以被形式化为：给定当前的时间 t，专利集合 $D=\{d_1, d_2, \cdots, d_p\}$，企业集合 $C=\{c_1, c_2, \cdots, c_m\}$，主题词集合 $TW=\{tw_1, tw_2, \cdots, tw_n\}$。对于企业集合中的任意竞争对手 c_i，预测 TW 中哪些技术词会成为 c_i 在$[t, t_1]$时间段内的研究主题。

尽管该问题类似于领域上的专利趋势分析问题[132-134]，但仍有很多不同。首先，专利趋势分析倾向于了解一项技术从过去到现在的发展趋势，然而我们提出的问题更倾向于预测竞争对手的未来研究方向。此外，专利趋势分析问题通常是对一个领域上的研究趋势进行分析，而本章提出的方法是对单个竞争对手的未来研究方向进行预测。

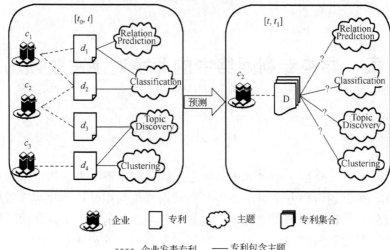

图 12-1　一个预测竞争对手未来研究主题的例子

　　直观地，本章可以采用如下方法对单个竞争对手进行分析，即对于每一个竞争对手，对其历年所发表的专利数量进行分析，从而得到这个竞争对手的研发趋势，但这种方法仍然会面临一些挑战：

　　（1）由于专利保持的价格较为昂贵，对于大多数企业（特别是中小企业）来说，其申请的专利数量通常较少，很难通过统计的方法建立专利趋势曲线，从而无法得到一个准确的结果。

　　（2）对于一个企业来说，不仅其历年申请的专利的数量会对其选择未来的研究方向产生影响，一些关联，如企业之间的合作关系、技术之间的相互依赖关联等，都会对企业选择未来研究方向产生一定的影响。然而，在已有的专利趋势分析方法中，这些关联很少被考虑到。

　　为了解决该问题，不同于已有的专利趋势分析方法，本章将竞争对手的未来研究主题预测问题转换为异构图上的企业节点与主题节点之间的链接预测问题，通过预测异构图上企业节点和主题节点建立链接的可能性来判断竞争对手未来可能的研究主题。尽管当前已经存在一些同构图和异构图上的链接预测方法，如共现关系预测[135]、合作关系预测[136]等，但这些方法要预测链接关系的两个节点通常是同种类型的节点（如作者之间的共著关系预测），而不同种类型的节点间的关系预测很少被提及。

　　基于此原因，本章提出了一种基于异构图的竞争对手主题预测方法，该方法首先将企业和主题信息建模到异构图中，之后在图中抽取影响竞争对手选择未来研究主题的拓扑特征，最后根据训练数据集构造预测模型，并利用得到的预测模型计算给定竞争对手在各个主题上从事研究的概率。

12.2　竞争对手的主题预测的框架

本节使用一种带监督的链接预测方法来解决竞争对手的主题预测问题。如图 12-2 所示，给定一个竞争对手（通常为一个企业，也称为专利权人）作为查询的输入，方法的框架由 4 个阶段组成：①主题词抽取阶段，②企业-主题图建立阶段，③特征抽取阶段，④主题概率计算及排序阶段。

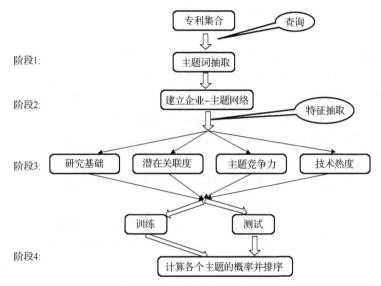

图 12-2　竞争对手主题预测方法的框架

在第 1 阶段，从发表的专利中抽取了主题词。在专利中常常有一些常用的词汇，并且这些词很难通过停用词表或根据词频来过滤掉。因此，首先根据停用词表移除了目标专利集合中的停用词，然后根据词频抽取了候选主题词集合，最后通过专利间的领域差异来获取目标集合中的主题词。

在第 2 阶段，建立了一个企业-主题异构图，在该图中包含两种类型的节点：企业节点和主题节点。图中的边表示节点之间的关联。在该异构图中包含三种关联：企业和企业之间的关联，企业和主题之间的关联，主题和主题之间的关联。其中，企业和企业之间的关联用来度量企业之间的合作关联强度，企业和主题之间的关联用来度量企业在各个主题上的研究基础，主题和主题之间的关联表示主题之间的紧密度（在本章中，主题用一个关键词来表示）。之后，将企业、主题及它们之间的关联建模到一个企业-主题异构图中。

在第 3 阶段，基于该异构图，抽取了可能影响企业选择未来研究主题的 4 个特征，以便对竞争对手进行下一步的主题预测。这些特征包括研究基础、潜在关联度、主题竞争力和技术热度等，且在抽取过程中充分考虑了异构图的拓扑结构信息。

在第 4 阶段，将该问题建模为企业节点和主题节点间的链接预测问题，并采用有监督的学习方法来处理该问题。根据这些特征，建立了一个预测模型，并采用带约束的最优化技术来评估模型中的未知参数，最后使用训练得到的线性预测模型来评估一个给定的企业未来在各个主题上进行研究的概率。

基于该框架，接下来详细地描述预测竞争对手未来研究主题的各个步骤。

12.3　主题词选取

采用词频和领域之间的差异性来从专利集合中获取主题词。首先，选取了 3 个专利集合：目标专利集合 D_0 和另外两个专利集合（分别表示为 D_1 和 D_2）。这三个集合必须来自具有较大差异的领域，例如"物理"、"农林"和"医药"。之后，对整个专利集合，通过常用的停用词表将停用词从专利文档中移除，并统计剩余的各个词项的词频，将词频大于 σ 的名词词项作为候选的主题词。假设 D_0、D_1 和 D_2 的主题词集合分别为 TW_0、TW_1 和 TW_2，令 TW' 表示三者的交集 $\mathrm{TW}_0 \bigcap \mathrm{TW}_1 \bigcap \mathrm{TW}_2$，那么通过 $\mathrm{TW}_0 - \mathrm{TW}'$ 来得到目标集合 D_0 的主题词。最后，还对整个主题词集合进行了人工筛选，以进一步来提炼主题词。

使用该方法来进行主题词抽取的原因是，在专利集合中通常存在一些常用的词汇，这些词中大多数词项不是停用词，因此不能通过常用的停用表来进行移除。根据本节的方法，由于选取的集合是来自于较大差异的领域，因此三个专利集合的主题词也应该极不相同。因此，出现在 D_0 中的主题词几乎不可能出现在 D_1 和 D_2 中。由此可知，同时出现在 TW_0、TW_1 和 TW_2 中的词一定是各个集合的主题词，D_0 中的主题词可以通过 $\mathrm{TW}_0 - \mathrm{TW}'$ 得到。

12.4　建立企业-主题异构图

在将企业和主题建模到企业-主题异构图之前，首先度量了企业和主题词之间的关联。在企业-主题异构图中，存在 3 种类型的边：企业-企业、企业-主题和主题-主题。分别定义了三种关联。

由于主题被表示为一个关键词，因此对于主题-主题关联，使用两个主题词在专利集合中共现的次数来定义两者的关联度。两个主题词在同一篇专利中共现的次数越频繁，两个主题之间的关联越强。

定义 12-1：主题-主题关联度（topic-topic association）。给定专利集合 $D = \{d_1, d_2, \cdots, d_p\}$，主题词集合 $\mathrm{TW} = \{\mathrm{tw}_1, \mathrm{tw}_2, \cdots, \mathrm{tw}_n\}$，对于任意主题词 $\mathrm{tw}_i, \mathrm{tw}_j \in \mathrm{TW}$，那么

主题词 tw_i 和 tw_j 之间的主题-主题关联度 $Association_{TW, TW}(tw_i, tw_j)$ 定义为

$$Association_{TW,TW}(tw_i, tw_j) = \frac{n(tw_i, tw_j)}{n(tw_i) + n(tw_j)} \quad (12\text{-}1)$$

其中，$n(tw_i, tw_j)$ 是 tw_i 和 tw_j 在同一篇专利文档中出现的次数，$n(tw_i)$ 和 $n(tw_j)$ 分别是 tw_i 和 tw_j 在专利集合中出现的次数。

如公式（12-1）所示，主题-主题关联度表示了两个主题词之间的关联强度。

对于企业-主题关联，根据定义为主题词在企业所发表的专利中出现的次数。企业发表的专利文档中包含一个主题词的次数越多，企业和主题的关联度越大。

定义 12-2：企业-主题关联度（company-topic association）。 给定专利文档集合 $D=\{d_1, d_2, \cdots, d_p\}$，企业集合 $C=\{c_1, c_2, \cdots, c_m\}$，主题词集合 $TW=\{tw_1, tw_2, \cdots, tw_n\}$，对于任意企业 $c_i \in C$，主题 $tw_j \in TW$，那么企业 c_i 和主题词 tw_j 之间的关联度 $Association_{C, TW}(c_i, tw_j)$ 的定义如下。

$$Association_{C,TW}(c_i, tw_j) = \left(\sum_{d_k \in D(c_i)} \frac{tf(tw_j, d_k)}{\max_{tw_o \in TW(d_k)} tf(tw_o, d_k)} \right) \times \log \frac{m}{m_i} \quad (12\text{-}2)$$

其中，$tf(tw_j, d_k)$ 为主题词 tw_j 在专利文档 d_k 中出现的频率；$TW(d_k)$ 是 d_k 中包含的主题词的集合；m 是企业集合的大小，m_i 是发表的专利中包含主题词 tw_i 的企业数目，$\max_{tw_o \in TW(d_k)} tf(tw_o, d_k)$ 是专利文档 d_k 中主题词出现的最大频次，用来对各个主题的词频进行标准化，以避免专利文档的不同长度造成的影响。

企业-主题关联度表示一个企业在某个主题上进行研究的倾向程度，对企业-主题关联度进行归一化后如下。

$$w_{C,TW}(c_i, tw_j) = \frac{Association_{C,TW}(c_i, tw_j)}{\sum_{\{tw_o | tw_o \in TW, tw_o \in TW(d_k), d_k \in D(c_i)\}} Association_{C,TW}(c_i, tw_o)} \quad (12\text{-}3)$$

其中，$tw(d_k)$ 是 d_k 中包含的主题的集合，$D(c_i)$ 为企业 c_i 发表的专利的集合。

对于企业之间的关联，使用他们的共著关系来表示，且同时考虑了两个企业之间的合作频率和合作时间。两个企业合作的频次越高，合作的时间与当前时间的距离越近，则企业之间的关联度越高。

定义 12-3：企业-企业关联度（company-company association）。 给定专利文档集合 $D=\{d_1, d_2, \cdots, d_p\}$，企业集合 $C=\{c_1, c_2, \cdots, c_m\}$，对于任意企业 $c_i, c_j \in C$，c_i 和 c_j 之间的关联度 $Association_{C,C}(c_i, c_j)$ 定义为

$$Association_{C,C}(c_i, c_j) = \sum_{\{d_k | d_k \in D \text{ and } c_i, c_j \subseteq C(d_k)\}} e^{-\beta \times \Delta t} \quad (12\text{-}4)$$

其中，$C(d_k)$ 表示发表专利文档 d_k 的企业的集合，Δt 是专利文档 d_k 的发表时间与当

前时间的间隔，其计算为 $t_{now}-t_k$，其中 t_k 是 d_k 的发表时间，t_{now} 为当前时间；β 为衰减因子且 $\beta\in[0,+\infty)$。

企业之间的关联度表示两个企业之间的合作强度。在本节中，我们认为 c_i 到 c_j 的关联度与 c_j 到 c_i 的关联度是不同的。例如，如果 c_i 只和企业 c_j 合作，那么 c_j 对 c_i 来说极为重要。反之，如果 c_j 和很多企业进行了合作，而 c_i 只是其中的一个，那么 c_i 对于 c_j 来说没有那么重要。因此，c_i 到 c_j 的关联度 $\text{Association}_{C,C}(c_i, c_j)$ 与 c_j 到 c_i 的关联度 $\text{Association}_{C,C}(c_j, c_i)$ 并不相等。基于该原理，对企业-企业关联度进行如下的标准化处理。

$$w(c_i,c_j) = \frac{\text{Association}_{C,C}(c_i,c_j)}{\sum_{\{c_o|c_o\subseteq C \text{ and } c_o\neq c_i\}}\text{Association}_{C,C}(c_i,c_o)} \tag{12-5}$$

基于上述企业和主题之间的相互关联，定义了企业-主题异构图，以便在图中抽取影响企业选择未来研究主题的拓扑特征。

定义 12-4：企业-主题异构图（company-topic heterogeous graph）。给定图 $G=(V, E)$，企业集合 $C=\{c_1, c_2, \cdots, c_m\}$，主题词集合 $\text{TW}=\{tw_1, tw_2, \cdots, tw_n\}$。如果 $V=C\cup\text{TW}$ 且 $E\subseteq V\times V$，那么称 G 为企业-主题异构图。

例 12-2：图 12-3 展示了一个企业-主题异构图的例子，其中包含了两种类型的节点，企业节点和主题节点；包含了三种类型的边，企业与主题之间的边，边上的权值表示企业在主题上的关注度；企业与企业之间的边，表示企业之间的合作紧密度；主题与主题之间的边，表示两个主题在同一个专利文档中出现的频繁程度。例如，边 $<c_1, c_2>$ 表示 c_1 和 c_2 存在合作关系，且 c_1 与 c_2 之间的关联度等于 0.3。边 $<c_4, tw_2>$ 表示 c_4 发表的一些专利是关于主题 tw_2 的，且 c_4 与 tw_2 的关联度为 0.8。

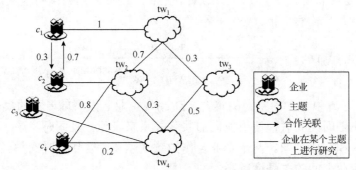

图 12-3　一个企业-主题异构图的例子

12.5　拓扑特征的分析和抽取

如图 12-3 所示，从企业-主题异构图中可以看出，企业和主题之间存在一系列的关联。例如，边 $<c_1, tw_1>$ 表示企业 c_1 倾向于在主题 tw_1 上进行研究的程度；路径

$<c_1, c_2, \text{tw}_2>$表示主题tw_2是企业c_1的合作伙伴的一个研究主题。基于该企业-主题异构图，可以找到任意企业与任意主题之间的关联。因此，将该竞争对手的主题预测问题建模为企业节点与主题节点之间的链接预测问题，首先基于历史数据来发现企业节点和主题节点之间的关联，建立预测模型，然后计算未来一个任意企业节点c_i链接到任意主题节点tw_j的概率。值得注意的是，不同于已经存在的链接预测问题[135]，我们的链接预测问题是不同类型的节点之间的链接预测问题。

链接预测问题的解决方法包括基于相似度的方法和基于监督学习的方法。在本章中，采用基于监督学习的方法来处理该企业节点与主题节点链接预测问题。定义了企业-主题异构图中的 4 个特征，并基于企业和主题之间的关联建立链接预测模型。最后，使用该预测模型来计算给定的企业在特定主题上进行研究的概率。

企业-主题异构图中抽取的特征包括研究基础度、潜在关联度、主题竞争度和技术热度。

1）研究基础度

根据一个企业是否在某个主题上具有一定的研究基础来定义研究基础度。可以知道，如果一个企业已经在某个主题上做了大量的研究工作，那么未来他更可能继续在该主题上进行研究。比如，如果一个企业发表的专利大多都是属于"聚类"方向的，那么他将来更可能在"聚类"方向上继续进行研究。

定义 12-5：研究基础度（**research basis degree**）。对于任意企业$c_i{\in}C$，主题$\text{tw}_j{\in}\text{TW}$，企业$c_i$在主题$\text{tw}_j$上的研究基础度$\text{RBD}(c_i, \text{tw}_j)$定义为企业-主题异构图中的边$(c_i, \text{tw}_j)$的权重，表示为

$$\text{RBD}(c_i, \text{tw}_j) = w_{C,\text{TW}}(c_i, \text{tw}_j) \tag{12-6}$$

2）潜在关联度

有时，尽管一个企业没有在某个主题上发表专利，但该企业仍然与这个主题存在一定的关联。例如，c_i没有发表关于主题tw_j的专利，而他的大多数合作者都在主题tw_j进行了研究。那么，由于他的合作者的影响，他也可能尝试未来在主题tw_j上进行研究。本章中，这种间接的关联被称为潜在关联，并表示为异构图中企业到主题的路径。例如，$<c_i, c_j, \text{tw}_k>$表示c_i的一个合作者c_j在主题tw_k上进行了研究。这些路径被称为元路径，其定义如下。

定义 12-6：元路径（**meta-path**）。给定一个异构图模型 $TG(A, R)$，A 是异构图中节点的集合，R 为异构图中节点之间的关系类型的集合。元路径是该异构图中形如 $A_1 \xrightarrow{R_1} A_2 \xrightarrow{R_2} \cdots \xrightarrow{R_l} A_{l+1}$ 的路径，在该路径中，$R = R_1 \circ R_2 \circ \cdots \circ R_{l+1}$ 表示 A_1 到 A_l 中相邻节点之间的复合关系，而"$\circ$"则表示关系上的复合算子。

给定企业 c_i 和特定的主题 tw_j，它们之间存在多种元路径（如表 12-1 所示）。

需要注意的是，这些路径的长度都不小于 3，可以知道，异构图中 c_i 到 tw_j 的元路径越多，则 c_i 到 tw_j 的潜在关联度越高。假设每一条元路径的权重为 $w(P)$，那么定义 c_i 与 tw_j 的潜在关联度为图中 c_i 到 tw_j 所有元路径的权重之和。

表 12-1　企业 c_i 到主题 tw_j 的部分元路径

元路径	路径的含义
C-TW-TW	企业 c_i 在与主题 tw_j 相关的主题上进行了研究
C-C-TW	企业 c_i 的一个合作企业在主题 tw_j 上进行了研究
C-C-C-TW	企业 c_i 的合作企业的合作企业在主题 tw_j 上进行了研究
C-C-TW-TW	企业 c_i 的合作企业在与主题 tw_j 相关的主题上进行了研究
C-TW-C-TW	企业 c_i 和另一个企业 c_k 在同一主题上进行了研究，且 c_k 也在主题 tw_j 上进行了研究
C-TW-TW-TW	企业 c_i 的某个研究主题与主题 tw_j 的相关主题存在关联
…	…

*C 表示类型"企业"，TW 表示类型"主题"

定义 12-7：潜在关联度（latent association degree）。对于任意企业 $c_i \in C$，主题 $\mathrm{tw}_j \in \mathrm{TW}$，那么企业 c_i 与主题 tw_j 的潜在关联度定义为异构图中 c_i 到 tw_j 所有元路径的权重之和，表示为

$$\mathrm{LAD}(c_i, \mathrm{tw}_j) = \sum_{\{P | \mathrm{start}(P) = c_i, \mathrm{end}(P) = \mathrm{tw}_j \text{ and } |P| \geqslant 3\}} w(P) \tag{12-7}$$

其中，P 为异构图中 c_i 到 tw_j 的任意一条元路径，$\mathrm{start}(P)$ 为该路径的初始节点，$\mathrm{end}(P)$ 为该路径的最终节点；$|P|$ 是路径 P 中节点的个数；$w(P)$ 为路径 P 的权重。

对于从 c_i 到 tw_j 的每条路径 $P = \{v_i, v_{i+1}, v_{i+2}, \cdots, v_j\}$（假设 $i < j$ 且 $v_i = c_i$，$\mathrm{tw}_j = v_j$），P 的权重计算为

$$w(P) = \prod_{o=i}^{j-1} \alpha_q \times w(v_o, v_{o+1}) \quad q \subseteq \{1, 2, 3\} \tag{12-8}$$

其中，$w(v_o, v_{o+1})$ 是企业-主题异构图中的边 (v_o, v_{o+1}) 的权重，α_q 是可调节参数，用来平衡企业-企业、企业-主题和主题-主题三种不同类型的边的权重。如果 (v_o, v_{o+1}) 是一条企业-企业类型的边，则 $q=1$；如果 (v_o, v_{o+1}) 是一条企业-主题类型的边，则 $q=2$；否则，$q=3$。

此外，元路径的权重也可以表示为

$$w(P) = \alpha_1^g \times \alpha_2^f \times \alpha_3^{|P|-g-f} \times \prod_{o=i}^{j-1} w(v_o, v_{o+1}) \tag{12-9}$$

其中，g 是元路径 P 中包含的企业-企业类型的边的个数，f 是 P 中包含的企业-主题类型的边的个数，$|P|$ 是元路径 P 中节点的个数。

可知，找出图中两个节点之间的所有路径是一个 NP-hard 问题，为了减小计算的复杂度，通常要为元路径设定一个阈值 L，因此公式（11-7）也可以表示为

$$\mathrm{LAD}(c_i, \mathrm{tw}_j) = \sum_{\{P | \mathrm{start}(P) = c_i, \mathrm{end}(P) = \mathrm{tw}_j \text{ and } 3 \leqslant |P| \leqslant L\}} w(P) \tag{12-10}$$

3）主题竞争度

对于主题竞争度，定义其为企业 c_i 相对于其他企业在主题 tw_j 上的竞争力。如果一个企业在某个主题上发表的专利远多于其他人，则他在该主题上是有竞争力的，那么他很可能未来在该主题上进行研究。相反的，如果他在该主题上的竞争力较弱，则他未来可能不会在该主题上进行研究，从而避免不必要的竞争风险。

定义 12-8：主题竞争度（topical competitiveness degree）。 对于任意企业 $c_i \in C$，主题 $tw_j \in TW$，企业 c_i 在主题 tw_j 上的主题竞争度定义为

$$\mathrm{TCD}(c_i, tw_j) = \frac{w_{C,\mathrm{TW}}(c_i, tw_j)}{\sum_{\{c_k | c_k \in C\}} w_{C,\mathrm{TW}}(c_k, tw_j)} \tag{12-11}$$

其中，$\mathrm{TCD}(c_i, tw_j)$ 为企业 c_i 在主题 tw_j 上的主题竞争度。

可以看到，企业 c_i 在主题 tw_j 上相对于其他企业的权重越大，则它在该主题上的主题竞争度就越大。

4）主题热度

对于主题热度，定义为一个主题相对于其他主题的热点程度，如果一个主题越热，则企业未来在该主题上进行研究的可能性越大。

定义 12-9：主题热度（topical hotness degree）。 对于任意企业 $c_i \in C$，主题 $tw_j \in TW$，主题 tw_j 的主题热度定义为

$$\mathrm{THD}(tw_j) = \frac{\sum_{\{c_k | c_k \in C\}} w_{C,\mathrm{TW}}(c_k, tw_j)}{\sum_{\{tw_j | tw_j \in TW\}} \sum_{\{c_k | c_k \in C\}} w_{C,\mathrm{TW}}(c_k, tw_j)} \tag{12-12}$$

其中，公式中的分子为所有的企业在主题 tw_j 上的权重之和，分母为所有的企业在所有主题上的权重之和。

如公式（12-12）所示，如果许多企业都在主题 tw_j 上进行了大量研究，那么主题 tw_j 的主题热度较高。

12.6 基于监督模型的主题预测方法

基于 12-5 节中抽取的特征，本章提出的竞争对手的主题预测问题可以很自然地建模为一个异构图上的链接预测问题，并且可以采用许多监督方法（如朴素贝叶斯、K 最近邻和支持向量机等）来解决它。

本章提出了一个线性预测模型来计算一个企业未来在某个主题上进行研究的概率。任意企业 c_i 未来在主题 tw_j 上进行研究的概率可以表示为

$$P(c_i, tw_j) = \lambda_1 \times \mathrm{RBD}(c_i, tw_j) + \lambda_2 \times \mathrm{LAD}(c_i, tw_j) + \lambda_3 \times \mathrm{TCD} + \lambda_4 \times \mathrm{THD}(tw_j) \tag{12-13}$$

其中，$\lambda_1, \lambda_2, \lambda_3$ 和 λ_4 为各个特征的权重，且 $\lambda_1, \lambda_2, \lambda_3, \lambda_4 \in (0,1]$。

基于该预测模型，给定一个过去的时间间隔 $T_1=[t_1, t]$ 以及在该时间间隔 T_1 下的发表的专利文档的集合 D，只要得到公式（12-13）中的参数，就可以利用这些从企业-主题图中抽取的拓扑特征来来预测企业 c_i 和主题 tw_j 在未来的一个时间间隔 T_2（$T_2=[t, t_2]$）内建立关联的可能性。

因此，如图 12-4 所示，竞争对手的主题预测问题可以被分为两个阶段：训练阶段和测试阶段。在训练阶段，利用时间间隔 T_1'（$T_1'=[t_1', t']$）内发表的专利文档集合用于建立企业-主题图，并为每一对<企业, 主题>抽取拓扑特征。然后，基于预先标注好的时间间隔 T_2'（$T_2' = [t', t_2']$）内的企业-主题对，使用带约束的优化策略来评估上述线性预测模型中的未知参数。

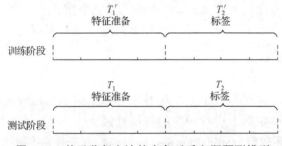

图 12-4　基于监督方法的竞争对手主题预测模型

在测试阶段，建立时间间隔 T_1（$T_1=[t_1, t]$）内的企业-主题图，并在该图上抽取拓扑特征。最后，通过训练集学习到的线性预测模型来计算任意一对<企业, 主题>建立关联的概率，并使用该概率来预测一个企业是否未来会在某个主题上进行研究。在我们的设定中，一个较大的 $P(c_i, \mathrm{tw}_j)$ 表示企业 c_i 具有很大的概率未来在主题 tw_j 上进行研究。

以下讨论参数评估问题。

在训练阶段，所有未知参数（λ_1、λ_2、λ_3 和 λ_4）需要通过训练集来进行学习。假设 y_{ij} 是预先标注好的<企业, 主题>对的值，用来表示一个企业 c_i 在未来的一个时间间隔内是否在某个主题 tw_j 上进行了研究（如果 $y_{ij}=1$，表示企业 c_i 在主题 tw_j 上进行了研究；如果 $y_{ij}=0$，表示企业 c_i 没有在主题 tw_j 上进行研究），进行参数学习的目标函数目的是最小化真实值（标签的值 y_{ij}）与通过训练集获得的线性预测模型计算出来的值（$P(c_i, \mathrm{tw}_j)$）的总体差异。

令 $\lambda=\{\lambda_1, \lambda_2, \lambda_3, \lambda_4\}$，则该目标函数可以表达为

$$\min J(\lambda) = \frac{1}{2} \sum_{i=1}^{m} \sum_{j=1}^{n} \left(P(c_i, \mathrm{tw}_j) - y_{ij} \right)^2$$

s.t.

$$0 \leqslant P(c_i, \text{tw}_j) \leqslant 1$$

$$0 \leqslant \lambda_1 \leqslant 1$$

$$0 \leqslant \lambda_2 \leqslant 1$$

$$0 \leqslant \lambda_3 \leqslant 1$$

$$0 \leqslant \lambda_4 \leqslant 1$$

$$\lambda_1 + \lambda_2 + \lambda_3 + \lambda_4 = 1$$

其中，m 是企业集合的大小，n 是主题词集合的大小。

可以看到，该目标函数可以通过带约束的非线性最优化技术来解决。目前，已经存在多种机器学习方法可以用来解决该问题，如梯度下降法和最小二乘法等。通过这些方法，可以得到各个参数的值。因此，在测试阶段，可以使用训练得到的线性预测模型来计算任意一个企业未来在特定的主题上进行研究的概率。

12.7　实　验　评　估

在本节中，使用从美国知识产权局（USPTO）中爬取的专利数据来评估我们提出的方法在竞争对手的主题预测问题上的有效性。使用的 2 个专利数据集合为 2001 年到 2008 年发表的关于 "Semiconductor" 和 "Image Processing" 的专利数据，数据的细节描述如表 12-2 所示。

表 12-2　使用的数据集合的描述

数据集	专利数量	发表时间
Semiconductor	21,236	2001—2008
Image Processing	23,628	2001—2008

为了减小企业-主题异构图的规模，发表的专利数量小于 2 的企业和出现的次数小于 15 的主题词提前被移除。在该处理之后，对企业-主题异构图的规模进行了有效的缩减。

12.7.1　实验设置

为了验证提出的竞争对手的主题预测方法的有效性，将提出的方法和 PAS[133] 方法进行了对比。PAS 是一种多阶段的机器学习方法，用来对专利技术发展的趋势进行预测。给定一个主题词，PAS 方法首先统计每年发表的专利中包含该主题词的专利的数量，得到包含该主题词的历年变化曲线。然后，将该曲线划分为多个阶段。对每一个阶段，PAS 使用一个线性回归模型来发现主题变化的趋势，并得到该主题词的未来发展状况。在本节中，给定一个企业和一个主题词，首先统计该企业发表的专利中包含这个主题词的历年专利的数量，然后使用 PAS 方法来计算该主题词的趋势值。

在本节的方法中，根据专利发表的时间将专利集合划分为四个部分：T_1'（T_1'=[2001, 2004]）时间间隔内发表的专利，T_2'（T_2'=[2005, 2006]）时间间隔内发表的专利，T_1（T_1=[2003, 2006]）时间间隔内发表的专利，以及 T_2（T_2=[2007, 2008]）时间间隔内发表的专利。在训练阶段，将 T_1' 作为一个过去的时间间隔，T_2' 作为一个未来的时间间隔，根据训练集来学习线性预测模型中的未知参数。在测试阶段，使用同样的框架来验证提出的方法的有效性。

在训练阶段，基于建立时间间隔 T_1' 下发表的专利的集合构建企业-主题异构图。然后，对于任意一对企业和主题$<c_i, \mathrm{tw}_j>$，抽取了四个拓扑特征，包括研究基础度、潜在关联度、主题竞争度和主题热度。然后，根据使用时间间隔 T_2' 中发表的专利文档标注的标签值（如果企业 c_i 在 T_2' 下发表的专利中包含主题词 tw_j，则$<c_i, \mathrm{tw}_j>$的标签值被设为 1；否则为 0)，使用梯度下降方法学习了提出的线性预测模型中的未知参数。

在测试阶段，使用 T_1 下发表的专利的集合来构建企业-主题异构图。然后，对于每一对企业-主题$<c_i, \mathrm{tw}_j>$，抽取了四个拓扑特征。最后，使用通过训练集得到的线性预测模型来计算每一个对企业-主题在 T_2 中出现的概率，也即企业 c_i 在 T_2 时间间隔内在主题 tw_j 上进行研究的概率。

12.7.2 评估方法

对于每一个企业 c_i，按照 c_i 未来可能研究的主题的概率对主题进行排序，并使用概率最大的 top-k 个主题中真实出现的主题的比例 $\mathrm{AUC}_k(c_i)$ 来定义对 c_i 的预测结果的准确率。$\mathrm{AUC}_k(c_i)$可以用公式表示为

$$\mathrm{AUC}_k(c_i) = \frac{\sum_{\mathrm{tw}_j \in \mathrm{TW}} \mathrm{Bool}(c_i, \mathrm{tw}_j)}{k} \tag{12-14}$$

其中，$\mathrm{Bool}(c_i, \mathrm{tw}_j)$表示 c_i 是否在主题 tw_j 上进行了研究。如果 c_i 在主题 tw_j 上进行了研究，则 $\mathrm{Bool}(c_i, \mathrm{tw}_j)$=1；否则，$\mathrm{Bool}(c_i, \mathrm{tw}_j)$=0。

然后，使用平均准确率 Mean-AUC 来定义提出的方法在整个数据集上的准确率，其计算公式表示为

$$\mathrm{Mean\text{-}AUC} = \frac{1}{|C|} \sum_{c_i \in C} \mathrm{AUC}_k(c_i) \tag{12-15}$$

其中，$|C|$为企业集合 C 的大小。

12.7.3　结果与分析

在图 12-5 中,比较了提出的竞争对手的主题预测方法和 PAS 方法在"Semiconductor"和"Image Processing"两个数据集上的效果,以此来验证我们提出的方法的有效性。在我们提出的竞争对手主题预测方法（CRP 方法）中, 元路径的阈值设置为 3。

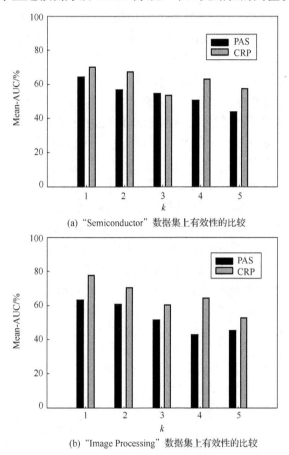

(a)"Semiconductor"数据集上有效性的比较

(b)"Image Processing"数据集上有效性的比较

图 12-5　PAS 方法和 CRP 方法在预测竞争对手未来研究的有效性上的对比

可以看到, 在"Semiconductor"专利集合上,当 k=1, 2, 3, 4, 5 时,PAS 方法的平均准确率低于 CRP 方法上的平均准确率。这可能是由于大多数企业发表的专利数量较少,而基于统计分析的 PAS 方法很难建立主题词的技术曲线,因此 PAS 方法很难达到一个精确的预测结果。在我们提出的 CRP 方法中,不仅使用了这些统计信息,而且考虑了企业与企业、企业与主题以及主题与主题之间的关联,并合理地抽取了会影响企业未来选择研究方向的一些特征。因此,CRP 方法可以取得一个更准确的结果。同样地,也比较了 PAS 和 CRP 方法在"Image Processing"数据集上的有效性。从图 12-5(b)中可以看到，当 $k=1, 2, 3, 4, 5$ 时，PAS 方法的平均准确率也均低于 CRP 方法上的平均准确率。因此，总的来说，CRP 方法在预测竞争对手的未来研究方向的问题上，具有比 PAS 方法更好的预测效果。

为了验证企业和技术之间的关联（如企业之间的合作关联、主题词之间的技术关联等）会对企业选择未来的研究方向产生影响，我们在"Semiconductor"和"Image Processing"两个专利数据集上度量了"低产"企业（指发表专利数量较少的企业）在主题预测上的平均准确率 Mean-AUC。实验中，发表专利的数量小于 10 的企业被称为低产企业。图 12-6 展示了 PAS 方法和 CRP 方法在"低产"企业上进行主题预测的平均准确率。从图 12-6(a)可以看到，当 $k=1, 2, 3, 4$ 和 5 时，PAS 方法在"低产"企业上进行主题预测的平均准确率远低于整个企业集上的平均准确率（见图 12-5(a)）。这是因为 PAS 使用基于统计的方法来发现和预测企业在各个主题词上的趋势。当一个企业在某个主题上发表的专利数量较少时，基于统计分析的 PAS 方法很难建立主题词的技术曲线。因此相对于整个企业集，PAS 方法在"低产"企业上的平均准确率会有很大的下降。然而，CRP 方法不仅使用了这些统计信息，而且考虑了企业与主题之间的各种关联。因此，尽管相对在整个企业集合上的主题预测结果，CRP 方法的主题预测的准确率也会得到一定程度的下降，但主题预测的准确率下降的程度明显小于 PAS 方法。而且，从图 12-6(a)中可以看出，当 $k=1, 2, 3, 4, 5$ 时，CRP 方法在"低产"企业上的平均准确率仍高于 PAS 方法。即在"低产"企业上，CRP 方法仍具有比 PAS 方法更好的主题预测效果。同样地，图 12-6(b)比较了 PAS 和 CRP 方法在"Image Processing"数据集上的有效性，并可以得到类似的结论。因此，从这两个集合上的结果可以看出，CRP 方法在"低产企业"上仍具有比 PAS 方法更好的主题预测效果。

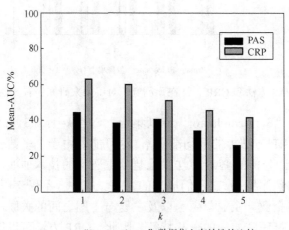

(a) "Semiconductor" 数据集上有效性的比较

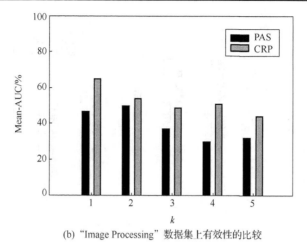

(b) "Image Processing" 数据集上有效性的比较

图 12-6　PAS 方法和 CRP 方法在 "低产" 企业上进行主题预测的有效性对比

　　为了探索元路径长度的阈值 L 对抽取的 "潜在关联度" 特征（见 12.5 节）和预测竞争对手未来研究主题的准确率的影响，对 CRP 方法在不同的元路径阈值下进行主题预测的有效性进行了对比。在图 12-7(a)中，比较了元路径阈值 $L=3$ 或 $L=4$ 时，利用 CRP 方法进行竞争对手的未来研究主题预测的准确率，并分别记作 HOP-3 和 HOP-4。可以看到，在 "Semiconductor" 数据集上，当 $k=2$ 和 3 时，HOP-4 的平均准确率 Mean-AUC 高于 HOP-3。而当 $k=1$, 4 和 5 时，HOP-4 的平均准确率 Mean-AUC 低于 HOP-3。即 HOP-4 在竞争对手的主题预测上的准确率并不总是比 HOP-3 高。同样地，也比较了 HOP-3 和 HOP-4 在 "Image Processing" 数据集上的有效性，并得到了类似的结论。可能的原因是，在企业选择未来研究方向时，图结构中 "太远" 的关系常常被忽略。例如，考虑一个元路径 C-C-C-TW，它表示企业 c_k 是企业 c_i 的

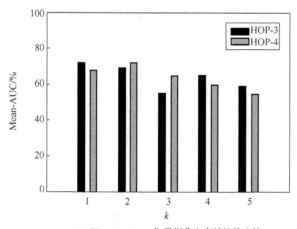

(a) "Semiconductor" 数据集上有效性的比较

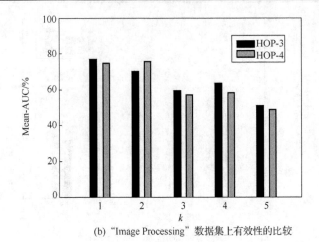

(b) "Image Processing" 数据集上有效性的比较

图 12-7   CRP 方法在不同的元路径阈值下进行主题预测的有效性对比

合作伙伴的合作伙伴，且企业 c_k 在主题 tw_j 上进行了研究。由于企业 c_i 可能和企业 c_k 并不熟悉，因此在选择未来研究方向时，并不会被企业 c_k 所影响，即企业 c_i 很可能未来不会在主题 tw_j 上进行研究。从这个例子可以看到，选择过长的元路径阈值并不会影响 CRP 方法在预测竞争对手未来研究方向上的准确率。

12.8   结   论

在本章中，介绍了一种基于异构图上的竞争对手主题预测方法，用来对竞争对手的未来研究方向进行预测。不同于现有的工作，我们将该主题预测问题建模为一个链接预测问题，并提出了一个监督学习的方法来解决它。然后，基于实验验证了提出的方法的有效性。特别强调的是，不同于之前的异构图上的链接预测问题，本章中的链接预测问题是关于不同类型的节点之间的链接预测。

参 考 文 献

[1] Wainberg Z, Tabernero J, Maqueda M A, et al. Big data: The driver for innovation in databases. National Science Review, 2014, 1(1): 27-30.

[2] Cheng J, Yu J X, Ding B, et al. Fast graph pattern matching. 2008: 913-922.

[3] Zhu X, Song S, Lian X, et al. Matching heterogeneous event data. 2014.

[4] Bruckner S, Huffner F, Karp R M, et al. Torque: Topology-free querying of protein interaction networks. Nucleic Acids Research, 2009, 37(Web Server issue): 106-8.

[5] Shao Y, Cui B, Chen L, et al. Parallel subgraph listing in a large-scale graph // Proceedings of ACM SIGMOD International Conference on Management of Data, 2014: 625-636.

[6] Shao Y, Chen L, Cui B. Efficient cohesive subgraphs detection in parallel // Proceedings of ACM SIGMOD International Conference on Management of Data, 2014: 613-624.

[7] Tian Y, Patel J M. Tale: A tool for approximate large graph matching // Proceedings of 24th Int. Conf. Data Eng., 2008: 963-972.

[8] Zhao P, Han J. On graph query optimization in large networks // Proceedings of the VLDB Endowment, 2010, 3(1-2): 340-351.

[9] Zou L, Chen L, Ozsu M T. Distance-join: Pattern match query in a large graph database // Proceedings of the VLDB Endowment, 2009, 2(1): 886-897.

[10] Sun Z, Wang H, Wang H, et al. Efficient subgraph matching on billion node graphs // Proceedings of the VLDB Endowment, 2012, 5(9): 788-799.

[11] Lu W, Janssen J, Milios E, et al. Node similarity in the citation graph. Knowledge & Information Systems, 2007, 11(1): 105-129.

[12] Auer S, Bizer C, Kobilarov G, et al. Dbpedia: A nucleus for a web of open data // Proceedings of the 6th International Semantic Web, 2007: 722-735.

[13] Hadjieleftheriou M, Srivastava D. Weighted set-based string similarity. Bulletin of the Technical Committee on Data Engineering, 2010, 33(1): 25-36.

[14] Cordella L P, Foggia P, Sansone C, et al. A (sub)graph isomorphism algorithm for matching large graphs. IEEE Transactions on Pattern Analysis & Machine Intelligence, 2004, 26(10): 1367-1372.

[15] Han W S, Lee J, Lee J H. Turbo iso: Towards ultrafast and robust subgraph isomorphism search in large graph databases // Proceedings of ACM SIGMOD International Conference on Management of Data, 2013: 337-348.

[16] He H, Singh A K. Closure-tree: An index structure for graph queries// Proceedings of IEEE 29th

International Conference on Data Engineering, 2006: 38.

[17] Ullmann J R. An algorithm for subgraph isomorphism. Journal of the ACM, 1976, 23(23): 31-42.

[18] Bayardo R J, Ma Y, Srikant R. Scaling up all pairs similarity search // Proceedings of International Conference on World Wide Web, 2007: 131-140.

[19] Xin D, Han J, Yan X, et al. Mining compressed frequent-pattern sets // Proceedings of the 31st International Conference on Very Large Data Bases, 2005: 709-720.

[20] Chaudhuri S, Ganti V, Kaushik R. A primitive operator for similarity joins in data cleaning // Proceedings of the 22nd International Conference on Data Engineering, 2006: 5.

[21] Gionis A, Indyky P, Motwaniz R. Similarity search in high dimensions via hashing // Proceedings of the 25th International Conference on Very Large Data Bases, 2000: 518-529.

[22] Fomin F V, Grandoni F, Kratsch D. A measure and conquer approach for the analysis of exact algorithms. Journal of the ACM, 2009, 56(5): 1-32.

[23] Hadjieleftheriou M, Yu X, Koudas N, et al. Hashed samples: Selectivity estimators for set similarity selection queries // Proceedings of the 25th International Conference on Very Large Data Bases, 2008, 1(1): 201-212.

[24] Yang Y, Pedersen J O. A comparative study on feature selection in text categorization // Proceedings of the 14th International Conference on Machine Learning, 1998: 412-420.

[25] Viger F, Latapy M. Efficient and simple generation of random simple connected graphs with prescribed degree sequence. Journal of Complex Networks, 2005, 3595: 440-449.

[26] Lee J, Han W S, Kasperovics R, et al. An in-depth comparison of subgraph isomorphism algorithms in graph databases // Proceedings of the VLDB Endowment, 2012, 6(2): 133-144.

[27] Shang H, Zhang Y, Lin X, et al. Taming verification hardness: An efficient algorithm for testing subgraph isomorphism // Proceedings of the VLDB Endowment, 2008, 1(1): 364-375.

[28] Zhang S, Li S, Yang J. Gaddi: Distance index based subgraph matching in biological networks // Proceedings of the 12th International Conference on Extending Database Technology: Advanced Database Technology, 2009: 192-203.

[29] He H, Singh A K. Graphs-at-a-time: Query language and access methods for graph databases // Proceedings of the ACM SIGMOD International Conference on Management of Data, 2008: 405-418.

[30] Yu X, Sun Y, Zhao P, et al. Query-driven discovery of semantically similar substructures in heterogeneous networks // Proceedings of the ACM SIGKDD International Conference on Knowledge Discovery and Data Mining ACM, 2012: 1500-1503.

[31] Zou L, Mo J, Chen L, et al. Gstore: Answering SPARQL queries via subgraph matching. //Proceedings of the Vldb Endowment, 2011, 4(8): 482-493.

[32] Tian Y, McEachin R C, Santos C, et al. Saga: A subgraph matching tool for biological graphs.

Bioinformatics, 2007, 23(2): 232-239.

[33] Zhang S, Yang J, Jin W. Sapper: Subgraph indexing and approximate matching in large graphs // Proceedings of the Vldb Endowment, 2010(3): 1-2.

[34] Ren X, Liu J, Yu X, et al. ClusCite: Effective citation recommendation by information network-based clustering // Proceedings of KDD, 2014: 821-830.

[35] Duan L, Street W N, Liu Y, et al. Community detection in graphs through correlation // Proceedings of KDD, 2014: 1376-1385.

[36] Zhao X, Xiao C, Lin X, et al. Efficient processing of graph similarity queries with edit distance constraints. VLDB Journal, 2013, 22(6): 727-752.

[37] Hong L, Zou L, Lian X, et al. Subgraph matching with set similarity in a large graph database. Knowledge & Data Engineering IEEE Transactions on, 2015, 27: 2507-2521.

[38] Mongiovì M, Natale R Di, Giugno R, et al. Sigma: A set-cover-based inexact graph matching algorithm. Knowledge and Information Systems, 2010, 8(02): 199-218.

[39] Yuan Y, Wang G, Xu J Y, et al. Efficient distributed subgraph similarity matching. VLDB Journal, 2015, 24(3).

[40] Deppisch U. S-Tree: A dynamic balanced signature index for office retrieval // Proceedings of the International ACM SIGIR Conference on Research and Development in Information Retrieval, Pisa, Italy. 1986: 77-87.

[41] Mamoulis N, Cheung D W, Lian W. Similarity search in sets and categorical data using the signature tree. International Conference on Data Engineering, 2003: 75-86.

[42] Khan A, Wu Y, Aggarwal C C, et al. Nema: Fast graph search with label similarity // Proceedings of the VLDB Endowment, 2013, 6(3): 181-192.

[43] Zou L, Chen L, Lu Y. Top-k subgraph matching query in a large graph//Proceedings of 16th ACM Conference on Information and Knowledge Management, Lisbon, 2007: 139-146.

[44] Fomin F V, Grandoni F, Pyatkin A V, et al. Combinatorial bounds via measure and conquer: Bounding minimal dominating sets and applications. ACM Trans. Algorithms, 2008, 5(1).

[45] Rooij J M M V. Exact Exponential-time Algorithms for Domination Problems in Graphs. University of Utrecht, PhD thesis, 2011.

[46] Garey M R, Johnson D S. Computers and Intractability: A Guide to the Theory of NP-completeness. New York: W. H. Freeman & Co, 1990.

[47] Goldberg D. Using collaborative filtering to weave an information tapestry. Communications of the ACM, 1992, 35(12): 61-70.

[48] Jamali M, Ester M. Using a trust network to improve top-N recommendation // Proceedings of the 3rd ACM Conference on Recommender Systems, 2009: 181-188.

[49] Ma H, King I, Lyu M R. Learning to recommend with social trust ensemble // Proceedings of the

32nd International ACM Sigir Conference on Research and Development in Information Retrieval, 2009: 203-210.

[50] Golbeck J. Trust and nuanced profile similarity in online social networks. ACM Transactions on the Web, 2009, 3(4): 1-33.

[51] Karatzoglou A, Amatriain X, Baltrunas L, et al. Multiverse recommendation: N-dimensional tensor factorization for context-aware collaborative filtering // Proceedings of the 4th ACM Conference on Recommender Systems, 2010: 79-86.

[52] Rendle S, Gantner Z, Freudenthaler C, et al. Fast context-aware recommendations with factorization machines // Proceedings of the 34th International ACM SIGIR Conference on Research and Development in Information Retrieval, 2011: 635-644.

[53] Anand S S, Mobasher B. Contextual recommendation. From Web to Social Web: Discovering and Deploying User and Content Profiles, 2007(4737): 142-160.

[54] Massa P, Avesani P. Trust-aware recommender systems // Proceedings of the 2007 ACM Conference on Recommender Systems, 2007: 17-24.

[55] Liu H, Lim E, Lauw H W, et al. Predicting trusts among users of online communities: An epinions case study // Proceedings of the 9th ACM Conference on Electronic Commerce, 2008: 310-319.

[56] Mcpherson M, Smith-lovin L, Cook J M. Birds of a feather: Homophily in social networks. Annual Review of Sociology, 2001, 27: 415-444.

[57] Vaidya J, Atluri V, Guo Q. The role mining problem: Finding a minimal descriptive set of roles // Proceedings of the 12th ACM Symposium on Access Control Models and Technologies, 2007: 175-184.

[58] Tong H, Faloutsos C, Pan J. Fast random walk with restart and its applications. 2006: 613-622.

[59] Ma H, Yang H, Lyu M R, et al. SoRec: Social recommendation using probabilistic matrix factorization // Proceedings of the 17th ACM Conference on Information and Knowledge Management, 2008: 931-940.

[60] Hadjieleftheriou M, Chandel A, Koudas N, et al. Fast indexes and algorithms for set similarity selection queries // Proceedings of IEEE the 24th International Conference on Data Engineering, 2008: 267-276.

[61] Sarawagi S, Kirpal A. Efficient set joins on similarity predicates // Proceedings of the 2004 ACM Sigmod International Conference on Management of Data, 2004: 743-754.

[62] Baltrunas L, Ricci F. Context-based splitting of item ratings in collaborative filtering // Proceedings of the 3rd ACM conference on Recommender systems, ACM, 2009: 245-248.

[63] Resnick P, Iacovou N, Suchak M, et al. GroupLens: An open architecture for collaborative filtering of netnews // Proceedings of the 1994 ACM conference on Computer supported

cooperative work, ACM, 1994: 175-186.

[64] Su X, Khoshgoftaar T M. A survey of collaborative filtering techniques. Advances in Artificial Intelligence, 2009, 12: 1-20.

[65] 荣辉桂, 火生旭, 胡春华, 等. 基于用户相似度的协同过滤推荐算法. 通信学报, 2014, 35(2): 16-24.

[66] Russell G J, Petersen A. Analysis of cross category dependence in market basket selection. Journal of Retailing, 2000, 76(3): 367-392.

[67] Manchanda P, Ansari A, Gupta S. The "shopping basket": A model for multi-category purchase incidence decisions. Marketing Science, 1999, 18(2): 95-114.

[68] Sarwar B M, Karypis G, Konstan J, et al. Recommender systems for large-scale e-commerce: Scalable neighborhood formation using clustering // Proceedings of the 5th International Conference on Computer and Information Technology, 2002, 1.

[69] Pandey G, Atluri G, Steinbach M, et al. An association analysis approach to biclustering // Proceedings of the 15th ACM SIGKDD International Conference on Knowledge Discovery and Data Mining. ACM, 2009: 677-686.

[70] Liu G, Zhang H, Wong L. Finding minimum representative pattern sets // Proceedings of the 18th ACM SIGKDD International Conference on Knowledge Discovery and Data Mining. ACM, 2012: 51-59.

[71] Han J, Pei J, Yin Y, et al. Mining frequent patterns without candidate generation: A frequent-pattern tree approach. Data Mining and Knowledge Discovery, 2004, 8(1): 53-87.

[72] Pan W, Xiang E W, Liu N N, et al. Transfer learning in collaborative filtering for sparsity reduction // Proceedings of the 26th Annual International Conference on Machine Learning, 2010, 10: 230-235.

[73] Xu B, Bu J, Chen C, et al. An exploration of improving collaborative recommender systems via user-item subgroups // Proceedings of the 21st International Conference on World Wide Web. ACM, 2012: 21-30.

[74] Chen W, Zhang D, Chang E Y. Combinational collaborative filtering for personalized community recommendation // Proceedings of the 14th ACM SIGKDD Conference on Knowledge Discovery and Data Mining, 2008: 115-123.

[75] Chen W, Chu J C, Luan J, et al. Collaborative filtering for orkut communities: Discovery of user latent behavior // Proceedings of the 18th International Conference on World Wide Web, 2009: 681-690.

[76] Herlocker J L, Konstan J A, Borchers A, et al. An algorithmic framework for performing collaborative filtering // Proceedings of the 22nd International Conference on Research and Development in Information Retrieval, 1999: 230-237.

[77] Agrawal R, Imielinski T, Swami A. Mining association rules between sets of items in large databases // Proceedings of the 18th ACM SIGMOD Conference, 1993: 207-216.

[78] Blei D, Ng A, Jordan M. Latent dirichlet allocation. Journal of Machine Learning Research, 2003, 3: 993-1022.

[79] Zhang Y C, Séaghdha D Ó, Quercia D, et al. Auralist: Introducing serendipity into music recommendation // Proceedings of the 5th ACM International Conference on Web Search and Data Mining, 2012: 13-22.

[80] Balke W T, Güntzer U. Multi-objective query processing for database systems // Proceedings of the 30th International Conference on Very Large Data Bases, 2004: 936-947.

[81] Onuma K, Tong H, Faloutsos C. TANGENT: A novel, 'Surprise me', recommendation algorithm // Proceedings of the 15th ACM SIGKDD International Conference on Knowledge Discovery and Data Mining, 2009: 657-666.

[82] Järvelin K, Kekäläinen J. Cumulated gain-based evaluation of IR techniques. ACM Transactions on Information Systems(TOIS), 2002, 20(4): 422-446.

[83] 刘建国, 周涛, 汪秉宏. 个性化推荐系统的研究进展. 自然科学进展, 2009, 19(1): 1-15.

[84] Herlocker J L, Konstan J A, Terveen L G, et al. Evaluating collaborative filtering recommender systems. ACM Transactions on Information Systems(TOIS), 2004, 22(1): 5-53.

[85] Nakatsuji M, Fujiwara Y, Tanaka A, et al. Classical music for rock fans?: novel recommendations for expanding user interests // Proceedings of the 19th ACM International Conference CIKM, 2010: 949-958.

[86] McNee S M, Riedl J, Konstan J A. Being accurate is not enough: How accuracy metrics have hurt recommender systems. CHI'06 Extended Abstracts on Human Factors in Computing Systems, 2006: 1097-1101.

[87] Oh J, Park S, Yu H, et al. Novel recommendation based on personal popularity tendency // Proceedings of the 11th IEEE International Conference on Data Mining, 2011: 507-516.

[88] Merton R K. The Matthew effect in science. Science, 1968, 159(3810), 56-63.

[89] Anderson C. The long tail: Why the future of business is selling more for less. New York: Hyperion, 2006.

[90] Deshpande M, Karypis G. Item-based top-n recommendation algorithms. ACM Transactions on Information Systems(TOIS), 2004, 22(1): 143-177.

[91] Huang J, Sun H, Han J, et al. SHRINK: A structural clustering algorithm for detecting hierarchical communities in networks // Proceedings of the 19th ACM International Conference on Information and Knowledge Management, 2010: 219-228.

[92] Singla P, Richardson M. Yes, there is a correlation: From social networks to personal behavior on the web // Proceedings of the 17th International Conference on World Wide Web, 2008: 655-664.

[93] Vargas S, Castells P. Rank and relevance in novelty and diversity metrics for recommender systems // Proceedings of the 5th ACM Conference on Recommender Systems, 2011: 109-116.

[94] Kawamae N. Serendipitous recommendations via innovators // Proceedings of the 33rd International Conference on Research and Development in Information Retrieval, 2010: 218-225.

[95] Adamic L A, Huberman B A. Power-law distribution of the world wide web. Science, 2000, 287(5461): 2115.

[96] Christakis N A, Fowler J H. The spread of obesity in a large social network over 32 years. New England Journal of Medicine, 2007, 357(4): 370-379.

[97] Ziegler C N, Lausen G, Schmidt-Thieme L. Taxonomy-driven computation of product recommendations // Proceedings of the 13th ACM International Conference on Information and Knowledge Management, 2004: 406-415.

[98] Leskovec J, Kleinberg J, Faloutsos C. Graphs over time: Densification laws, shrinking diameters and possible explanations // Proceedings of the 11th ACM SIGKDD International Conference on Knowledge Discovery in Data Mining, 2005: 177-187.

[99] Wang J, Vries A P D, Reinders M J T. Unifying user-based and item-based collaborative filtering approaches by similarity fusion // Proceedings of the 29th International Conference on Research and Development in Information Retrieval, 2006: 501-508.

[100] Buluc A, Gilbert J R. Parallel sparse matrix-matrix multiplication and indexing: Implementation and experiments. SIAM Journal on Scientific Computing, 2012, 34(4): C170-C191.

[101] Gustavson F G. Two fast algorithms for sparse matrices: Multiplication and permuted transposition. ACM Transactions on Mathematical Software (TOMS), 1978, 4(3): 250-269.

[102] Yu Q, Peng Z, Hong L, et al. Novel community recommendation based on a user-community total relation // Proceedings of the 19th International Conference on Database Systems for Advanced Applications, 2014: 281-295.

[103] Doan A H, Ramakrishnan R, Vaithyanathan S. Managing information extraction: State of the art and research directions // Proceedings of the 2006 ACM SIGMOD International Conference on Management of Data. ACM, 2006: 799-800.

[104] DeRose P, Shen W, Chen F, et al. DBLife: A community information management platform for the database research community // Proceedings of the 3rd CIDR, 2007: 169-172.

[105] Tang J, Zhang J, Yao L, et al. Arnetminer: Extraction and mining of academic social networks // Proceedings of the 14th ACM SIGKDD International Conference on Knowledge Discovery and Data Mining, 2008: 990-998.

[106] Peng Z, Kambayashi Y. Deputy mechanisms for object-oriented databases // Proceedings of the 11th IEEE International Conference on Data Engineering, 1995: 333-340.

[107] Peng Z, Li Q, Feng L, et al. Using object deputy model to prepare data for data warehousing.

IEEE Transactions on Knowledge and Data Engineering, 2005, 17(9): 1274-1288.

[108] Albano A, Antognoni G, Ghelli G. View operations on objects with roles for a statically typed database language. IEEE Transactions on Knowledge and Data Engineering, 2000, 12(4): 548-567.

[109] Zhang Y, Tang J, Yang Z, et al. COSNET: Connecting heterogeneous social networks with local and global consistency // Proceedings of the 21th ACM SIGKDD International Conference on Knowledge Discovery and Data Mining, 2015: 1485-1494.

[110] Cao B, Kong X, Yu P S. Collective prediction of multiple types of links in heterogeneous information networks // Proceedings of the 30th IEEE International Conference on Data Mining, 2014: 50-59.

[111] 项亮. 推荐系统实践. 北京：人民邮电出版社, 2012.

[112] Zheng Y, Capra L, Wolfson O, et al. Urban computing: Concepts, methodologies and applications. ACM Trans. on Intelligent Systems and Technology, 2014, 5(3): 222-235.

[113] Li Z, Xiong H, Liu Y. Mining blackhole and volcano patterns in directed graphs: A general approach. Data Mining and Knowledge Discovery, 2012(25).

[114] Li Z, Xiong H, Liu Y, et al. Detecting blackhole and volcano patterns in directed networks // Proceedings of ICDM, 2010: 294-303.

[115] Dongen S V. Graph clustering via a discrete uncoupling process. SIAM Journal on Matrix Analysis and Applications, 2008, 30(1): 121-141.

[116] Liu Z, Yu J X, Ke Y, et al. Spotting significant changing subgraphs in evolving graphs // Proceedings of ICDM, 2008: 917-922.

[117] Robardet C. Constraint-based pattern mining in dynamic graphs // Proceedings of ICDM, 2009: 950-955.

[118] Šíma J, Schaeffer S E. On the np-completeness of some graph cluster measures // Proceedings of SOFSEM. Springer, 2006: 530-537.

[119] Yuan J, Zheng Y, Zhang C, et al. An interactive voting based map matching algorithm // Proceedings of MDM, 2010: 43-52.

[120] Yan X, Han J. Gspan: Graph-based substructure pattern mining // Proceedings of ICDM, 2002: 721.

[121] Reitzig M. What determines patent value? Insights from the semiconductor industry. Research Policy, 2003, 32(1): 13-26.

[122] Zeebroeck N. The puzzle of patent value indicators. Economics of Innovation and New Technology, 2011, 20(1): 33-62.

[123] Baron J, Delcamp H. Patent quality and value in discrete and cumulative innovation. Ssm Electronic Journal, 2012, 90(2): 581-606.

[124] Zoltán G, Hector G, Pedersen J. Combating web spam with trustRank // Proceedings of the 30th International Conference on Very Large Data Bases. New York: ACM, 2004: 576-587.

[125] Han J, Kamber M, Pei J. Data Mining: Concepts and Techniques. Amsterdam: Elsevier, 2011.

[126] 党倩娜. 专利分析方法和主要指标. http://www. istis. sh. cn/list/list. asp?id=2402.

[127] 汪雪锋, 刘晓轩, 朱东华. 专利价值评价指标研究. 科学管理研究, 2008, 26(6): 115-117.

[128] Carterette B, Chandar P. Probabilistic models of novel document rankings for faceted topic retrieval // Proceedings of the 18th ACM Conference on Information and Knowledge Management. New York: ACM, 2009: 1287-1296.

[129] Hasan M, Spangler W, Griffin T, et al. COA: Finding novel patents through text analysis // Proceedings of the 15th ACM SIGKDD International Conference on Knowledge Discovery and Data Mining. New York: ACM, 2009: 1175-1184.

[130] Ordonez C, Omiecinski E, Braal L D, et al. Mining constrained association rules to predict heart disease // Proceedings of the 2001 IEEE International Conference on Data Mining. New York: IEEE, 2001: 433-440.

[131] Jeh G, Widom J. SimRank: A measure of structural-context similarity // Proceedings of the 8th ACM SIGKDD International Conference on Knowledge Discovery and Data Mining. New York: ACM, 2002: 538-543.

[132] Bigwood M. Patent trend analysis: Incorporate current year data. World Patent Information, 1997, 19(19): 243-249.

[133] Dereli T, Durmusoglu A. A trend-based patent alert system for technology watch. Journal of Scientific and Industrial Research, 2009, 68(8): 674-679.

[134] Nanba H, Kondo T, Takezawa T. Automatic creation of a technical trend map from research papers and patents // Proceedings of the 3rd International Workshop on Patent Information Retrieval. New York: ACM, 2010: 11-16.

[135] Wang C, Satuluri V, Parthasarathy S. Local probabilistic models for link prediction // Proceedings of the 7th IEEE International Conference on Data Mining. New York: IEEE, 2007: 322-331.

[136] Sun Y, Barber R, Gupta M, et al. Co-author relationship prediction in heterogeneous bibliographic networks // Proceedings of the 2011 International Conference on Advances in Social Networks Analysis and Mining. New York: IEEE, 2011: 121-128.